Mitteleuropäische Giftpflanzen und ihre Wirkstoffe

Springer-Verlag Berlin Heidelberg GmbH

Gerhard Habermehl
Petra Ziemer

Mitteleuropäische Giftpflanzen und ihre Wirkstoffe

Mit 37 Abbildungen

 Springer

Prof. Dr. Gerhard Habermehl
Eichhörnchensteg 18
30657 Hannover

Dr. Petra Ziemer
Farnweg 18
53797 Lohmar

ISBN 978-3-642-64198-5   ISBN 978-3-642-59961-3 (eBook)
DOI 10.1007/978-3-642-59961-3

Die Deutsche Bibliothek – CIP-Einheitsaufnahme
Habermehl, Gerhard:
Mitteleuropäische Giftpflanzen und ihre Wirkstoffe : ein Buch für Biologen und Chemiker, Ärzte und Veterinäre, Apotheker und Toxikologen / Gerhard Habermehl ; Petra Ziemer. - 2., erw. Aufl. - Berlin ; Heidelberg ; New York ; Barcelona ; Hongkong ; London ; Mailand ; Paris ; Singapur ; Tokio : Springer, 1999
ISBN 3-540-64810-0

Dieses Werk ist urheberrechtlich geschützt. Die dadurch begründeten Rechte, insbesondere die der Übersetzung, des Nachdrucks, des Vortrags, der Entnahme von Abbildungen und Tabellen, der Funksendung, der Mikroverfilmung oder der Vervielfältigung auf anderen Wegen und der Speicherung in Datenverarbeitungsanlagen, bleiben, auch bei nur auszugsweiser Verwertung, vorbehalten. Eine Vervielfältigung dieses Werkes oder von Teilen dieses Werkes ist auch im Einzelfall nur in den Grenzen der gesetzlichen Bestimmungen des Urheberrechtsgesetzes der Bundesrepublik Deutschland vom 9. September 1965 in der jeweils geltenden Fassung zulässig. Sie ist grundsätzlich vergütungspflichtig. Zuwiderhandlungen unterliegen den Strafbestimmungen des Urheberrechtsgesetzes.

© Springer-Verlag Berlin Heidelberg 1999
Ursprünglich erschienen bei Springer-Verlag Berlin Heidelberg New York 1999
Softcover reprint of the hardcover 1st edition 1999
Die Wiedergabe von Gebrauchsnamen, Handelsnamen, Warenbezeichnungen usw. in diesem Werk berechtigt auch ohne besondere Kennzeichnung nicht zu der Annahme, daß solche Namen im Sinne der Warenzeichen- und Markenschutz-Gesetzgebung als frei zu betrachten wären und daher von jedermann benutzt werden dürften.

Sollte in diesem Werk direkt oder indirekt auf Gesetze, Vorschriften oder Richtlinien (z.B. din, vdi, vde) Bezug genommen oder aus ihnen zitiert werden sein, so kann der Verlag keine Gewähr für Richtigkeit, Vollständigkeit oder Aktualität übernehmen. Es empfiehlt sich, gegebenenfalls für die eigenen Arbeiten die vollständigen Vorschriften oder Richtlinien in der jeweils gültigen Fassung hinzuzuziehen.

Einbandgestaltung: de'blik, Berlin
Satz: MEDIO, Berlin

SPIN: 10689220   29/3020 - 5 4 3 2 1 0 - Gedruckt auf säurefreiem Papier

Vorwort zur 2. Auflage

Die 1. Auflage der „Giftpflanzen" hat im In- und Ausland eine gute Aufnahme gefunden, so daß das Buch inzwischen vergriffen ist. Für die Überarbeitung und Neuauflage wurde mit Frau Dr. med. vet. Petra Ziemer nun auch eine kompetente Koautorin gefunden, die den veterinärmedizinischen Aspekt aus eigener praktischer Erfahrung einbrachte.

Hobbytiere, wie man die Haustiere heute vielfach nennt, leben in zunehmendem Maße in unseren Haushalten. Oft ist eine artgerechte Haltung mit dem nötigen Auslauf nicht vorhanden; so benutzen diese Tiere häufig die Wohnung mit ihren Pflanzen als naturgegebene Umgebung. Auch gutgemeinte, aber nicht artgerechte Ernährung kann die Ursache einer Vergiftung sein. Um hier aufzuklären, aber auch um eine rasche Behandlung zu ermöglichen, haben wir den veterinärmedizinischen Anteil an den einzelnen Pflanzen erweitert und vervollständigt. Eine ganze Anzahl von Zierpflanzen ist auf diese Weise zusätzlich aufgenommen worden, auch wenn diese nicht in Mitteleuropa heimisch, sondern eben nur „eingewandert" sind. Großtiere wurden nur behandelt, um Vergleiche zwischen der Symptomatik bei den einzelnen Tierarten aufzuzeigen. Vergiftungen bei Großtieren treten nur in Einzelfällen durch Fahrlässigkeit auf.

Wie die Statistiken aus den Giftzentralen ausweisen, sind aber auch Menschen in zunehmendem Maße betroffen. Die in diesem Bereich dominierenden Pflanzen waren mit ausschlaggebend für die Auswahl, die bewußt auf die wichtigen Spezies beschränkt wurde.

Auch wenn der Titel des Buches „Giftpflanzen" heißt, sind die Giftpilze, die Mykotoxikosen und auch eine schmale Abhandlung der Blaualgen aufgenommen worden. Hier hat uns die Überlegung geleitet, daß das Buch für die Praxis gedacht ist, daß solche Vergiftungen auf dem Vormarsch sind und daß Vergiftungen eben nicht nur durch höhere Pflanzen verursacht werden.

Elektronische Medien spielen heute auch in der Behandlung von Erkrankungen eine wichtige Rolle; deshalb haben wir nicht nur ein Register der Giftzentralen beigegeben, sondern auch die notwendigen Internet-Adressen aufgeführt, um so rasche und sachgerechte Auskunft zu ermöglichen.

Vorwort zur 2. Auflage

So hoffen wir, daß die „Giftpflanzen" auch diesmal wieder in eine Marktlücke stoßen und daß sie eine freundliche Aufnahme finden.

Unser Dank gilt Frau Dipl.Biol. Jacqueline Neubecker für die Überprüfung und Aktualisierung der Systematik. Nicht versäumen möchten wir, an dieser Stelle Frau Dr. rer. nat. Christine Schreiber und Frau Ursula Weisgerber vom Springer-Verlag ganz herzlich zu danken für die stets ausgezeichnete Zusammenarbeit wie auch für viele wertvolle Hinweise und Anregungen.

Hannover, April 1999

Gerhard Habermehl
Petra Ziemer

Vorwort zur 1. Auflage

Giftpflanzen und ihre Giftstoffe haben zu allen Zeiten und bei allen Völkern eine wichtige Rolle gespielt. Die Kenntnisse darüber kamen anfangs wohl zufällig zustande. Es folgte die Epoche der pflanzlichen Heilmittelkunde und so begegnen wir mancher Giftpflanze in unseren Heilmittel-Katalogen. Eine Vorlesung über Giftpflanzen und ihre Inhaltsstoffe schien mir sinnvoll. Aus der Vorlesung ist nun dieses Buch entstanden, wobei bewußt auf eine allzu ausführliche Darstellung verzichtet wurde. Das Buch soll vielmehr eine raschen Einblick und Überblick vermitteln, und auf Gefahren aufmerksam machen. Vielfach wird ja heute auf „natürliche" Dinge zur Behandlung von Beschwerden zurückgegriffen, in der Annahme, alles was „natürlich" ist, sei auch ungefährlich, ja optimal. Sicher sind Kräuterextrakte und homöopathische Präparate vielfach hilfreich, in manchen Fällen, wir z.B. bei Digitalis, ist ihre Anwendung aus der Medizin gar nicht wegzudenken. Es kann aber nicht nachdrücklich genug vor einer Selbstbehandlung ohne die nötige Erfahrung gewarnt werden. Hier gilt in ganz besonderem Maße von Paracelsus: Was in niedriger Dosis Heilmittel sein kann, mag bei höherer Konzentration zum Tode führen. Hinzu kommt, daß es nicht nur in fremden Ländern sondern auch in Mitteleuropa Giftpflanzen gibt, bei denen es durch Verwechslung mit ungiftigen Pflanzen oder auch aus Unwissenheit immer wieder zu Unfällen kommt.

Im Aufbau richtet sich das Buch weitgehend nach der botanischen Ordnung des „Schmeil-Fitschen". Zum raschen Auffinden einer bestimmten Pflanze sind im Registerteil die lateinischen und die deutschen Namen alphabetisch aufgeführt. In einem Anhang finden sich schließlich die wichtigsten Giftpilze, obwohl sie streng genommen botanisch nicht zu den Pflanzen gehören. Gleiches gilt für das Kapitel über Mykotoxikosen, Krankheiten, die durch Schimmelpilze verursacht werden und die in den letzten Jahren in zunehmendem Maße beobachtet werden; sie treten bei Mensch und Tier gleichermaßen auf und sollten nicht unterschätzt werden.

Andererseits wird der Leser vielleicht die eine oder andere Pflanze vermissen, von der er glaubt, sie sei giftig; die Auswahl wurde jedoch so getroffen, daß als Giftpflanze im wesentlichen diejenigen

Aufnahme fanden, durch welche auch Vergiftungen erzeugt werden. Dennoch mag tatsächlich die eine oder andere Pflanze nicht erwähnt worden sein; den Lesern bin ich dankbar für solche Hinweise.

Zahlreichen Gesprächspartnern habe ich für Anregungen und Hinweise zu danken; besonders erwähnen möchte ich Herrn Prof. Dr. M. Stöber und Herrn Prof. Dr. Zeller, beide Tierärztliche Hochschule Hannover, für die Überlassung ihrer einschlägigen Literaturkarteien, sowie Herrn Prof. Dr. P.H. List, Universität Marburg, für Literatur zu dem Abschnitt über Pilze und Herrn Prof. Dr. E. Kaiser, Universität Wien, für wertvolle Hinweise zu den Mykotoxikosen. Schließlich sei Frl. A. Lindberg gedankt für die Mithilfe bei der Fertigstellung des Manuskripts. Nicht zuletzt möchte ich mich beim Springer-Verlag, ganz besonders bei Herrn Dr. F.L. Boschke, bedanken für viele wertvolle Hinweise und das Interesse, das er dem entstehenden Buch entgegengebracht hat.

Hannover, im Frühjahr 1985 *G. Habermehl*

Inhalt

Einleitung	1
Abteilung Pteridophyta, Farnpflanzen	5
Equisetaceae, Schachtelhalmgewächse	7
– *Equisetum spp.* L., Zinnkraut, Scheuerkraut, Pferdeschwanz, Katzenwedel, Duwock	7
Polypodiaceae, Tüpfelfarne	9
– *Pteridium aquilinum* L. Adlerfarn	9
– *Dryopterix filix-mas* L. Gemeiner Wurmfarn	11
Abteilung Samenpflanzen, Unterabteilung Nacktsamer	13
Taxaceae, Eibengewächse	15
– *Taxus baccata* L., Eibe *Taxus cuspidata* L., Japanische Eibe	15
Cycadaceae, Palmfarne	19
– *Cycas*, Palmfarne	19
Abteilung Samenpflanzen, Unterabteilung Bedecktsamer	23
A. Monocotyledonae (Einkeimblättrige Pflanzen)	25
Araceae, Aronstabgewächse	27
– *Calla palustris* L., Schlangenwurz	27
– *Arum maculatum* L., Gefleckter Aronstab	27
– *Dieffenbachia spp.*, Dieffenbachie, Schweigrohr, Giftaron	29
– *Philodendron spp.*, Philodendron	32
Liliaceae, Liliengewächse	33
– *Tulipa gesneriana* L., Garten-Tulpe	33
– *Paris quadrifolia* L., Einbeere	35

- *Colchicum autumnale* L., Herbstzeitlose ... 36
- *Convallaria maialis* L., Maiglöckchen ... 40
- *Veratrum album* L., Weiße Nieswurz, Weißer Germer ... 41
- *Allium cepa* L., Küchenzwiebel ... 43

Amaryllidaceae, Narzissengewächse ... 44
- *Narcissus pseudonarcissus* L., Osterglocke, Gelbe Narzisse
  Narcissus incomparabilis MILL., Schalennarzisse
  Narcissus poeticus L., Dichternarzisse
  Narcissus tazetta, Mehrblütige Narzisse ... 44

Agavaceae, Agaven ... 46
- *Yucca sp.*, Palmlilie ... 46
- *Dracaena spp.*, Drachenbaum ... 47
- *Sansevieria spp.*, Bogenhanf ... 48

Poaceae (Gramineae), Süßgräser ... 48
- *Lolium temulentum* L., Taumel-Loch ... 48
- *Trisetum flavescens* L., Goldhafer ... 50

B. Dicotyledonae (Zweikeimblättrige Pflanzen) ... 51

Fagaceae, Buchengewächse ... 53
- *Fagus silvatica* L., Rotbuche ... 53
- *Quercus robur* L., Stieleiche
  Quercus petraea (MATT.), LIEBL., Steineiche
  Quercus pubescens (WILLD.), Flaum-Eiche ... 53

Moraceae, Maulbeerbaumgewächse ... 55
- *Ficus spp.*, Feigen ... 55

Cannabaceae, Hanfgewächse ... 56
- *Cannabis sativa* L., Hanf ... 56

Urticaceae, Brennnesselgewächse ... 61
- *Urtica dioica* L., Große Brennessel
  Urtica pilulifera L., Pillen-Brennessel
  Urtica urens L., Kleine Brennessel ... 61

Loranthaceae, Mistelgewächse ... 62
- *Viscum album*, Mistel, Hexenbesen ... 62

Aristolochiaceae, Osterluzeigewächse ... 64
- *Aristolochia clematitis* L., Osterluzei ... 64

Caryophyllaceae, Nelkengewächse ... 66
- *Agrostemma githago* L., Kornrade ... 66

Lauraceae, **Lorbeergewächse** 67
- *Persea americana* MILL., Avocado 67

Ranunculaceae, **Hahnenfußgewächse** 68
- *Aconitum napellus L.*, Echter Sturmhut, Blauer Eisenhut,
  Mönchskappe, Fuchswurzel, Giftheil, Ziegentod 68
- *Aconitum vulparia* RCHB. (früher A. lycoctonum),
  Gelber Sturmhut, Wolfstod 72
- *Ranunculus spp.*, Hahnenfuß 73
- *Ranunculus acer L.*, Scharfer Hahnenfuß, Blatterkraut,
  Warzenkraut, Brennkraut, Butterblume 73
- *Ranunculus bulbosus L.*, Knolliger Hahnenfuß 74
- *Ranunculus sceleratus L.*, Gifthahnenfuß 75
- *Helleborus niger L.*, Schwarze Nießwurz, Christrose 75
- *Delphinium consolida L.*, Consolida regalis L.,
  Acker-Rittersporn 76
- *Anemone pulsatilla L.*, Pulsatilla regalis MILL.,
  Gemeine Küchenschelle, Osterblume 77

Papaveraceae, **Mohngewächse** 79
- *Chelidonium maius L.*, Schöllkraut, Warzenkraut 79
- *Papaver somniferum L.*, Schlafmohn 80
- *Papaver rhoeas L.*, Klatschmohn 83

Brassicaceae Cruciferae, **Kreuzblütler** 84
- *Brassica nigra L.*, Schwarzer Senf 84
- *Brassica oleracea*, Gemüsekohl 87

Cucurbitaceae, **Kürbisgewächse** 88
- *Bryonia dioica* JACQ., *Bryonia alba L.*, Rotbeerige Zaunrübe,
  Weiße (Schwarzbeerige) Zaunrübe 89

Rosaceae, **Rosengewächse** 90
- *Prunus amygdalus* BATSCH (früher Amygdalus communis L.),
  Mandelbaum 90

Fabaceae (Papilionaceae), **Schmetterlingsblütler** 92
- *Lupinus luteus L.*, Gelbe Lupine 92
- *Laburnum anagyroides* MED. (Cytisus laburnum L.), Goldregen ... 95
- *Cytisus scoparius*, Sarothamnus scoparius L., Besenginster 96
- *Galega officinalis L.*, Geißraute 97
- *Coronilla varia L.*, Kronwicke, Giftwicke 98
- *Phaseolus vulgaris L.*, Gartenbohne 99

Inhalt

Euphorbiaceae, **Wolfsmilchgewächse** 99
- *Mercurialis annua L.,* Einjähriges Bingelkraut
  Mercurialis perennis L., Ausdauerndes Bingelkraut,
  Wald-Bingelkraut, Kuhkraut 100
- *Euphorbia spp. L.,* Wolfsmilch 101
- *Euphorbia pulcherrima,* Weihnachtsstern, Poinsettie 102
- *Croton variegatus* (Syn.: Codiaeum variegatum pictum),
  Kroton, Wunderstrauch, Krebsblume 103
- *Ricinus communis,* Rizinus, Wunderbaum, Christuspalme 104

Celastraceae, **Spindelbaumgewächse** 106
- *Evonymus europaeus L.,* Pfaffenhütchen 106

Anacardiaceae, **Balsampflanzen, Sumachgewächse** 108
- *Toxicodendron spp. L.,* Grillis, Gift-Efeu, Gift-Sumach 108

Buxaceae, **Buchsbaumgewächse** 110
- *Buxus spp. L.,* Buchsbaum 110

Hypericaceae Guttiferae, **Hartheugewächse** ....
- *Hypericum perforatum L.,* Johanniskraut, Tüpfel-Hartheu,
  Tausendlochkraut 113

Araliaceae, **Efeugewächse** 115
- *Hedera spp. L.,* Efeu 115

Apiaceae (Umbelliferae), Doldengewächse 117
- *Conium maculatum L.,* Gefleckter Schierling 117
- *Chaerophyllum temulum L.,* Hecken-Kälberkopf,
  Betäubender Kälberkopf 120
- *Cicuta virosa L.,* Wasserschierling 121
- *Oenanthe crocata L.,* Safran-Rebendolde
  Oenanthe fistulosa L., Röhriger Wasserfenchel,
  Gemeine Rebendolde
  Oenanthe aquatica L., Gemeiner Wasserfenchel 123
- *Aethusa cynapium L.,* Gartenschierling, Hundspetersilie 125
- *Heracleum sphondylium L.,* Bärenklau, Herkuleskraut 125

Saxifragaceae 127
- *Hydrangea sp.,* Hortensie, Wasserstrauch 127

Sterculiaceae, **Sterkuliengewächse** 128
- *Theobroma cacao,* Kakaobaum 128

Thymelaceae, **Seidelbastgewächse** 130
- *Daphne mezereum L.,* Kellerhals, Seidelbast 130

Ericaceae, Heidekrautgewächse 131
- *Ledum palustre* L., Sumpf-Porst 131
- *Andromeda polifolia* L., Gränke, Rosmarinheide 132
- *Rhododendron* spp., Rhododendron, Azalee, Alpenrose
  Kalmia spp., Lorbeerrose 133

Primulaceae, Primeln 135
- *Primula obconica* HANCE, Giftprimel 135
- *Cyclamen europaeum* L., Alpenveilchen
  Cyclamen persicum SIBETH (Zierform) 136

Apocynaceae, Hundsgiftgewächse, Immergrüngewächse 138
- *Nerium oleander* L., Oleander 138

Solanaceae, Nachtschattengewächse 141
- *Solanum tuberosum* L., Kartoffel
  Solanum lycopersicum L., Tomate
  Solanum dulcamara L., Bittersüßer Nachtschatten
  Solanum nigrum L., Schwarzer Nachtschatten 141
- *Atropa bella-donna* L., Tollkirsche, Wutbeere,
  Schafsbinde, Teufelsbinde 145
- *Scopolia carniolica* JACQ., Tollkraut, Glockenbilsenkraut,
  Tollrübe 147
- *Hyoscyamus niger* L., Bilsenkraut 147
- *Datura stramonium* L., Stechapfel, Tollkraut, Asthmakraut 148
- *Nicotiana tabacum* L., Tabak 149
- *Brunfelsia pauciflora* (syn. Calycina), Brunfelsie 152

Scrophulariaceae, Rachenblütler 153
- *Gratiola officinalis* L., Gnadenkraut 153
- *Digitalis purpurea* L., Roter Fingerhut
  Digitalis grandiflora MILL., Großblütiger Fingerhut
  Digitalis lutea L., Gelber Fingerhut
  Digitalis lanata EHRH., Wolliger Fingerhut 154
- *Melampyrum silvaticum* L., Wald-Wachtelweizen
  Melampyrum pratense L., Wiesen-Wachtelweizen
  Malampyrum cristatum L., Kamm-Wachtelweizen
  Melampyrum arvense L., Acker-Wachtelweizen
  Melampyrum nemorosum L., Hain-Wachtelweizen
  Rhinanthus alecterolophus (SCOP.) POLL., Großer Klappertopf
  Rhinanthus minor L., Kleiner Klappertopf 158

Caprifoliaceae, Geißblattgewächse 159
- *Lonicera xylosteum* L., Heckenkirsche, Geißblatt 159

Inhalt

XIV

Asteraceae (Compositae), Korb-, Köpfchenblütler 160
- Artemisia absinthium L., Wermut 160
- Senecio spp.
  Senecio vulgaris L., gewöhnliches Kreuzkraut (Wegränder,
  Ackerunkraut), Geiskraut
  Senecio jacobaea L., Jakobs-Kreuzkraut (Wegränder, Bahndämmer,
  Wälder)
  Senecio aquaticus HUDS., Wasserkreuzkraut 162

Pilze und Algen 165

Fungi (Pilze) 167

Agaricinea, Freiblättler 169
- Amanita muscaria, Fliegenpilz 169
- Amanita pantherina, Pantherpilz 171
- Amanita phalloides, Grüner Knollenblätterpilz
  Amanita virosa, Weißer Knollenblätterpilz
  Amanita verna, Frühlings-Knollenblätterpilz
  Amanita citrina, Gelber Knollenblätterpilz 172

Cortinariinae, Schleierblättler 177
- Inocybe lateraria, Ziegelroter Rißpilz
  Inocybe geophylla, Seidenrißpilz
  Inocybe fastigiata, Geschweifter Rißpilz 177

Tricholomaceae, Ritterpilze 178
- Clitocybe rivulosa, Rinnigbereifter Trichterling
  Clitocybe dealbata, Feldtrichterling 178

Russulaceae, Sprödblättler 179
- Russula emetica, Speitäubling 179
- Lactarius torminosus, Birkenreizker 180

Boletaceae, Röhrlinge 181
- Boletus satanas, Satanspilz 181

Helvellaceae, Lorchelpilze 181
- Helvella esculenta, Speiselorchel 181

Stophariaceae, Schuppenpilze 183
- Psilocybe spp., Kahlkopf 183

Mykotoxikosen 187

- Claviceps purpurea, Mutterkorn 191

Aflatoxikose 192
– *Aflatoxikose, Aspergillus flavus, Aflatoxin* 192
– *Aspergillus flavus*
   Aspergillus versicolor
   Aspergillus nidulans, Sterigmatocystin
   Aspergillus ruber
   Aspergillus luteum
   Aspergillus rugulosus 195

Herz-Beri-Beri 196
– *Penicillium citreoviride, Citreoviridin* 196

Fusariotoxikosen 196
– *Fusarium moniliforme*, Fumonisin B1 196
– *Trichothecene* 197

Ochratoxin 200
– *Aspergillus ochraceus, Penicillium viridicatum,*
  Penicillium cyclopium 200

Citrinin 202
– *Penicillium citrinum, Penicillium viridicatum* 202

Zearalenon 203
– *Fusarium roseum, Fusarium moniliforme*
  Fusarium nivale, Fusarium oxysporum, Fusarium graminearum ... 203
– *Penicillium crustosum* ....

Penitrem 204
– *Penicillium crustosum* 204

Algen 207

***Cyanophyceae*, Cyanobakterien, Blaualgen** 209

Anhang 213

Hauptangriffspunkte der Pflanzengifte 215
Therapie für Kleintiere, Schnellübersicht 217
Allgemeine Therapievorschläge für Kleintiere
bei Vergiftungen durch Pflanzen 218
Giftpflanzen im Internet 221
Adressen der wichtigsten deutschen Giftzentralen 224

Wo können Tierärzte Hilfe finden? 227
Literatur 229
Glossar 247
Sachwortverzeichnis 252

Tafelteil F1–F8

Einleitung

Gibt es denn etwas von Gott Geschaffenes, das nicht mit einer großen Gabe begnadet wäre? Das nicht dem Menschen zum Nutzen angewendet werden könnte? Wer das Gift verachtet, der weiß nicht, was im Gift ist ... Gibt es überhaupt etwas, das nicht giftig wäre? Alle Dinge sind Gift – und nichts ist ohne Giftigkeit. Allein die Dosis macht, daß etwas giftig wird.
Paracelsus

Giftpflanzen sind wohl seit den ältesten Zeiten bekannt. Wir wissen heute, daß unsere Vorfahren in der Steinzeit ihre Pfeile, mit denen sie das Wild erlegten, ebenso vergifteten wie dies heute noch die Indianer Südamerikas tun, freilich mit anderen Pflanzen. Daneben wurden Pflanzengifte aber auch zum Töten verwendet, sei es als Mordwaffe (dies bis in die neuste Zeit hinein) oder auch zur Hinrichtung. Prominentestes Opfer eines solchen Todesurteils war wohl Sokrates, dessen Schüler Platon uns die Symptome dieser Vergiftung durch *Conium maculatum* überliefert hat.

Basierend auf den Kenntnissen der Ärzte in Palästina, im Zweistromland und in Ägypten – die Bibel und der Papyrus Ebers, wie auch Grabinschriften an Pharaonengräbern sind die Quellen – haben wohl die griechischen Ärzte, dann auch die römischen, die Verwendung von Pflanzen zu Heilzwecken sehr eingehend studiert. Der bedeutendste unter ihnen war wohl Dioskorides, der im 1. Jhd. nach Christus lebte, und der ein umfassendes Werk der Arzneimittellehre schrieb. In seiner „Naturalis Historia" schildert auch C. Plinius Secundus (23–79 n. Chr.) die Wirkung mancher Pflanzen, wobei er sich auf frühere Autoren bezieht. Die Mönche des Mittelalters wußten sehr wohl um die Gift- und Heilwirkung der Pflanzen, Gift- und Heilwirkung können ja nahe beieinander liegen, und pflegten den Kräuteranbau in ihren Klostergärten. Ganze Mönchsorden widmeten sich der Krankenpflege, etwa der Antoniter-Orden, der dem St. Antoniusfeuer – wie man damals die Vergiftung durch Mutterkorn nannte – mit Kräuterextrakten begegnete. Eines der bedeutendsten Kunstwerke der mittelalterlichen Malerei verdanken wir dem Antoniterkloster in Isenheim/Elsaß: Es ist der Isenheimer Altar von

Einleitung

Matthias Grünewald, auf dem die Symptome des St. Antoniusfeuers ebenso studiert werden können wie seine Behandlung.

Überhaupt spielen Gift- und Heilpflanzen auf mittelalterlichen Bildern wie auch in der Literatur bis in die neue Zeit hinein eine wichtige Rolle. Goethes „Faust" und Shakespeares „Hamlet" seien als Beispiele genannt. Im ausgehenden Mittelalter treten zu den realen Kenntnissen der Pflanzenkunde, die vor allem von Paracelsus gelehrt wird, Aberglaube und Phantasie hinzu.

Ob es primär magische Vorstellungen waren, die zu den Rezepturen „Luchsaugen", „Fledermausblut", „Katzenkot" und ähnlichem führten, oder ob es sich zunächst um eine Art Schutz der Kräuterkundigen handelte, die die wahren Wirkstoffe den Konkurrenten verbergen wollten, ist schwer zu sagen.

Das Resultat waren jedenfalls die eigentümlichsten Mixturen, über die vieles von den Kenntnissen der alten Ärzte verlorenging. Es finden sich jedoch auch recht vernünftige wissenschaftlich noch heute haltbare Vorschriften, wenn man z.B. die „Hexensalben" betrachtet, in deren Rezepturen Aconitum, Papaver, Solanum, Atropa, Datura und Hyoscyamus sich finden, alles Pflanzen, von denen wir heute wissen, daß sie Rausch- und Narkosezustände hervorrufen. Durch das Einreiben der Salben wurden nur geringe Mengen der Wirkstoffe im Körper aufgenommen, so daß langanhaltende Halluzinationen erzeugt werden konnten. Nach dem Aufwachen erschien das im Rausch erlebte als Realität. Vieles von dem, was uns die Hexenprozesse des Mittelalters so unverständlich macht, findet hier seine Erklärung.

Andererseits wurde lange Zeit als Hokuspokus abgetan, daß man bestimmte Pflanzen zu bestimmten Tages- oder Nachtzeiten, oder an bestimmten Orten sammeln soll. Heute wissen wir, daß der Gehalt an Inhaltsstoffen tatsächlich im Tag/Nacht-Rhythmus schwankt und daß auch je nach Standort und Witterung der Gehalt an Wirkstoffen wechselt.

Theophrastus Bombastus von Hohenheim, genannt Paracelsus, einerseits Alchemist andererseits Arzt, hat als erster die Idee geäußert, daß nicht die ganze Pflanze sondern nur bestimmte Bestandteile daraus für ihre Wirkung verantwortlich seien. Merkwürdigerweise ging dieses Argument im Streit um die rechte Anschauung bei den Schul- und anderen Medizinern jener Zeit unter; man machte sich nicht die Mühe einer exakten Nachprüfung. Das Zeitalter der exakten Naturwissenschaften mit den Methoden des Messens und Wägens war noch fern, und es dauerte bis zum Beginn des 19.Jahrhunderts, ehe hier ein entscheidender Durchbruch erzielt wurde: Sertürner (Apotheker in Paderborn, 1783–1841) erst gelang die Reindarstellung des Morphins aus dem Opium. 1819 entdeckte Meissner in Halle das Veratrin; von ihm stammt auch die Bezeichnung „Alkaloid" für eine stickstoffhaltige Pflanzenbase. 1820 glückte Pelletier in

Frankreich die Isolierung von Chinin und Strychnin, und von da ab gelang es endlich, die Eigenschaften der Pflanzengifte auf ihre Wirksamkeit im Organismus hin genauer zu untersuchen. Die Chemie schließlich hat es in diesem Jahrhundert ermöglicht, die Strukturen der Substanzen genau zu erkennen, und sie zu synthetisieren. Etwa die Hälfte aller auf dem Markt befindlichen Pharmaka entstammt dem Pflanzenreich, freilich werden nicht alle mehr aus Pflanzen gewonnen, sondern synthetisch hergestellt. Aber gleichgültig ob aus der Natur oder aus dem Glaskolben, es handelt sich dann um dieselbe Substanz, mit den gleichen Eigenschaften und der gleichen Wirkung auf den Organismus. Der Anschauung, daß „natürlich" und „chemisch" Gegensätze seien, ist allenfalls aus mittelalterlicher Denkweise verständlich, ihr kann nicht nachdrücklich genug widersprochen werden. Ohne den chemischen Aspekt, der uns heute zu Struktur/ Wirkungs- Beziehung verhilft, wären wir den Giften um uns ausgeliefert. So aber können wir sie uns nutzbar machen, nicht nur als Arzneimittel, sondern auch als „Werkzeug", um zu sehen, warum diese oder jene Substanz giftig ist, eine andere aber nicht, und wo ein Gift im Körper wirkt. Dies wieder sind Voraussetzungen dafür, eine vernünftige und richtige Therapie einzuleiten.

Eine weitere Frage, die beim Studium von Pflanzengiften auftaucht, kann heute noch nicht restlos beantwortet werden: Warum produzieren bestimmte Pflanzen dieses oder jenes Gift und auf welchem Wege tun sie es. Einiges ist bekannt. Man weiß, daß manche dieser Substanzen vor Mikrobenbefall schützen, andere schrecken Fraßschädlinge ab, aber wenn dies die einzigen Gründe wären, bleibt die Frage, warum die Mehrzahl der Pflanzen ohne solche Gifte auskommt Man hat lange Zeit angenommen, es handle sich dabei um mehr oder weniger zufällig entstandene Abfallprodukte, die die Pflanze in Blättern oder Wurzeln ablagert; das ist heute nicht mehr haltbar, nachdem man den Tag/Nacht- bzw. den Jahreszeiten-Rhythmus des Auftretens solcher Substanzen kennt; aber wiederum ist dies nicht ein allgemeines Prinzip. Fragen über Fragen – vieles bleibt zu tun! Vielleicht vermag dieses Buch den einen oder anderen jungen Leser für die Biochemie der Pflanzen zu begeistern.

Abteilung Pteridophyta, Farnpflanzen

Equisetaceae, Schachtelhalmgewächse

Ackerschachtelhalm, *Equisetum arvense*

Equisetaceae, Schachtelhalmgewächse

Equisetum spp. L., Zinnkraut, Scheuerkraut, Pferdeschwanz, Katzenwedel, Duwock

Botanik: Der Schachtelhalm gehört zu den sehr alten Pflanzen unserer Erde. Daher ergibt sich auch seine von vielen anderen Pflanzenfamilien abweichende Erscheinung: Es handelt sich um ausdauernde, in der Regel immergrüne Pflanzen mit gegliederten Sprossen. Die Blätter sind schuppenartig, in Quirlen angeordnet. Die Sporangien finden sich auf der Unterseite schildförmiger Blätter in der endständigen Ähre. Die Sporenreife ist im März/April. Die Equisetum-Arten sind in ganz Deutschland weit verbreitet; die einzelnen Arten gedeihen auf unterschiedlichen Böden. Hier interessieren vor allem *Equisetum palustre* und *Equisetum arvense*, der Sumpfschachtelhalm und der Ackerschachtelhalm

Vergiftung: In der Volksmedizin wurde der Schachtelhalm früher als Diuretikum und Hämostyptikum verwendet. Vergiftungen beim Menschen sind nicht beschrieben. Dagegen wurden Vergiftungen beim Rind, Pferd und Schaf beobachtet. Vergiftungen treten überwiegend durch mit Schachtelhalm versetztes Heu auf. Die Latenzzeit kann mehrere Monate betragen. Beim Pferd ähnelt die Vergiftung einer B_1-Hypovitaminose, bei Rindern macht sich die Erkrankung durch plötzlichen, starken Milchrückgang, Unruhe und Erregbarkeit, später durch Schwäche und unsichere Bewegung (daher der Name „Taumelkrankheit") bemerkbar, die schließlich von Durchfällen und später von Lähmungen begleitet sind. Erst danach sind Todesfälle zu beobachten. Als Folgeschäden treten Unfruchtbarkeit oder Aborte auf. Typisch sind auch die wäßrig-blaue Milch und die talgartige Beschaffenheit der daraus gewonnenen Butter. Beim Pferd verläuft die Intoxikation in zwei Phasen: Zuerst zeigen sich Erregbarkeit, Ängstlichkeit, Hyperästhesie, erhöhte Reflexerregbarkeit und Muskelzuckungen. Später kommen dann Ataxie, Taumeln und Krämpfe hinzu. Selten treten auch Lähmungen auf. Vegetativ macht sich die Erkrankung durch Bradykardie, Hypothermie, Hypotonie, Mydriasis und Obstipation bemerkbar. Auch Blutungen am Augenhintergrund können auftreten.

Im Blut sieht man die typischen Anzeichen des Thiaminmangels: Hyperglykämie, Erhöhung von Pyruvat, Oxalat, Kalium, alkalischer Phosphatase und Cholinesterase im Serum. Im Gehirn kann man Veränderungen an Glia- und Ganglienzellen sowie einen Schwund von Purkinje-Zellen im Kleinhirn feststellen. Zur Behandlung empfiehlt sich hier entweder die Verabreichung von Trockenhefe (100–250 g) oder die Injektion von 250–1000 mg Vitamin B1 pro Tier und Tag. Die Gabe von Thiamin oder Hefe macht nur beim Nichtwiederkäuer Sinn.

Chemie: Für die Giftwirkung verantwortlich sind die in der gesamten Pflanze enthaltenen Alkaloide, z.B. das Hauptalkaloid aus *E. palustre*, das Piperidinalkaloid Palustrin:

Palustrin   Palustridin

Polypodiaceae, Tüpfelfarne

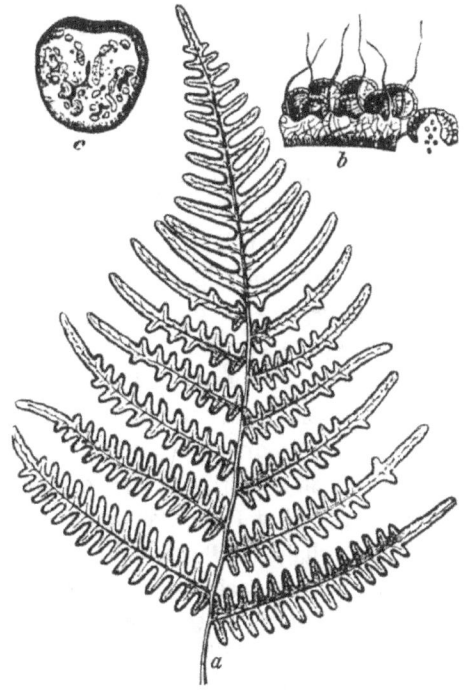

Adlerfarn

Polypodiaceae, Tüpfelfarne

Pteridium aquilinum L., Adlerfarn

Botanik: Der Adlerfarn zählt zu den ältesten, aber auch am meisten verbreiteten Pflanzen der Erde. Auch in Mitteleuropa kommt er häufig vor, vor allem in Wäldern, Kahlschlägen, aber auch auf Weiden. Die bis zu 2 m großen Wedel sind 2–4fach gefiedert und besitzen lange, gelbliche Stiele, die auf dem Querschnitt adler-ähnliche Figuren besitzen. Die Sporenreifezeit ist Juli–Oktober.

Vergiftung: Sowohl in manchen Gebirgsgegenden als auch im Flachland finden sich auf mangelhaft oder gar nicht gepflegten Weiden erhebliche Anteile an Adlerfarn. Ein Besatz von 20 % oder mehr ist als gefährlich anzusehen, und eine nutzbringende Viehzucht ist wegen der dann immer wieder auftretenden Todesfälle kaum noch möglich. Auf diese Weise sind auch

Almen im Gebirge wegen der großen Mengen Adlerfarn aufgegeben worden. Zu Vergiftungen kann es auch kommen, wenn aus Mangel an anderem Material Adlerfarn als Einstreu in Ställen verwendet wird. Getrocknet ist die Pflanze jedoch weniger toxisch.

Die Vergiftung äußert sich bei verschiedenen Tierarten unterschiedlich. Bei Pferd und Schwein ist die Symptomatik durch den Thiamin-Mangel gekennzeichnet (s. *Equisetum*). Pathologisch-anatomisch fallen hier besonders Herzmuskeldegenerationen auf. Dagegen kann die Erkrankung bei Wiederkäuern hierauf nicht zurückgeführt werden, da die Mikroorganismen des Pansens den Verlust durch Eigenproduktion bei weitem ausgleichen. Beim Rind entwickelt sich eine Knochenmarksschädigung mit hämorrhagischer Diathese, wenn größere Mengen Farn in kurzer Zeit aufgenommen werden. An Symptomen treten dann auf: Fieber, Petechien der Schleimhäute, kutane Hämorrhagien („Blutschwitzen"), hämorrhagische Enteritis und blutiger Ausfluß aus den Körperöffnungen.

Besonders bei Jungtieren tritt diese Erkrankung in der sog. laryngealen Form auf. Hierbei bilden sich Ödeme im Kehl- und Rachenbereich.

Pathologisch-anatomisch finden sich bei der akuten Form Petechien, Hämorrhagien und hämorrhagische Ergüsse in den Körperhöhlen. Das Knochenmark ist fettig-gelatinös umgebaut und das hämatopoetische Gewebe hypoplastisch. Des weiteren können noch Nekrosen und Degenerationen von Leber, Niere und Lymphfollikeln auftreten.

Die chronische Hämaturie (*Haematuria vesicalis bovis chronica*) hingegen entsteht, wenn über einen längeren Zeitraum kleinere Farnmengen gefressen werden. Die Hämaturie ist dabei immer mit einer ausgeprägten Proteinurie verbunden.

Pathologisch-anatomisch findet man an der Blasenschleimhaut tumoröse Veränderungen (Hämangiome, Hämangiosarkome, epitheliale Tumore).

Auch soll durch die Toxine eine Tumorbildung im oberen Verdauungstrakt ausgelöst werden. Man geht davon aus, daß die Toxine zusammen mit den Papillomaviren hierfür verantwortlich sind (kokarzinogene Wirkung).

Von der chronischen Vergiftung werden nur Tiere befallen, die mindestens 2–3 Jahre alt, meist aber noch älter sind. Hier ist es wichtig zu wissen, daß bei laktierenden Kühen das Toxin über die Milch ausgeschieden wird, so daß es bei Kälbern ebenfalls zu Vergiftungen kommen kann.

Bei Schafen, die nicht ganz so empfindlich wie die Rinder reagieren, äußert sich die Vergiftung in Tumorbildung und Retinaatrophie (bright blindness). Sie kann aber auch in der akuten Form auftreten. An Tumoren findet man Fibrosarkome im Maulbereich, Papillome im Pansen, Plattenepithelkarzinome im oberen Verdauungstrakt, Adenokarzinome im Darm sowie Leberkarzinome.

Die Retinaatrophie spielt überwiegend in Großbritannien eine Rolle. Es handelt sich dabei um eine Degeneration des Neuroepithels der Retina.

In einigen Ländern, wie z.B. Japan und Costa Rica, dient der Adlerfarn auch der menschlichen Ernährung. Bemerkenswert ist, daß hier eine erhöhte Krebsrate des oberen Verdauungstraktes zu verzeichnen ist.

Chemie: Die Chemie des Adlerfarns ist recht vielfältig. Neben der bereits erwähnten Thiaminase enthält er Polyphenole, 3,4-Dihydroxy-Zimtsäure und Flavonoide. Eine weitere Gruppe von Substanzen sind die Pterosine, Derivate des 1-Indanons, und deren Glykoside, die Pteroside. Letztere können wohl für die eigentliche Vergiftung verantwortlich gemacht werden. Da *in-vitro*-Untersuchungen mit den reinen Substanzen keine eindeutigen Ergebnisse in dieser Hinsicht erbrachten, wird man entweder synergistische Effekte oder auch eine Umwandlung von Substanzen im Tierkörper zu den eigentlichen aktiven Substanzen annehmen müssen.

Pterosin A   Pterosin J

Dryopterix filix-mas, Gemeiner Wurmfarn

Botanik: Den Gemeinen Wurmfarn findet man häufig in Laub- und Nadelwäldern. Er wird 50–150 cm hoch. Die elliptischen Farnwedel entspringen dem Rhizom direkt am Boden. Das Rhizom ist länglich und kann einige Köpfe besitzen.

Vergiftung: Vergiftungen waren beim Menschen früher häufiger zu verzeichnen, da Medizin aus dieser Pflanze gegen Bandwürmer eingenommen wurde.

Als toxisch gelten die Rhizome und Blattstielbasen.

In der Veterinärmedizin sind Vergiftungen bei Rindern bekannt. Rinder neigen aber nur dazu, die Pflanze aufzunehmen, wenn ein Mangel an geeignetem Futter besteht.

An Symptomen treten Benommenheit, Ataxie, Festliegen, Tachykardie, Verminderung der Pansenmotorik, Verhaltensauffälligkeit (Vorliebe für Liegen oder Stehen im Wasser), Krämpfe und Blindheit in Erscheinung.

Pathologisch-anatomisch findet man ein Ödem und Hämorrhagien im Bereich der Sehnervenpapille, Abomasitis, Enteritis und Petechien in der Brusthöhle. Bei der histologischen Untersuchung ist eine Zerstörung der Axone und Myelinscheiden des Nervus opticus auffällig. Eine spezifische Therapie ist nicht möglich.

Chemie: Bei den isolierten Toxinen handelt es sich um verschiedene Butanonphloroglucide (Aspidinol, Favaspidsäure, Filixsäure etc.). Der Wirkungsmechanismus ist bisher unbekannt.

Abteilung Samenpflanzen, Unterabteilung Nacktsamer

Taxaceae, Eibengewächse

Taxus baccata L., Eibe
Taxus cuspidata L., Japanische Eibe

Botanik: Früher war die Eibe in unseren Breiten eine häufig vorkommende wildwachsende Pflanze. Da im Mittelalter viel Eibenholz, insbesondere für Schießbögen und Armbrüste, verwendet wurde und wegen der allgemeinen Abholzung, kommt sie inzwischen selten wild in unseren Bergwäldern vor. Häufig findet man die Pflanze heute in Gärten, Parks und auf Friedhöfen. Da ihre Zweige nicht nadeln, werden sie gerne für Advents- und Weihnachtsarrangements verwendet.
    Die Japanische Eibe ist eine häufige Zierpflanze in Kanada und im Norden der USA.
    Es handelt sich bei der Eibe um einen bis 15 m hohen, zweihäusigen Strauch bzw. Baum mit flachen, immergrünen Nadeln, welche zweizeilig stehen. Die Nadeloberseite ist glänzend-, die Unterseite hingegen matt-grün. Die Blütezeit reicht von März bis April. Die männlichen Blüten sind unscheinbar. Sie erscheinen in den Nadelachseln als gelbliche Kätzchen. Die weiblichen Blüten sieht man auf kleinen schuppigen Stielen. Ab August erscheinen die eiförmigen, schwarzen Samen, die von einer charakteristischen roten, süß schmeckenden Scheinbeere (Arillus) umgeben werden.

Vergiftung: Die Giftigkeit der Eibe war schon im Altertum bekannt. So fanden Extrakte hiervon bei den Kelten zum Vergiften von Pfeil- und Lanzenspitzen Verwendung. Wegen der hohen Giftigkeit und der somit nur geringen notwendigen Mengen fand Taxus auch immer wieder Verwendung zu Mordzwecken. Medizinische Vergiftungen waren früher häufig, da Extrakte in der Volksmedizin, u.a. zu Abtreibungszwecken verwendet wurden; letzteres ist auf die Uterus-erregende Wirkung der Inhaltsstoffe zurückzuführen. Die übrigen Symptome stellen sich rasch nach der Aufnahme (ca. 30 min) ein. Abgesehen von den gastrointestinalen Störungen wie kolikartige Durchfälle findet sich Mydriasis und Schwindel. Die Herzfrequenz ist zunächst erhöht, später verlangsamt. Schließlich tritt Kreislaufkollaps und Tod ein, meist im Zustand der Betäubung oder Koma. Da der Tod sehr rasch (oft innerhalb von 2 Stunden) eintritt, ist der Verlauf einer Taxus-Vergiftung immer ungünstig. Da die hohe Giftigkeit der Pflanze bekannt ist, kommt es kaum noch zu Vergiftungen beim Menschen, wohl aber häufig bei Pferden und Rindern. Meist ist der unachtsame Umgang mit Gartenabfällen (abgeschnittene Zweige) die Ursache für eine Taxus-Vergiftung bei Großtieren, aber auch bei Haustieren.

Für Haustiere zählt Taxus zu den gefährlichsten Pflanzen überhaupt, da die Spitzen gerne gefressen werden. Als tödliche Menge für ein Rind oder ein Pferd werden 500 g frische Eibennadeln angegeben. Während beim Pferd der Tod sehr rasch (innerhalb etwa einer Stunde) eintritt, ist der Krankheitsverlauf beim Rind deutlich langsamer. Symptome wie Unruhe, Brüllen und Krämpfe, auch Taumeln und Niederstürzen sind nicht zwingend. Bei laktierenden Kühen gelangt das Gift in die Milch

Rind, Schaf und Ziege: Plötzliche Todesfälle oder langsamerer Krankheitsverlauf mit Unruhe, Brüllen, Zittern, Speicheln, Mydriasis, Krämpfe, Muskelzuckungen, Taumeln, Ataxie, Niederstürzen, Ruderbewegung der Gliedmaßen, Opisthotonus, Erbrechen, Diarrhoe, Meteorismus, Tenesmus, Hämaturie, Bradykardie, Zyanose, Dyspnoe und Kollaps. Tragende Tiere können abortieren. Auch plötzliche Todesfälle vier Tage nach Taxusaufnahme wurden beobachtet. Heilung tritt selten ein, ist aber möglich.

Hund: Desorientiertheit, Mydriasis, Hyperthermie, Tachykardie, Dyspnoe, Petechien und Ecchymosen in der Leistenregion, Krampfanfälle.

Vögel (Wellensittich, Kanarienvogel, Emu): Erbrechen, Ataxie, Dyspnoe, Zyanose, plötzliche Todesfälle. Kanarienvögel reagieren empfindlicher als Wellensittiche.

Pathologie: Bei perakuten Todesfällen können die pathologischen Erscheinungen ganz fehlen oder nur gering ausgeprägt sein. Nach längerem Krankheitsverlauf kann man eine Gastroenteritis mit Hämorrhagien im Magen-Darmtrakt und der Milz, Nephritis, Blutstauung in Lunge und Milz, Lungenödem, Herzdegeneration mit Petechien und eine stark gefüllte Harnblase (Lähmung) beobachten. Es wird auch von irreversiblen Strukturveränderungen im ZNS berichtet.

Therapie: Da der Verlauf meist perakut ist, kommt eine Behandlung in der Regel zu spät. Es ist kein spezifisches Antidot bekannt. Beim Menschen hat man Lidocain gegen die Herzrhythmusstörungen erfolgreich eingesetzt. Eine Magenentleerung macht auch nach längerer Zeit noch Sinn, da die Nadeln schwer verdaulich sind und nur langsam weiter transportiert werden. Rumenotomie mit anschließender Lavage wird daher bei wertvollen Rindern empfohlen.

Dosis: Die Letaldosis beträgt:
Mensch: 50 bis 100 g Nadeln
Pferd: 0,2 bis 2 g Nadeln/kg KM
Schwein: 3 g Nadeln/kg KM
Kaninchen: 20 g Nadeln/kg KM
Widerkäuer: 10 g Nadeln/kg KM
Hund und Huhn: 30 g Nadeln/kg KM
Bei wiederholter Aufnahme von kleinen Toxinmengen soll sich eine Toleranzsteigerung ergeben.

Chemie: In Anbetracht der hohen Giftigkeit der Pflanze fand diese schon Mitte des letzten Jahrhunderts das Interesse der Chemiker. 1856 gelang die erstmalige Isolierung eines Alkaloids – Taxin –, das sich 100 Jahre später als Gemisch mehrerer Komponenten erwies.

Es handelt sich bei den Taxinen um ein Gemisch kardiotoxisch wirksamer Pseudoalkaloide. Sie hemmen am Herzen den Natrium- und Kalziumeinstrom und führen somit zu gravierenden Erregungsleitungsstörungen.

Zur Zeit sind ca. 50 Taxanderivate bekannt, von denen das Taxol A am besten untersucht worden ist. Erst zwischen 1965 und 1975 gelang die Reindarstellung und Strukturaufklärung dieser neuartigen Gruppe von Substanzen, von denen eines, das Taxol, bemerkenswerte antileukämische und tumorhemmende Wirkung besitzt. Taxol A wirkt zytotoxisch, indem es die Mikrotubuli verändert und damit die Zellteilung blockiert.

Weiterhin sind Biflavonoide, ätherische Öle, Ephedrin und zyanogene Glykoside enthalten. Für die Magen-Darmreizung werden die ätherischen Öle verantwortlich gemacht, für die ZNS-Störungen die Biflavonoide.

Die ganze Pflanze außer der roten Scheinbeere ist giftig. Am giftigsten werden die Nadeln eingestuft, die im Winter bis zu 2 % Taxine enthalten. Die Samen enthalten bis zu 1 % Taxine. Der Toxingehalt schwankt während der Jahreszeiten und ist im Winter am höchsten. Auch Trocknung mindert die Giftigkeit nicht.

Abteilung Samenpflanze, Unterabteilung Nacktsamer

Die Japanische Eibe gilt als noch giftiger als unsere einheimische Art

Taxin–I

Taxol

R = CH$_3$

Taxusin

Cycadaceae, Palmfarne

Cycas, Palmfarne

Botanik: Die Ordnung *Cycadales* setzt sich aus drei Familien zusammen:
Cycadaceae (Cycas), Stangeriaceae (Stangeria eriopus) und *Zamiaceae (Enzephalartos, Zamia, Dioon).*
Es handelt sich um eine sehr alte Pflanzenfamilie, die bereits seit der Trias besteht. Sie stellt eine Übergangsform zwischen den Farnen und den blühenden Pflanzen dar. Diese zweihäusigen Pflanzen sind heute in den Tropen und Subtropen heimisch. Die Ähnlichkeit mit Farnen machen die jungen Triebe aus, die spiralig zusammengerollt liegen.
Die bekannteste Art ist *Cycas revoluta* (Palmfarn, Sagopalme) aus Java, die in Deutschland als teure Zimmerpflanze im Handel ist. Gelegentlich wird sie auch als Schnittgrün verwendet. Die Pflanze sieht palmähnlich aus. Aus einem kurzen, dicken Strunk entfalten sich nach außen gebogene, dunkelgrüne Blattwedel mit steifen Fiederblättern, die aus einer Mittelrippe entspringen. Als Zimmerpflanze wird sie bis zu 1,2 m hoch, wächst aber extrem langsam. Selten bildet sich in der Mitte ein großer Blütenzapfen. Eine weitere bekannte Spezies ist *Cycas circinalis.*

Vergiftung: Die Azoglykoside wirken neurotoxisch, hepatotoxisch und karzinogen.
Das oral aufgenommene Cycasin wird im Magendarmtrakt zu Methylazoxymethanol (MAM), dem Aglycon, metabolisiert. In hohen Konzentrationen verursacht MAM Lebernekrosen. In geringen Dosen wurde ein karzinogener und teratogener Effekt (Schädigung des Gehirns) festgestellt.
Die motorische Neurotoxizität wird wahrscheinlich durch Cycasin oder BMAA verursacht. Man nimmt an, daß eine indirekte Stimulation der Glutamat-A1-Rezeptoren, ein Kalziumeinstrom und ein Zellschaden bewirkt wird.
Primaten zeigten nach Gabe von hohen Dosen BMAA Verhaltensänderungen, parkinsonähnliche Symptome und Symptome wie bei einer Rückbildung von motorischen Neuronen.
Es werden zwar über 80 % des BMAA bei der Fermentation der Samen zerstört, man verzeichnet aber dennoch ein höheres Vorkommen eines bestimmten Krankheitsbildes (eine

besondere Form der Amyotrophen Lateralsklerose mit Morbus Parkinson und präseniler Demenz) bei verschiedenen Völkern, die Cycadales-Arten als Nahrungsmittel verwenden. Z.B. benutzt die Bevölkerung von Guam die Samen von *Cycas circinalis* zur Ernährung. Um die giftigen Substanzen aus den Samen zu entfernen, werden diese auf bestimmte Art eingelegt und mehrfach gewaschen.

Aus diesem Grunde sind in Südafrika verschiedene Encephalartos-Arten als „Brotbäume" bekannt. Hier findet die Entgiftung durch Fermentation in Tierhäuten über mehrere Wochen statt. Auch in Australien stellten die Samen von *Macrozamia riedlei* eine wichtige Nahrungsquelle dar. Die Entgiftung erfolgte hier durch Rösten, Trocknen und Auslaugen.

Die ersten Berichte über Vergiftungen mit diesen Pflanzen bei Menschen und Schweinen stammen aus dem Jahre 1770, als Kapitän Cook Australien besuchte. Auch Berichte aus Südafrika über Vergiftungen von Soldaten während des Burenkrieges (1899–1902) liegen vor.

Aus Australien werden häufig Cycas- oder Zamia-Vergiftungen bei Rindern und Schafen beschrieben. Wegen der Ataxie werden solche Tiere auch als „Wobbler", „Rickets" oder „Staggers" bezeichnet. Weiterhin sind Vergiftungen bekannt geworden in Neu Guinea, Puerto Rico, Mexiko und der Dominikanischen Republik (die Erkrankungsrate von Rindern liegt hier bei bis zu 75 %).

Beim Menschen treten blutige Diarrhoe, Erbrechen, Kopfschmerzen, Schwindel, Leberschäden, nervöse Erscheinungen, Muskelatrophie, Spastik, Faszikulation, Anfälle, Koma und Todesfälle auf.

Beim Wiederkäuer sieht man akute Gastroenteritis, chronische fortschreitende Hinterhandlähmung (Myelindegenerationen im Rückenmark), Ataxien und Lebernekrosen.

An Labortieren (Ratten und Primaten) wurde die Karzinogenität bewiesen. Es bildeten sich Tumore in Leber, Darm und Niere.

Bei Hunden treten Leber- und Nierenschädigung mit Erbrechen, Depression, Salivation, Polydypsie, Ikterus, Hämorrhagien und Aszites auf.

Chemie: Es handelt sich bei den Toxinen um Azoglykoside. Das Cycasin ist im Samen von *Cycas revoluta* zu 0,2–0,3 % enthalten. Des weiteren sind Neocycasin A und B, Macrozamin und die Aminosäure alpha-Amino-β-methylaminopropionsäure (BMAA) bekannt.

Besonders die Samen und Wurzeln, aber auch Blätter und Zweige enthalten die toxischen Substanzen.

Cycasin

Abteilung Samenpflanzen, Unterabteilung Bedecktsamer

A. Monocotyledonae
(Einkeimblättrige Pflanzen)

Araceae, Aronstabgewächse

Calla palustris L., Schlangenwurz

Botanik: Diese krautartige Sumpfpflanze ist in Deutschland, besonders im Nordwesten, in Torfmooren und Sümpfen, auch am Ufer von langsam fließenden Bächen, weit verbreitet. Aus einem länglichen Rhizom kommen langgestielte, herzförmige, glänzende Blätter. Der Blütenstand besitzt ein inneres weißes Hüllblatt und einen endständigen walzenförmigen Blätterkolben. Die Blätter (Mai bis Juli) sind klein und grün. Die Früchte sind rote Beeren, die am Kolben sitzen.

Vergiftung: Die Pflanze wurde, wie der Name sagt, früher zur Behandlung von Schlangenbissen angewandt. Zu Vergiftungen kann es kommen, wenn die süßlich schmeckenden Beeren gegessen werden oder wenn etwa Kinder an den Blattstengeln kauen. Sehr rasch entstehen Entzündungen der Lippen, Mundschleimhaut und Zunge; der Speichelfluß ist verstärkt und es kommt auch zu Erbrechen. Daneben können Blutungen des Zahnfleisches auftreten.
Vergiftungen sind auch bei Rindern beobachtet worden. Hier finden sich Hämorrhagien im Magen-Darm-Trakt. Dagegen scheinen Schweine relativ resistent gegen das Toxin zu sein.
Die Behandlung erfolgt am besten symptomatisch, wobei reichlich Flüssigkeitszufuhr und Beobachtung von Herz und Kreislauf besonders wichtig sind.

Chemie: Über die chemische Natur der Calla-Toxine ist nichts näheres bekannt. Die Extrakte besitzen einen scharfen Geschmack, der aber beim Trocknen oder Erhitzen verschwindet. Danach ist auch keine Toxizität mehr zu beobachten. Hieraus erklärt sich auch, daß die Wurzelknollen früher in getrocknetem Zustand als Viehfutter verwendet wurden.

Arum maculatum L., Gefleckter Aronstab

Botanik: Der Aronstab findet sich in Deutschland westlich der Elbe; er bevorzugt feuchte schattige Laubwälder. Aus einem knolligen Rhizom entspringt ein bis zu 60 cm hohes Kraut. Die Blätter sind langgestielt, dunkelgrün mit braunen oder schwarzen Flecken.

Abteilung Samenpflanzen, Unterabteilung Bedecktsamer

Gefleckter Aronstab, *Arum maculatum*

Die Blüte (April–Juni) ist groß, unten eingerollt und tütenförmig. Typisch ist der dunkelrote „Aronstab" in der Blättermitte.

Vergiftung: Wie bei *Calla*, so treten Vergiftungen auch hier durch den Verzehr der roten Beeren auf. Neben einer örtlichen Reizwirkung, die brennenden Schmerz und Entzündung hervorruft, kommt es später auch zu Erregung, zu Schwindel und zu Krämpfen, schließlich zur Lähmung des Zentralnervensystems. Die Giftigkeit ist offenbar stark abhängig von Standort und Jahreszeit. Die Behandlung erfolgt symptomatisch, wie bei *Calla*. Ernste Vergiftungen sind beim Menschen nicht bekannt geworden, dagegen wurden Vergiftungen bei Rindern, Pferden und Schafen beschrieben. An Symptomen zeigen sich Bewegungsstörungen, Diarrhoe, Speichelfluß, Schluckschwierigkeiten, Oligo- und Pollakisurie, Aborte und Tod. Der Zerlegungsbefund zeigt die typischen Zeichen einer Oxalsäurevergiftung: Reizung der Schleimhäute, Blutungen sowie Leber- und Nierenschädigung. Der Gehalt an Oxalsäure in der Pflanze allein kann die Vergiftung allerdings nicht erklären.

Medizinisch ist die Pflanze im Altertum (Hippokrates, Galen) verwendet worden; heute findet sie Anwendung in der Homöopathie zur Behandlung von Bronchitis.

Chemie: Neben der Oxalsäure besitzt der Aronstab mindestens ein weiteres Toxin, Aroin, das sich durch brennenden Geschmack und aminartigen Geruch auszeichnet. Wie das Toxin aus *Calla* ist die Substanz jedoch sehr unbeständig, so daß alle Versuche zu ihrer Isolierung bisher fehlgeschlagen sind. Es läßt sich mit Wasser extrahieren, verliert aber beim Erwärmen oder Trocknen seine Aktivität. Außerdem werden Nikotin und ein cyanogenes Glykosid, Triglochinin, beschrieben. Da der Gehalt an den einzelnen toxischen Substanzen gering ist, könnte die Giftwirkung auf eine Kombination mit der Schleimhautverletzung zurückzuführen sein.

Dieffenbachia spp., Dieffenbachie, Schweigrohr, Giftaron

Die Dieffenbachie ist die Zimmerpflanze, die bei Hund und Katze die häufigsten Fälle von Vergiftungen verursacht.

Botanik: Die Heimat der Dieffenbachie ist das tropische Amerika. Der Name der Pflanze wurde zu Ehren des Obergärtners am Botanischen Garten in Wien, Josef Dieffenbach (1796–1863) gewählt. Schon im 17. Jhd. war die Giftigkeit der Pflanze bekannt. Der deutsche Name „Schweigrohr" ist darauf zurückzuführen, daß *D. seguine* bei Sklaven in Westindien als Folterinstrument eingesetzt wurde. Zur Strafe mußten die Sklaven Pflanzenteile kauen, infolge dessen es zu einer starken Schwellung im Mund- und Rachenraum mit erheblicher Speichelbildung, Schluckbeschwerden und tagelangem Verlust der Sprache kam.

Die Dieffenbachie ist eine sehr beliebte, 1–3 m hohe Zimmerpflanze. Am häufigsten sieht man die Arten *D. maculata* und *D. seguine*. Eine genaue Artenbestimmung ist hier nebensächlich, da alle Spezies in der gleichen Weise toxisch sind. Als besonders gefährlich wird *D. seguine* angesehen.

Es handelt sich um Blattpflanzen mit langstieligen, dickrippigen Blättern von länglich ovaler Form, die bis zu 40 cm groß werden können. Ihr Rand ist dunkelgrün gesäumt und zur Mitte hin in verschiedenen weißen, grünen und gelblichen Tönen panaschiert. Die Pflanze blüht bei uns selten. Die Blüte ist unscheinbar und besteht aus einem gelblichen Blütenkolben, welcher von einem grünen Hochblatt (Spatha) tütenförmig umgeben wird. Nach Selbstbestäubung bilden sich kirschgroße, grüne, sechskantige Beeren an den Kolben.

Vergiftung: Je nach Art der Pflanzenaufnahme kann man prinzipiell vier verschiedene Symptomkomplexe unterscheiden.
1. Orale Aufnahme. Es zeigen sich Rötung, Schwellung und Ulzeration der Mund- und Rachenschleimhaut sowie der Zunge mit Salivation, brennenden Schmerzen und bei Tieren Kopfschütteln, häufige Versuche zu trinken, Streichen des Mauls mit der Pfote, Dysphagie, Dyspnoe und Aphonie. Im weiteren Verlauf kommt es zu Blasenbildung und Nekrosen in der Schleimhaut. Die Beschwerden können mehrere Wochen andauern.
2. Nach Abschlucken von Pflanzenmaterial. Als Folge einer nekrotisierenden Gastroenteritis können Erbrechen und Durchfall, eventuell blutig, auftreten. Im späteren Verlauf kommt es zu Dehydration, Anämie, Neutropenie, Hyperthermie und Polydypsie.

Bei Katzen beobachtet man häufig respiratorische Störungen mit Dyspnoe und Glottisödem bis hin zur Asphyxie. Auch eine Nephritis mit Albuminurie und Hämaturie scheint bei Katzen nach Dieffenbachia-Vergiftung typisch zu sein. Die Symptome einer Nierenbeteiligung, die unter Umständen in einer urämischen Krise endet, treten allerdings meist erst nach einigen Tagen bzw. nach einer Woche post intoxicationem auf. Bei der Katze werden auch neurologische Symptome, wie Erschöpfung, Ataxie, Paralyse der Hintergliedmaßen, Opisthotonus, Muskelzittern und Koma gesehen.

Selbst beim Kanarienvogel zeigen sich Erregung und Depression, erschwerte Atmung, Salivation, Schleim im Schnabel, Halsstrecken und Tod. Wellensittiche sollen hingegen vergleichsweise unempfindlich sein.

Beim Menschen sind Krämpfe, Muskelzuckungen, Opisthotonus, Bradykardie und andere Herzrhythmusstörungen beschrieben worden. Der rasche Eintritt der Symptome verhindert meist, daß größere Mengen an Pflanzenmaterial aufgenommen werden.

3. Kontamination des Auges mit Pflanzensaft. Es kommt zur Bildung einer Keratokonjunktivitis bis hin zu ulzerierender Keratitis mit den typischen Symptomen Blepharospasmus, Photophobie und Lidödem.

4. Kontakt mit der intakten Haut. Hier kann es zu lokalen Entzündungsreaktionen kommen, eventuell mit nachfolgender Alopezie in dem betroffenen Areal.

Chemie: Der wichtigste Inhaltsstoff von *Dieffenbachia spp.* sind Kalziumoxalat-monohydrat-Nadeln, sog. Raphiden. Diese bis zu 20 µm langen Nadeln befinden sich in ampullenförmigen „Schießzellen" (ca. 10–20 Nadeln sind pro Zelle gebündelt), die bei Verletzung der Pflanze die Raphiden in die Haut bzw. Schleimhaut schießen. Der Schuß wird dabei ausgelöst durch ein plötzliches Aufquellen des schleimigen Zellinhaltes. Zusätzlich wird dabei noch freie Oxalsäure in den Körper injiziert. Da bei der Gewebsverletzung auch Mastzellen zerstört werden, kommt es zu massiver Histamin-Freisetzung. Die systemische Wirkung ist teilweise auf die Oxalsäure zurückzuführen, die mit dem Calcium im Blut reagiert und somit eine Hypokalzämie mit nachfolgenden neurologischen Symptomen verursachen kann.

Therapie: Die Behandlung einer *systemischen Intoxikation* erfolgt symptomatisch mit Gabe von Analgetika, Kortison, Antihistaminika und Antibiotika. Besonders bei Katzen ist die Kontrolle der Nierenfunktion über wenigstens zwei Wochen angezeigt!

Zur Verhinderung der Resorption sollten Magenspülungen mit 10%iger Kalziumglukonat-Lösung durchgeführt werden. Als Sofortmaßnahme kann auch Milch, am besten versetzt mit Kreide gegeben werden. Auch die Gabe von Aluminiumhydroxyd wird empfohlen, des weiteren die Gabe von Kaliumionen, z.B. Kalinor®, 2 x 1 Tbl./d. Flüssige Ernährungsweise oder Sondenernährung ist bei Dysphagie über einen längeren Zeitraum angezeigt. Bei *Hunden* ist der Verlauf meist günstig.

Bei *Verätzung des Mund-Rachenraumes* sollte zuerst eine gründliche Spülung mit physiologischer Kochsalzlösung erfolgen. Anschließend sollten die Entzündungsreaktionen wie oben beschrieben gemildert werden.

Bei *Augenbeteiligung* sind gründliche Spülung und Applikation von tetracainhaltigen Augentropfen als Sofortmaßnahme angezeigt.

Zu empfehlen ist eine Tropfenzubereitung aus Di-Na-EDTA und einem Lokalanästhetikum. Auch scopolamin- bzw. atropinhaltige Augentropfen und eine antibiotische Abdeckung werden empfohlen. Die Anwendung von Kortison ist nur dann angezeigt, wenn keine Hornhautulzera vorhanden sind. Die Heilung am Auge dauert ungefähr 20 Tage. Trotz Behandlung können die Oxalatkristalle jedoch bis zu einem Monat in der Kornea verbleiben.

Philodendron spp., Philodendron

Botanik: *Philodendron spp.* gehören wegen ihrer einfachen Pflege zu den sehr beliebten Zimmerpflanzen in Deutschland. Ihre Heimat sind die Regenwälder Süd- und Mittelamerikas. Es handelt sich um immergrüne Blattpflanzen, die gelegentlich Luftwurzeln ausbilden; als Zimmerpflanzen erreichen sie eine Höhe von bis zu 2 m. Von den über 270 Arten werden ca. 20 in deutschen Blumengeschäften angeboten.

Die bekannteste Art ist *Philodendron scandens* aus Panama. Daneben sind noch von Bedeutung *P. hastatum*, *P. wendlandii*, *P. bisponnatifidum*, *P. erubescens* und *P. pertusum* (syn. *Monstera deliciosa*), das Fensterblatt.

Vergiftung: Die Symptome ähneln denen der Dieffenbachia-Vergiftung. Beim Menschen ist bekannt, daß die Berührung zu Kontaktdermatitis bzw. Kontaktkonjunktivitis führen kann;

die Gefährlichkeit scheint jedoch relativ gering zu sein. Es ist allerdings der Fall eines 11 Monate alten Kindes bekannt, das nach Philodendronverzehr verstarb.

Bei Hund und Katze wurden beobachtet: Salivation, Erbrechen, Zungenlähmung, Dysphagie, Dyspnoe, Schwäche, Lustlosigkeit, Temperaturerhöhung, Nierenschädigung mit Albuminurie und Hämaturie, Leberschädigung, Zittern, Nervosität und Krämpfe. Besonders empfindlich ist die Katze, die oft mit Nieren- und ZNS-Symptomatik reagiert. Ca. 50 % der Philodendronvergiftungen bei Katzen enden tödlich.

Auch Vögel können mit Apathie, Erbrechen und Diarrhoe auf diese Pflanzen reagieren.

Chemie: Für die Vergiftungserscheinungen werden einerseits Oxalsäure bzw. Kalziumoxalat-Nadeln (s. Dieffenbachia), andererseits Alkyl-resorcinol, ein Allergen, verantwortlich gemacht. Vermutlich handelt es sich, wie häufig, um einen Synergismus der verschiedenen Substanzen.

Weiterhin sind beliebte aber giftige Zimmerpflanzen aus der Familie der Araceae:

Aglaonema (Kolbenfaden), *Anthurie* (Flamingoblume), *Alocasia* (Elefantenohr), *Caladium* (Buntwurz), *Scindapsus* (Efeutute, Goldranke), *Spathiphyllum* (Einblatt, Blattfahne), *Syngonium* (Purpurtute) und *Zantedeschia* (Zimmercalla).

Liliaceae, Liliengewächse

Tulipa gesneriana L., Garten-Tulpe

Botanik: Die Heimat der Tulpe ist Vorderasien; bei uns ist sie in vielen Subspezies bzw. Abarten als Zierpflanze bekannt und verbreitet, so daß auf eine Beschreibung verzichtet werden kann.

Vergiftung: Die gesamte Pflanze, besonders jedoch die Zwiebel, ist als giftig bekannt. Verwechslungen mit Speisezwiebeln sind selten, kommen aber gelegentlich vor (trotz des bitteren Geschmacks). Die Symptome setzen innerhalb 15 Min. ein: Übelkeit und Erbrechen sind die Regel, auch wird über das Auftreten von Diarrhoe sowie Krämpfen berichtet. Die Symptome vergehen unbehandelt innerhalb einiger Tage. Bei längerem Hautkontakt kann sich eine Dermatitis entwickeln.

Chemie: Für die Vergiftung verantwortlich ist eine verhältnismäßig einfach gebaute Substanz, das 1-Acylglykosid der γ-Hydroxy-a-methylenbuttersäure. Ihre Bedeutung für die Pflanze liegt in ihrer antimikrobiellen Aktivität gegen pflanzenpathogene Bodenpilze, z.B. *Fusarium spp.* und *Bothrytis spp.*

Tuliposid A

Tulipa gesneriana

Liliaceae, Liliengewächse

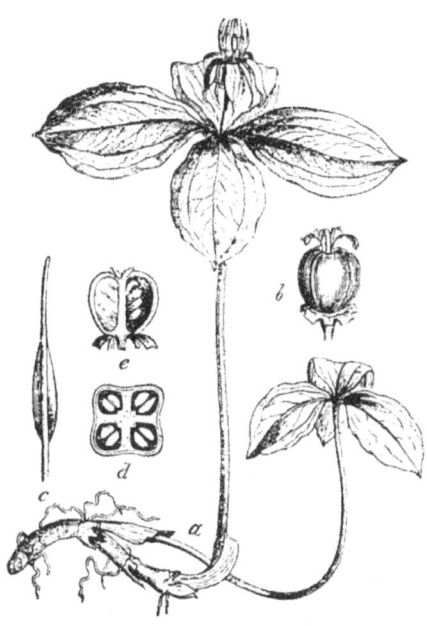

Einbeere, *Paris quadrifolia*

Paris quadrifolia, Einbeere

Botanik: Die Einbeere findet sich in Deutschland verbreitet, vor allem in feuchten, schattigen Laubwäldern. Aus einem kriechendem Rhizom erhebt sich ein runder Stengel, an dessen oberem Ende sich vier quirlständige Blätter befinden; aus ihnen wächst der gelbe Blütenstand. Die Pflanze blüht im Mai und Juni. Die Frucht ist eine einzige blauschwarze Beere von 1 cm Durchmesser.

Vergiftung: Die Pflanze enthält in allen Teilen, besonders aber im Rhizom, Saponine, die die Giftwirkung verursachen. Vergiftungen treten meist durch den Genuß der an sich nicht wohlschmeckenden Beeren auf. Die ersten Symptome sind Übelkeit und Erbrechen, in schwereren Fällen kommen Diarrhöen, Koliken und Kopfschmerzen hinzu. Eine Behandlung kann nur symptomatisch erfolgen, wobei besonderer Wert auf die Funktionen von Kreislauf und Atmung zu legen sind. Todesfälle sind bisher nur bei Tieren (Geflügel, Hund), nicht aber beim Menschen beobachtet worden.

Abteilung Samenpflanzen, Unterabteilung Bedecktsamer

Chemie: Arbeiten aus neuerer Zeit sind nicht bekannt. An älteren Stellen werden zwei Saponine, Paridin und Paristyphnin, als für die Giftwirkung verantwortlich angegeben, doch sind die Strukturen dieser Substanzen nicht beschrieben.

Pflanzenextrakte wurden früher sowohl in der Allopathie als auch in der Homöopathie verwendet. Keine der Indikationen konnte jedoch bestätigt werden, so daß die Pflanze heute nicht mehr angewandt wird, zumal die Gefahr einer Vergiftung viel zu groß ist.

Colchicum autumnale L., Herbstzeitlose

Botanik: Die perennierende, violett blühende Herbstzeitlose kommt von Europa bis Mittelasien und Afrika vor; in Deutschland ist sie weit verbreitet; sie findet sich bisweilen massenhaft auf feuchten Wiesen und in Höhen bis zu 2000 m. Auch in Teilen von Nordamerika ist ihr Vorkommen beschrieben. Aus einer tief stehenden Knolle sprießt im Herbst ein Blütenstand

Herbstzeitlose, *Colchicum autumnale*

von 10–20 cm Höhe ohne Stengel. Die dunkelgrünen lanzettförmigen Blätter treten erst im Frühjahr hervor. Zwischen ihnen sitzt die braune Samenkapsel, die im Juni ausgereift ist.

Vergiftung: Obgleich die Giftigkeit der Herbstzeitlosen bzw. des Colchicins bekannt ist, kommt es immer wieder aus den unterschiedlichsten Gründen zu Unfällen. Sie reichen von Unachtsamkeit über falsche Medikation bis zu Mordversuchen. Der Mensch ist durch Verwechslung dieser Pflanze mit dem Bärlauch gefährdet. In neuerer Zeit ist auch das „Strecken" von Drogen mit Colchicin beobachtet worden. Für den erwachsenen Menschen sind ca. 5 g Samen, für Kinder 1–2 g Samen tödlich.

Symptome: Die ersten Symptome treten nach 2–6 Stunden auf: Brennen im Mund und Schlund, heftiger Durst, Übelkeit und Erbrechen. Erst nach 12–24 Stunden finden sich dann die typischen Symptome: Cholera-ähnliche, wäßrige, auch blutige Durchfälle und Hämaturie. Parallel dazu geht eine aufsteigende Lähmung des Zentralnervensystems und Atemnot. Der Tod tritt durch primäre Atemlähmung ein, meist nach zwei Tagen. Auch bei nicht-tödlichem Ausgang der Vergiftung ist Vorsicht geboten, da ein Wiedereinsetzen der gastrointestinalen Beschwerden, verbunden mit schweren Kreislaufstörungen, möglich ist. Die Letalität liegt bei 10%. Die Rekonvaleszenz kann mehrere Monate dauern. Als weitere Symptome bzw. Folgeerscheinungen finden sich Knochenmarksdepression, Verbrauchskoagulopathie, Myokardnekrosen, paralytischer Ileus, Leber- und Nierenschädigung. Bei chronischer Anwendung (Gicht) sind Haarausfall, Myopathien und Agranulozytose beobachtet worden.

Veterinärmedizin: Alle Tiere sind für das Toxin empfindlich, Rinder sind jedoch am häufigsten betroffen. Sie vergiften sich im Frühjahr durch das Fressen von Samenkapseln und Blättern. Vergiftungen treten auch durch verunreinigtes Heu auf. Die letale Dosis bei Rindern liegt bei 8–10 g frische bzw. 2–4 g getrocknete Blätter je kg Körpergewicht. Für das reine Colchicin nimmt man beim Rind 1 mg/kg als tödlich an; 0,25 mg/kg bewirken bereits starken Durchfall. Rinder erkranken üblicherweise 1–3 Tage nach der Aufnahme von Herbstzeitlosen. Die Symptome sind: keine Nahrungsaufnahme, kaum Wiederkauen, Speicheln, Schweißausbruch, kolikartige Unruhe,

Lähmungen der Nachhand, kleiner frequenter Puls, Absinken der Temperatur der Körperoberfläche. Der – gelegentlich blutige – Durchfall führt zu rascher Abmagerung. Etwa die Hälfte der Tiere stirbt innerhalb einer Woche an Atemlähmung, der Rest erholt sich. Die Milch erkrankter Kühe ruft bei den damit getränkten Kälbern ebenfalls Vergiftungen hervor. Das Gift oder aktive Metaboliten hiervon werden also über die Milch ausgeschieden. Sie ist damit natürlich auch für den Menschen ungenießbar. – Die Behandlung kann nur symptomatisch erfolgen.

Chemie: Der Hauptwirkstoff ist das in allen Teilen der Pflanze auftretende Colchicin; in den Blüten kann der Gehalt bis zu 1,2% betragen. Colchicin ist ein starkes Mitosegift, das auch beim Trocknen der Pflanze erhalten bleibt. Medizinisch wurde die Herbstzeitlose seit dem Altertum (*„Kolchikon"* bei dem griechischen Naturforscher Dioskorides (1. Jhd. n. Chr.)) als Mittel gegen Gicht angewendet. Da man in der Dosierung jedoch bis zu einer leichten Vergiftung gehen mußte, findet Colchicin heute praktisch keine Verwendung mehr, außer in der Homöopathie. Zur Behandlung maligner Tumore hat sich Colchicin nicht bewährt.

Neben dem Colchicin findet sich noch das Colchicein sowie 12 weitere Abkömmlinge des Colchicins.

Colchicin

Colchicein

Weiterhin ist Colchicin in der Pflanze *Gloriosa superba* (Prachtlilie) enthalten. Diese Pflanze stammt aus Asien und Afrika und wird in Deutschland häufig als Schnitt-, seltener als Topfblume angeboten. Das Toxin ist vor allem in den jungen Blättern und in der Knolle vorhanden. In ihren Heimatländern ist die Vergiftungsgefahr durch Verwechslung mit der Süßkartoffel gegeben.

Liliaceae, Liliengewächse

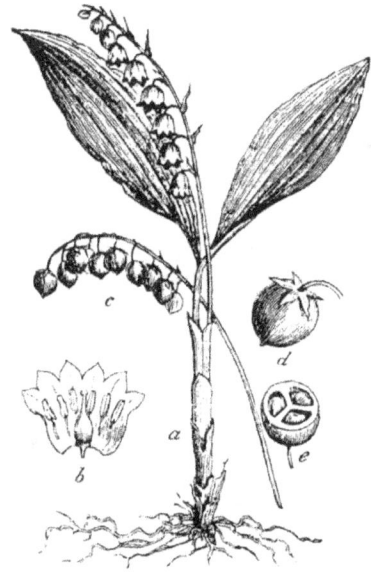

Lilium Convallum fl.v. albo   Lilium Convallum fl.v. incarnato

Maiglöckchen

Convallaria maialis L., Maiglöckchen

Botanik: Das Maiglöckchen ist in Deutschland weit verbreitet; bevorzugte Standorte sind Wälder oder schattiges Buschwerk; auch in Gärten findet man es in üppigen Flächen. Maiglöckchen sind fast ganzjährig als Schnittblumen zu haben. Es ist ein Kraut, das bis zu 30 cm hoch wird; aus einem Rhizom treiben große lanzettförmige Blätter, aus deren Mitte später der Blütenschaft wächst. Die glockenförmigen Blüten (April–Juni) sind in einer Traube angeordnet; sie besitzen den charakteristischen Maiglöckchenduft. Aus den befruchteten Blüten bilden sich erbsgroße rote Beeren.

Vergiftung: Vergiftungen treten verhältnismäßig häufig auf, besonders bei Kindern, die Pflanzenteile in den Mund stecken oder die süßlichen Blüten kauen. Nicht selten sind auch Vergiftungen bei Haustieren, besonders bei Hund oder Katze, die weggeworfene Pflanzenteile fressen. Auch über Todesfälle bei Enten und Gänsen nach Aufnahme von Maiglöckchenblättern wird berichtet. Die Symptome bei Mensch und Tier sind zunächst Übelkeit, Erbrechen und Durchfälle, dann auch Steigerung der Harnabscheidung. In schweren Fällen kommt es zu Benommenheit, Schwindel, Herzschwäche (Bradykardie, Arrhythmie), zentralnervösen Störungen (Erschöpfung, Spasmen, Konvulsionen) bis hin zum Herzstillstand.

Therapie: Es empfiehlt sich die Gabe von Atropin (0,2 ml je 0,025 %kg). Bei rechtzeitigem Bemerken der Aufnahme sollte die Giftentfernung aus dem Magen-Darm-Trakt erfolgen und Infusionen zur schnelleren Ausscheidung verabreicht werden.

Chemie: Die Toxine sind in der gesamten Pflanze, vor allem in den Blüten (bis 0,4 %) und Samen (bis 0,45 %) enthalten. Es handelt sich dabei um Steroidglykoside mit Digitaliswirkung. Pharmakologisch verhält sich Convallatoxin ähnlich wie g-Strophanthin. Medizinisch kann es in der gleichen Weise eingesetzt werden wie Digitalispräparate, insbesondere bei Herzstörungen im Verlauf von Thyreotoxikosen sowie zur Behandlung kardial bedingter Ödeme. In diesem Bereich liegt auch die Verwendung homöopathischer Essenzen (D_3 bis D_4). Daneben sind auch Steroidsaponine nachweisbar. Diese besitzen eine starke Reizwirkung auf den Magen-Darm-Trakt und auch auf die Nierenepithelien. Wegen ihrer Reizwirkung waren früher Maiglöckchenblüten Bestandteil von Schnupftabak. Das Vorkommen und die Menge der Wirkstoffe ist stark vom geographischen Standort abhängig.

Convallatoxin

Veratrum album L., Weiße Nieswurz, Weißer Germer

Botanik: Die krautige Pflanze wird über 1 m hoch. Aus einem kugeligen Rhizom wächst ein starker Stengel, aus dem ovale Blätter mit Längsfalten kommen. Während die unteren Blätter den Stengel umfassen, sind die oberen gestielt. Die Blüte (Juli/August) tritt erst nach etwa 10 Jahren ein; sie besteht aus einer Traube mit zahlreichen kleinen weißen Blüten. Die Pflanze ist in Europa und Asien heimisch; bei uns ist sie vor allem in den Alpen und im Alpenvorland verbreitet.

Die weiße Nieswurz darf nicht mit den zur Familie Ranunculaceae gehörenden, ebenfalls Nieswurz genannten *Helleborus*-Arten verwechselt werden.

Vergiftung: Die zahlreichen Namen dieser Pflanze, wie „Läusewurz", „Krätzerwurzel" und „Sauwurz" deuten auf die breite Verwendung in der Volksmedizin hin. Tatsächlich ist sie schon bei Hippokrates beschrieben. Offizinell spielt *Veratrum* heute keine Rolle mehr. Sie wurde früher bei Gicht, Rheuma, Trigeminus-Neuralgie und äußerlich als Antiparasitikum (z.B. Sabadill-Essig gegen Kopfläuse) verwendet. Wegen der hohen Vergiftungsgefahr wird *Veratrum* heute nur noch in der Homöopathie angewendet, so als schmerzlinderndes Mittel, zur Behandlung der Cholera; Vorsicht ist jedoch auch hier angezeigt.

Von Weidetieren wird die Pflanze meist gemieden. Tödliche Vergiftungen bei Wiederkäuern und Pferden sind jedoch durch Heu bekannt. Rinder reagieren mit Erbrechen, Kolik, Diarrhoe, Polyurie und Muskelzucken. Die Autopsie ergibt eine Entzündung des gesamten Magen-Darm-Traktes. Vergiftungen beim Menschen treten häufiger auf durch Verwechslung des Weißen Germers mit dem Großen Enzian (*Gentiana lutea*), aus dessen Wurzel der Enzianschnaps gebrannt wird. Auch Verwechslungen mit der Baldrianwurzel sind bekannt. Des weiteren ist es zu Vergiftungen durch *Veratrum*-haltiges Niespulver gekommen.

Die Vergiftung ist auf die in der Pflanze vorkommenden Alkaloide zurückzuführen. Wenngleich die Veratrum-Alkaloide auch durch die Haut (es erfolgt dann Rötung, Jucken und Brennen) oder die Schleimhäute (Tränenfluß, Jucken, Niesreiz, Reizhusten, Salivation) eintreten können, so tritt die Vergiftung doch gewöhnlich *per os* auf. Symptome sind eine später in Anästhesie übergehende Parästhesie im Mund-Rachen-Raum, daneben starker Durst, Erbrechen, mit Krämpfen verbundene Durchfälle und Schüttelfrost. In schweren Fällen ist der Puls schwach und verlangsamt. Kreislaufkollaps und Atemlähmung können nach ca. 12 Stunden den Tod verursachen. Selbst bei schweren Vergiftungen kann Erholung eintreten, solange nur Atmung und Kreislauf intakt bleiben.

Rubijervin

Jervin

Veratramin

Die Behandlung erfolgt symptomatisch: Wärme, Analeptika; Strophanthin bzw. Atropin für Herz und Kreislauf. Die Rekonvaleszenz kann längere Zeit in Anspruch nehmen.

Chemie: Die gesamte Pflanze, besonders aber das Rhizom enthält Alkaloide, die für die pharmakologische Wirksamkeit wie auch für die Giftwirkung verantwortlich sind. Hierzu zählen das Veratramin, das Jervin und das Rubijervin. Das Jervin besitzt auch teratogene Wirkung, welche sich in Form von Mißbildungen im Schädelbereich und Trachealstenosen zeigt.

Allium cepa L., Küchenzwiebel

Botanik: Die ursprünglich in Asien heimische Küchenzwiebel wird weithin kultiviert; sie kommt in vielen Variationen, sowohl was die Größe wie auch die Farbe angeht, auf den Markt. Die Pflanze wird 60-120 cm hoch und besitzt blau-graue Blätter, die innen hohl sind. Aus der unterirdischen Zwiebel wächst ein glatter, hohler unterhalb der Mitte bauchiger Stengel, auf dem die Scheinblütendolde sitzt. Die Blütezeit ist von Juni bis August. Auf dem nordamerikanischen Kontinent trifft man auch auf die wildwachsende Art *Allium canadense*.

Vergiftung: Auf den ersten Blick mag es verblüffen, daß die Küchenzwiebel hier unter die Giftpflanzen gezählt wird. Wir haben es jedoch mit einem Fall zu tun, in welchem die Pflanze für den Menschen unschädlich, für viele Tiere jedoch toxisch ist. Sowohl rohe, gekochte als auch getrocknete Zwiebeln können Hämolyse bewirken. Die hierfür verantwortlichen Inhaltsstoffe sind das n-Propyl-disulfid und das Allyl-propyl-disulfid. Die Ursache dafür, daß die Küchenzwiebel für den Menschen unschädlich ist, liegt in der unterschiedlichen Ausstattung der Erythrozyten mit protektiven Enzymen (reduziertes Glutathion, G-6-PD, Katalase).

Veterinärmedizin: Eine Gefährdung durch die Küchenzwiebel ist bei Hund, Katze, Pferd, Rind und kleinen Wiederkäuern gegeben. Am empfindlichsten sind Rinder, gefolgt von Pferden und Hunden. Als relativ resistent werden Schafe und Ziegen angesehen. Auch Geflügel reagiert mit Anämie auf Zwiebelfütterung. Für Hunde gilt, daß die Zwiebel ab etwa 0,5% des Körpergewichts (5 g/kg) toxisch wirkt.

Bei *Hund und Katze* treten die Symptome meist in Form von Erbrechen und Diarrhoe auf. Nach 1-3 Tagen folgen dann die Symptome der hämolytischen Anämie mit Anorexie, Schwäche, blassen Schleimhäuten, Hämoglobinurie, Tachykardie und Tachypnoe. Im Blutbild sieht man eine starke Verminderung der roten Blutkörperchen und das Auftreten von Heinz-Körpern, welche schon nach Stunden nachweisbar sind; ihr Maximum ist zwischen 24 und 72 Stunden nach Zwiebelaufnahme erreicht. Zu bedenken ist dabei, daß Katzen immer einen gewissen Anteil an Heinz-Körpern im Blut aufweisen. Weitere Veränderungen des Blutbildes zeigen sich in Poikilozytose, Anisozytose, Makrozytose, Polychromasie und Hämolyse mit Abnahme des Hämatokrits und des Hämoglobingehaltes. In der Phase der Regeneration treten Retikulozytose und Neutrophilie mit Linksverschiebung auf. Wird die Zwiebelfütterung eingestellt, so tritt eine Erholung in der Regel innerhalb einer Woche ein. Der Sektionsbefund zeigt bei Hund und Katze Spleno- und Hepatomegalie mit Hämosiderose in Leber, Milz und Nieren. Die Ausprägung ist bei Katzen deutlich geringer als bei Hunden.

Bei *Rind und Pferd* zeigen sich 1-6 Tage nach Zwiebelaufnahme Depression, Schwanken, Bewegungsunlust, Paresen, Hämoglobinurie, Anämien, Tachykardie, Tachypnoe und Ikterus. Auch Todesfälle sind beschrieben worden. Die Sektion ergibt makroskopisch Ikterus, Anämie, petechiale Blutungen, eine geschwollene helle Leber, dunkel gesprenkelte Nierenrinde und Hämoglobinurie; auffällig ist der starke Zwiebelgeruch des Kadavers. Histologisch fallen Hämoglobinnephrose, Hämosiderose der Kupfferzellen und der retikuloendothelialen Zellen, der Milzpulpa, periazinäre Leberzellnekrose und follikuläre Hyperplasie der Milz auf.

Amaryllidaceae, Narzissengewächse

Narcissus pseudonarcissus L., Osterglocke, Gelbe Narzisse
Narcissus incomparabilis Mill., Schalennarzisse
Narcissus poeticus L., Dichternarzisse
Narcissus tazetta, Mehrblütige Narzisse

Botanik: *N. pseudonarcissus* ist im Hunsrück, der Eifel und in den Vogesen heimisch, *N. poeticus* und *N. incomparabilis* auf den feuchten Bergwiesen Südtirols. Alle Arten sind verwildert und heute weit verbreitet in Gärten, buschigen Wiesen und lichten Wäldern. Als Zierpflanzen sind sie häufig zu finden.

Amaryllidaceae, Narzissengewächse

Narcissus totus luteus montanus maior.

Narcissus totus luteus montanus major

Vergiftung: Vergiftungen beim Menschen sind selten, allenfalls durch Verwechslung der Zwiebeln mit Speisezwiebeln. Nach Aufnahme der Zwiebeln kommt es zu Salivation, Übelkeit, Erbrechen, Diarrhoe, Schwindel, Blutdruckabfall, Zittern, Schläfrigkeit, in größeren Dosen auch Lähmung und Tod. Bei Tieren verläuft die Vergiftung deutlich schwerer; dort hat man auch eine Degeneration der Leber nachgewiesen. Die tödliche Menge für einen Hund sind 15 g Zwiebeln.

Wichtiger für den Menschen ist die sog. „Narzissenkrankheit", die bei Gärtnern als Kontaktdermatitis auftritt. Die Reaktion zeigt sich überall dort, wo der Narzissensaft auf die Haut tropft. Die Hautveränderungen heilen nach der Narzissenernte wieder ab, ohne daß eine Behandlung erforderlich wäre. Eingehende Untersuchungen ergaben, daß es sich hierbei nicht um eine allergische Reaktion handelt, sondern um eine toxischen Reaktion auf die Inhaltsstoffe der Narzissen, insbesondere Oxalsäure, Chelidonsäure und Lycorin.

Chemie: Für die Vergiftungen verantwortlich sind vor allem die in der Pflanze enthaltenen Alkaloide. Lycorin wirkt zytostatisch, indem es an die 60 S-Untereinheit der Ribosomen bindet und so die Proteinbiosynthese hemmt. Auch die anderen Alkaloide zeigen zytotoxische und neurotoxische Wirkung; letztere erklärt die o.g. Vergiftungssymptome. Lycorin ist ein wirksames Zytostatikum, das lokal auch tumor-nekrotisierend wirkt.

Für die Pflanze selbst stellen die Alkaloide einen natürlichen Schutz gegen Parasitenbefall dar.

Ein Extrakt aus der Zwiebel wurde früher als Emetikum verwendet; die Pflanze besitzt heute keine arzneiliche Bedeutung mehr.

Pluviin   R = CH_3

Galanthamin   R = CH_3

Narcissidin

Lycorin

Agavaceae, Agaven

Yucca sp., Palmlilie

Botanik: Die Heimat dieser äußerst beliebten Zimmerpflanze ist Zentralamerika, wo sie bis zu 12 m hoch werden kann. Bei uns wird am häufigsten *Yucca elephantibes* angeboten. Aus einem dicken verholzten Stamm entspringen die hellgrünen, lanzettförmigen Blätter und bilden meist mehrere Blattkronen aus. Als Zimmerpflanze wird eine Höhe von über 2 m erreicht. Selten bilden sich die hohen Blütenstände mit traubenförmigen, gelblichweißen Blüten aus.

Vergiftung: Bei verschiedenen Haustieren wurden z.T. schwere Vergiftungen durch Yucca-Pflanzen beschrieben: Bei Katzen zeigten sich gravierende Symptome, wie Erbrechen, Diarrhoe und Apathie, so daß eine Euthanasie notwendig wurde. Bei Meerschweinchen und auch bei Ziegen wurden Lähmungserscheinungen beobachtet. Beim Hund wurde über sich schnell entwickelnde Symptome, wie Anorexie, Hypersalivation, hämorrhagische Gingivitis und Stomatitis, Erbrechen, Diarrhoe, Kolik, Hypothermie, Paralysen, Blutungen, Koma und Todesfälle berichtet.

Dracaena spp., Drachenbaum

Botanik: Die Gattung *Dracaena* ist in Afrika heimisch; sie umfaßt weltweit ca. 60 Arten als Sträucher oder Bäume von 10 cm bis 40 m Höhe. Der Name Drachenbaum leitet sich von dem mächtigen *Dracaena draco* von den Kanarischen Inseln ab, welcher einen roten Pflanzensaft besitzt. Als Zimmerpflanze wird bei uns *Dracaena deremensis* angeboten, die über 1,20 m hoch werden kann. Kennzeichnend sind die weißen Streifen auf den lanzettförmigen Blättern. Diese entspringen einem zentralen Vegetationspunkt und geben so der Pflanze ein Palmen-ähnliches Aussehen. Die großen weißen oder cremefarbigen Blüten bilden sich nur selten aus.

Vergiftung: Die im Pflanzensaft enthaltenen Saponine führen auf Schleimhäuten zu Reizerscheinungen; gelangen sie in die Blutbahn, so können sie Hämolyse bewirken. Schwere Vergiftungen sind beim Menschen selten, da Saponine schlecht resorbiert werden. Als Symptome treten Erbrechen und Diarrhoe auf.
Dagegen sind bei Hund und Katze Todesfälle nach Aufnahme von *Dracaena* beobachtet worden.

Chemie: Neben den bereits erwähnten Saponinen enthalten die Pflanzen Sterole, Triterpene und Flavonoide. In der Volksmedizin wird das Harz von *Dracaena cinnabari* zur Behandlung von Wunden, Magen-Darm-Erkrankungen, als Anti-Ulkus und als Blutgerinnungsmittel wie auch als Zahn- und Hautpflegemittel verwendet. Die antiseptische und hämostatische Wirkung ist vermutlich auf die Flavonoide zurückzuführen. Aus *D. mannii* und *D. arborea* wurde außerdem Spiroconazol A, ein Pennogenin-triglykosid, isoliert. Diese Substanz zeigt eine Wirksamkeit gegen Leishmaniasis und Malaria und außerdem molluskizide, fungistatische, fungizide und bakteriostatische Wirkung.

Pennogenin

Sansevieria spp., Bogenhanf

Botanik: Die Sansevierien sind in Afrika und Asien heimisch. *Sansevieria trifasciata* ist eine beliebte Zimmerpflanze. Charakteristisch sind die rosettenartig aus einem Rhizom entspringenden, steil nach oben gerichteten, schwertförmigen Blätter, die bis zu 1 m lang werden können. Sie sind in unterschiedlichen Grüntönen gezeichnet. Blüten erscheinen selten und sind unscheinbar; sie sind von auffälligen Hochblättern umgeben.

Vergiftung: Die Vergiftungssymptome sind die gleichen wie beim Drachenbaum. Bei Hunden ist nach der Aufnahme von *Sansevieria spp.* Erbrechen, Diarrhoe, Erschöpfung, Ataxie und Schaum vor dem Mund beschrieben worden. Die Pflanzen werden in Afrika zur Vergiftung von Pfeilen benutzt, ebenso auch zum Fischfang. Die volksmedizinische Verwendung ist vielfältig, u.a. auch zur Behandlung von Malaria.

Chemie: Die Pflanzen dieser Gattung sind bisher nur unzulänglich bearbeitet worden. Lediglich hämolytisch aktive Steroidsaponine wurden qualitativ nachgewiesen, was die Verwendung als Fischgift erklärt.

Poaceae (Gramineae), Süßgräser

Lolium temulentum L., Taumel-Loch

Botanik: Der Taumellolch ist ein 70–100 cm hohes Gras, das sich vorzugsweise auf feuchtem Ödland findet, früher auch auf Getreidefeldern zu finden war. Die Ähre wird bis zu 20 cm lang, die Körner sind länglich braun.

Poaceae (Gramineae), Süßgräser

Taumel-Lolch

Vergiftung: Vergiftungen sind seit dem Altertum bekannt. Im Humanbereich kamen sie bis zur Anwendung der Herbizide häufig vor, da die Samen mit dem Getreide ins Mehl gerieten. Auch im Leinöl wurden die für die Vergiftung verantwortlichen Alkaloide gefunden. Im Veterinärbereich spielt diese Giftpflanze auch heute noch bei Weidetieren eine Rolle.

Die Symptome sind Schwindel, Gleichgewichtsstörungen (daher der Name), geistige Verwirrung und eingeschränktes Denkvermögen, Sehstörungen, Sprach- und Schluckstörungen, Erbrechen, Durchfall, Zittern, Schläfrigkeit (die Pflanze wurde im Mittelalter als Narkosemittel verwendet), Sinken der Körpertemperatur und der Herzfrequenz, schließlich Tod durch Atemlähmung.

Chemie: Pyrrolizidin-Alakloide sind die für die Vergiftung verantwortlichen Substanzen; hierzu zählt das Lolin.

Lolin

Trisetum flavescens L., Goldhafer

Botanik: Die Pflanze ähnelt sehr dem allgemein bekannten Hafer. Sie wird 30–80 cm hoch, die Blätter sind behaart. Sie besitzt eine große, locker ausgebreitete Rispe; die Ährchen sind grün und goldgelb gescheckt. Die Blütezeit ist Mai/Juni. Der Goldhafer kommt vorzugsweise auf Wiesen vor; er ist in ganz Deutschland verbreitet, vor allem jedoch in Süddeutschland und im Alpengebiet.

Vergiftung: Bei Rindern und anderen Weidetieren tritt nach Aufnahme von Goldhafer die „Calcinose" auf; man versteht darunter eine Ablagerung von Calciumphosphat in inneren Organen, wie Herz, Leber und Lunge. Dieses Krankheitsbild entspricht dem einer Vitamin-D_3-Hypervitaminose. Weitere Symptome sind Osteonekrosen, Atrophie der Nebenschilddrüsen, Gewichtsverlust, Ataxie, Krämpfe und Tod.

Chemie: Im Einklang mit dem Krankheitsbild findet sich im Goldhafer das 1,25-Dihydroxy-Vitamin D_3, welches – wie wir heute wissen – die aktive Form des Vitamins D_3 darstellt. Diese aktive Form wird im Säugetierorganismus aus seiner mit der Nahrung zugeführten Vorstufe Vitamin D_3 durch Hydroxylierung erzeugt. Die unter normalen Ernährungsbedingungen zugeführten Mengen reichen für den üblichen Vitaminbedarf. Kalzinose wurde aber schon früher bei Überdosierung von Vitamin-D-Präparaten beobachtet.

Das Vorkommen des 1,25-Dhydroxy-Vitamins D_3 ist nicht nur auf den Goldhafer beschränkt; es findet sich in einer Vielzahl von Pflanzen aus unterschiedlichen Familien, auch in Nord- und Südamerika. Zu diesen Pflanzen zählen: *Solanum malacoxylon*, *Solanum glaucophyllum*, *Cestrum leavigatum* und *Cestrum diurnum*. Sämtliche Pflanzen spielen für die Veterinärmedizin eine wichtige Rolle.

B. Dicotyledonae
(Zweikeimblättrige Pflanzen)

Fagaceae, Buchengewächse

Fagus silvatica L., Rotbuche

Botanik: Die Buche ist so bekannt, daß auf eine Beschreibung verzichtet werden kann.

Vergiftung: In den Bucheckern (nicht im Öl!) ist eine Substanz enthalten, die bei Tieren (Verfütterung der Preßkuchen), aber auch beim Menschen Vergiftungserscheinungen hervorruft. Diese äußern sich in Übelkeit, Erbrechen, Durchfällen, die mehrere Tage dauern können, aber auch in Atembeschwerden, die mit Krämpfen und Lähmungen einhergehen. Rinder scheinen besonders empfindlich zu sein. Bei Schweinen sind Vergiftungen nicht beobachtet worden. Pferde zeigen leichte Vergiftungserscheinungen: Taumeln, Zittern, Atembeschwerden, Parese der Hinterbeine, schließlich auch Zuckungen oder Krämpfe.

Chemie: In den Bucheckern hat man neben Saponinen und Oxalsäure auch nichtproteinogene Aminosäuren, z.B. L-Willardiin, nachweisen können. Man vermutet, daß diese Aminosäuren für die Toxizität mitverantwortlich sind.
Nebenbei bemerkt fällt Buchenholzstaub unter die eindeutig als krebserzeugend ausgewiesenen Arbeitsstoffe (MAK-Werte-Liste).

Quercus robur L., Stieleiche
Quercus petreae (Matt.), Liebl. Steineiche
Quercus pubescens (Willd.), Flaum-Eiche

Botanik: Eichen sind allgemein bekannt. Die oben genannten mitteleuropäischen Arten unterscheiden sich dadurch, daß die Blätter der Stieleiche asymmetrisch, die der Steineiche symmetrisch und die der Flaum-Eiche unterseits behaart sind.

Vergiftung: Vergiftungen sind regelmäßig bei Rindern zu beobachten, die Eicheln oder junge Eichentriebe fressen. Die Symptomatik der „Eichelkrankheit" wird auf den hohen Gehalt an Gerbsäure (bis 9 %) zurückgeführt. Die ersten Symptome erscheinen 3 bis 5 Tage nach Beginn der Aufnahme größerer Eichel- oder Eichenblattmengen. In rascher Folge erkrankt dann meist auch die Mehrzahl der übrigen Tiere der Herde unter folgenden, oft schwerwiegenden Symptomen: Nach kurzfristiger, nicht immer ausgeprägter kolik-ähnlicher Unruhe (seltener und deutlicher Erregung) beobachtet man eine Absonderung von den anderen Tieren, Verbleiben im Schatten bzw. in Tränkennähe, steifer Gang, fortschreitende Teilnahmslosigkeit, Verweigerung des Futters (mit Ausnahme von Eicheln oder Eichenlaub), vermehrter Durst, Flotzmaul trocken oder mit Nasensekret verschmiert, Tränenfluß, Aussetzen von Wiederkauen und Vormagenmotorik, mitunter leichte Blähung des mit festem Inhalt überladen erscheinenden Pansens, gelegentlich auch Erbrechen. Die Bauchdecken sind aufgeschürzt und schmerzhaft. Zu Beginn zeigt sich ein verzögerter Absatz von schwarzgrünem, geballtem und schleimüberzogenem Kot oder Verstopfung, dann aber anhaltender, schwerer, übelriechender Durchfall (oft blut-, schleim- oder fibrinhaltig), der zu starker Abmagerung bzw. zu Dehydratation (tiefliegende Augen) und subnormaler Körpertemperatur führt. Nach anfänglicher Harnverhaltung wird auffallend häufig hellblasser Harn von erniedrigtem spezifischem Gewicht (unter 1,015) abgesetzt, der stets eiweißhaltig ist; im Blut erweist sich der Harnstickstoffgehalt als krankhaft erhöht (100 bis 240 mg%). Ausnahmsweise sollen auch Hämoglobinurie oder Hämaturie beobachtet worden sein, doch ließen sich diese Befunde im Fütterungsversuch nicht bestätigen. Die Herztätigkeit ist zum Teil bradykard, nicht selten unregelmäßig; der Puls ist klein und hart. Die Schleimhäute sind blaß. Beobachtet wurden auch eine Abnahme der Erythrozytenzahl im Blut sowie relative Lymphozytose. Die Milch geht rasch zurück oder versiegt völlig; sie weist einen bitteren Geschmack auf. Im weiteren Verlauf kommt es zu zunehmender Mattigkeit, Taumeln, schließlich Festliegen mit ausgestreckten Beinen oder in milchfieber-ähnlicher Haltung, Stöhnen und Zähneknirschen. Bei länger kranken Tieren treten subkutan „kalte" Ödeme auf, insbesondere an Hals (auch Rachen und Kehlkopf betroffen), Triel, Unterbrust und Unterbauch, Schenkelinnenflächen, Perinealregion sowie After.

Behandlung: Aufnahme von Eichenzweigen und Eicheln unterbinden, Pansensaftübertragung, bei wertvollen Rindern auch Ruminotomie und Ausräumen des Vormageninhaltes; Heudiät; reichlich schleimig-einhüllende Mittel sowie 50 bis 100 g Natriumbicarbonat oder Calciumcarbonat. Milde Laxantien sind nur im anfänglichen Stadium der Verstopfung angezeigt; wiederholte parenterale Flüssigkeitszufuhr, Stimulantien und Leberschutztherapie.

Seltener werden auch Vergiftungen bei Pferden und Schafen beschrieben; die Symptomatik entspricht aber der der Rinder.

Schweine und Vögel sollen unempfindlich gegen die Toxine sein.

75–80% der erkrankten Tiere sterben.

Bei der Obduktion erkennt man eine schwere Gastroenteritis, z.T. mit Ulzerationen (beim Pferd sind die Veränderungen überwiegend auf Caecum und Colon begrenzt), Ergüsse in Körperhöhlen und eine toxische Nephrose.

Chemie: Die Toxine der Eichen sind die Gallotannine. Unter dem Einfluß von Mikroben wird das Gallotannin über die Gallussäure zu dem sehr giftigen Pyrogallol metabolisiert. Dies erklärt einerseits, warum überwiegend Rinder betroffen sind, und andererseits, warum bei Pferden die auffälligsten pathologischen Erscheinungen in Caecum und Colon auftreten.

Die toxische Wirkung ist darauf zurückzuführen, daß das Pyrogallol Eiweiß ausfällt.

Moraceae, Maulbeerbaumgewächse

Ficus spp., Feigen

Botanik: Zur Gattung Ficus gehören ca. 650 Spezies, die im Vorderen Orient oder in Asien beheimatet sind. Eine Gemeinsamkeit aller *Ficus-* Arten besteht in der Führung von Milchsaft, der auch zur Kautschuk- oder zur Lack- Herstellung verwendet wird. Charakteristisch für viele Arten ist, daß sich ihre Zweige zu Boden neigen und Wurzeln schlagen können. Zu den in Deutschland bekannten bzw. beliebten Pflanzen gehören neben der Feige (*Ficus carica*) als Zimmerpflanzen *Ficus elasticus* (Gummibaum; nicht zu verwechseln mit *Hevea brasiliensis*, die bei uns ebenfalls Gummibaum genannt wird), *Ficus pumila* (Kletterfeige), *Ficus lyrata* (Geigenfeige), *Ficus deltoidea* (Mistelfeige), und *Ficus benjamina* (Birkenfeige).

Vergiftung: Bei Hautkontakt: Gelangt der Pflanzensaft auf die Haut, so kann eine heftige Reaktion mit Rötung, Schmerzen und Blasenbildung folgen. Beim Menschen sind allergische

Erscheinungen (Urtikaria, Konjunktivitis, Rhinitis, Asthma) wie auch Photodermatitis (aufgrund der im Saft enthaltenen Furocumarine) die Regel.

Ingestion ist beim Menschen nicht bekannt, tritt jedoch bei Tieren auf. Die Symptome sind bei den Carnivoren denen der Weihnachtsstern- Vergiftung sehr ähnlich:

Bei Hunden sind Diarrhoe, Erbrechen, Hypersalivation, Hyperthermie, Ataxie, Konvulsion und Koma beobachtet worden. Bei Katzen finden sich außerdem Ödeme im Kopfbereich, Mydriasis, Hypothermie und akute Niereninsuffizienz; Todesfälle sind nicht selten. Die Sektion dieser Katzen ergab neben Ösophagitis und Gastroenteritis eine Nephritis. - Bei Zwerghasen ist ein Todesfall, dem Lähmungen und Krämpfe vorausgegangen waren, beschrieben.

Chemie: In diesen Pflanzen sind Furocumarine, den Euphorbonen verwandte Stoffe und Ficin nachgewiesen worden. Das Ficin ist ein papainartig wirkendes Enzym, welches aus den eßbaren Feigen gewonnen wird und als Fleischzartmacher, zur Käseproduktion und zur Bierherstellung (in Deutschland wegen des Reinheitsgebotes verboten!) eingesetzt wird. Ficin findet medizinisch auch als Anthelmintikum Verwendung.

Cannabaceae, Hanfgewächse

Cannabis sativa L., Hanf

Botanik: Der zu den Maulbeergewächsen gehörige Hanf ist ein Kraut, das bis zu 1,5 m hoch werden kann. Aus einer Pfahlwurzel kommt ein aufrechter Stengel, der behaart ist und sich nach oben verzweigt. Die Blätter sind 5–7zählig gefiedert, auf der Oberseite borstig, unterseitig weichbehaart. Die männliche Pflanze besitzt gelbgrüne Staubblüten in achsel- und endständigen Rispen, die weibliche Pflanze grüne Stempelblüten in achselständigen Ähren. Die Früchte sind 3–5 cm groß und enthalten einen Samen, welcher als Vogelfutter sehr beliebt ist. Die Pflanze ist in Westasien heimisch und von dort über den Mittelmeerraum auch in Europa eingeführt worden. Man unterscheidet Pflanzen vom Drogen-, Misch- und vom Fasertyp. Diese Eigenschaften sind genetisch determiniert, hängen aber auch von Umweltfaktoren ab. So findet man den Drogentyp im allgemeinen nur in den Tropen (Mexiko, Indien,

Cannabaceae, Hanfgewächse

Südafrika). Es ist bekannt, daß auch dieser Typus in gemäßigten Klimazonen wächst, dort allerdings langsam seinen hohen Gehalt an Wirkstoffen verliert.

Vergiftung: Die Wirkstoffe der Cannabis sind seit ältesten Zeiten bekannt. Die älteste Erwähnung findet die Pflanze in einer chinesischen Pharmakopöe im Jahre 2700 v. Chr. Außerdem hat man in China Hanffasern aus dem Jahre 4000 v. Chr. nachgewiesen. Die Pflanze diente damals in erster Linie zur Herstellung von Tauen, die man aus den Bastfasern v.a. der männlichen Pflanzen gefertigt hat. Die Pflanze wurde gegen Malaria, Beri-Beri, Rheuma, Lepra und Geschlechtskrankheiten eingesetzt. Des weiteren war die berauschende Wirkung des Harzes, v.a. der weiblichen Pflanze 600 v. Chr. in China bekannt. Herodot berichtet, daß die Samen bei den Skythen zu den mit den Beerdigungsriten verbundenen Dampfbädern benutzt wurden. In Europa wurde die Pflanze im vergangenen Jahrhundert gegen die unterschiedlichsten körperlichen und geistigen Krankheiten verwendet, aber bald wieder verlassen, da die Zusammensetzung der Extrakte zu stark variiert. Von Asien breitete sich die Pflanze auch nach Afrika aus, wo sie zu religiösen Zwecken verwendet wurde. Nach Südamerika, besonders Mexiko gelangte sie dann im 16. Jh. durch die Spanier. Erst in den 20er Jahren unseres Jahrhunderts wurde das Marihuana-Rauchen in den USA populär.

Bei den verwendeten Pflanzen handelte es sich zweifellos um die Varietät oder Subspezies *Cannabis sativa var. indica;* der in Europa schon im Mittelalter angebaute Hanf *C. sativa (non indica)* enthält die entsprechenden Wirkstoffe nicht; er fand nur als Rohmaterial für die Herstellung von Hanfseilen Verwendung. Der indische Hanf dagegen fand in Europa erst seit dem Ägyptenfeldzug Napoleons Eingang; jedenfalls erfreute sich der Gebrauch von Haschisch großer Beliebtheit in den Pariser Künstler- und Literaten-Zirkeln des letzten Jahrhunderts. Der Gebrauch geriet dann fast in Vergessenheit, bis in den 50er Jahren dieses Jahrhunderts die Rauschgiftwelle stieg. Heute werden Cannabis-Extrakte zur Bekämpfung der Übelkeit infolge von Chemotherapie bei der Krebsbehandlung eingesetzt.

Man unterscheidet zwischen Haschisch, das aus den blühenden Spitzen der weiblichen Pflanze hergestellt wird, und Marihuana, das getrocknetes Pflanzenmaterial darstellt. Vom Menschen konsumiert, wird die Droge meist als Rauchware mit

Tabak vermischt oder aufgelöst in Getränken oder in Gebäck. Im Zusammenhang mit dem Rauschgiftproblem wurden zahlreiche in vitro- und in vivo-Versuche angestellt, um Klarheit über mögliche Schäden zu erhalten. Dies besonders unter dem Gesichtspunkt, daß die Pflanze ja in der Regel geraucht wird und daß daher der Rauch nicht unmittelbar mit den Extrakten vergleichbar ist. So lassen sich bei Mäusen morphologische und cytochemische Veränderungen an den Lungen-Epithelzellen feststellen; beim Hamster führten die Veränderungen sogar zur Bildung maligner Krebszellen. Auch beim Menschen sind entsprechende Veränderungen der Lungenzellen beobachtet worden. Das Blut wird in Mitleidenschaft gezogen, und zwar im Hinblick auf eine gesteigerte Aggregation der Blutplättchen. Intravenöse Injektion kann daher leicht zu Thrombozytopenie oder zu einem Lungeninfarkt führen. Nach dem Rauchen von Marihuana ist der Immunglobulinspiegel im Blutplasma deutlich reduziert, so daß die Infektionsgefahr erhöht ist. Eine große Gefahr dürfte die teratogene Wirkung von Cannabis sein; bei Ratten, Hamstern und Kaninchen wurden teratogene Wirkungen beobachtet, wenn trächtige Weibchen mit Cannabis behandelt wurden. Abgesehen von der großen Zahl an Totgeburten zeigten 86 % der überlebenden Nachkommen körperliche Anomalien. Welche Veränderungen darüber hinaus am Erbgut durch Veränderung der Chromosomen entstehen, ist noch umstritten. Zweifelsfrei konnten Veränderungen an den Chromosomen und auch an Spermien bei Haschischrauchern beobachtet werden. Es muß natürlich auch die Abhängigkeit berücksichtigt werden, in die Süchtige geraten.

Der akute Rauschzustand beginnt nach 15–30 Minuten und hält 3–5 Stunden an. Der Wirkungseintritt und die Dauer sind bei oraler Aufnahme verlängert.

Es zeigen sich Stimmungsveränderungen, Euphorie, Apathie, Müdigkeit, Antriebsminderung, Störung der Denkabläufe, Veränderung der Sensibilität, Halluzinationen, Ataxie, Konzentrationsstörungen, Gedächtnisstörungen, Depression, Angst und Panik.

Ein sog. Nachrausch kann noch bis sechs Monate nach der letzten Drogeneinnahme auftreten.

Als somatische Symptome können Tachykardie, Hypertonie oder Hypotonie, Übelkeit, Erbrechen, Diarrhoe, Hypothermie, Mydriasis, Minderung des Augeninnendruckes, Trockenheit des Mundes, hyperämische Konjunktivitis, leichte Anästhesie und Atemdepression auftreten.

Wenngleich immer wieder Einzelpersonen angeben, sie könnten jederzeit aufhören, so muß doch nach allen Erfahrungen gesagt werden, daß die Gefahr der Abhängigkeit für die Mehrzahl der Cannabis-Benutzer enorm hoch ist. Nach längerer Zeit sind bleibende psychische Schäden unweigerlich die Folge; diese äußern sich im Verschwinden von Gefühlen wie Freude oder Trauer, an deren Stelle eine allgemeine Gleichgültigkeit tritt (amotivationales Syndrom).

Beim Hund wurden beobachtet: Ataxie, Tachykardie, erhöhte Sensibilität auf Töne und Gerüche, zwanghaftes Beobachten von Gegenständen, Schwäche, Zittern, Anfälle, Salivation, Erbrechen, Mydriasis, Nystagmus, Tachypnoe, Hypo- oder Hyperthermie, Desorientiertheit, tiefer Schlaf, tiefe Analgesie. Die Hypothermie ist dabei dosisabhängig und kann als Gradmesser für die Schwere der Vergiftung genutzt werden. Bei Katzen ist u.a. Zerstörungswut beschrieben worden.

Beim Pferd sind Aufregung, Dyspnoe, Muskelzittern, Speichel, Schwitzen und Hypothermie aufgetreten. Der Tod trat dabei 15–20 Minuten nach Einstzen der ersten Symptome ein.

Todesfälle sind auch bei Frettchen und Rindern bekannt.

Chemie: Die Chemie des Rauches von Cannabis ist außerordentlich kompliziert. Dies hängt vor allem damit zusammen, daß zum einen die Pflanzen die einzelnen Substanzen in unterschiedlicher Menge enthalten, dann auch die Rauchgeschwindigkeit einen Einfluß auf die Pyrolyse und damit die Zusammensetzung insgesamt besitzt. Das Hauptspektrum der Substanzen soll an Hand der nachfolgenden Formelübersicht gegeben werden, ohne hier auf Details einzugehen. Insgesamt sind in der Literatur rund 260 verschiedene Substanzen aus Cannabis beschrieben! Es ist einsichtig, daß bei einer so hohen Zahl unterschiedlicher Substanzen auch synergistische Effekte in die Wirkung eingerechnet werden müssen; die widersprüchlichen Angaben in einem Teil der Literatur sind möglicherweise darauf zurückzuführen. Die wichtigsten Substanzen dürften das Cannabidiol, Cannabinol, (−)-trans-Δ^6-Tetrahydrocannabinol und das (−)-trans-Δ^1-Tetrahydrocannabinol (THC) sein. Man ist sich nicht ganz sicher, ob THC für die eigentliche pharmakologische Wirkung verantwortlich ist, da es Hinweise dafür gibt, daß der Metabolit 11-Hydroxy-THC der eigentliche Wirkstoff ist.

Abteilung Samenpflanzen, Unterabteilung Bedecktsamer

(−)−trans−Δ^1−Tetrahydrocannabinol

Cannabidiol

(−)−trans−Δ^6−Tetrahydrocannabinol

Cannabinol

Cannabigerol

Cannabicitran

Cannabifuran

Cannabichromanon

Cannabicoumaronon

Cannabispirenon "B"

6−Hydroxycannabinol

Wirkung: Zur Zeit gibt es noch keine definitive Erklärung zur pharmakologischen Wirkungsweise.

Es gibt allerdings einige Erklärungsversuche. Einer nimmt eine Hemmung der Acetylcholinrezeptoren als Wirkung an, ein anderer vermutet eine Wirksamkeit auf den GABA-Stoffwechsel. Weiterhin ist eine immunsuppressive Wirkung bekannt. Das THC hemmt das Turn-over der Phospholipide in den Plasmamembranen der Lymphozyten.

Es ist bekannt, daß sich die Cannabinoide besonders in Organen anreichern, die viele Lipide enthalten, so z.B. im Gehirn. Diese Lipophilie erklärt auch die relativ lange Wirksamkeit der Toxine im Körper. Die Halbwertzeit des THC wird bei ungewohnten Personen mit 54 Stunden angenommen. Der Abbau des THCs erfolgt in der Leber, wo eine Enzyminduktion stattfindet. So ist es auch zu erklären, daß eine intensivere psychotrope Wirkung beim Menschen erst nach mehrmaliger Aufnahme eintritt.

Nachweis: In Urin und Blutplasma können mittels RIA und EMIT Cannabinole nachgewiesen werden.

Urticaceae, Brennesselgewächse

Urtica dioica L., Große Brennessel
Urtica pilulifera L., Pillen-Brennessel
Urtica urens L., Kleine Brennessel

Botanik: Die Urticaceen sind Kräuter unterschiedlicher Höhe (bis 1,5 m). Der Stengel ist einfach, die Blätter sind gegenständig und meist gesägt, länglich eiförmig. Die Blüten (Mai–Oktober) sind klein, grün und in unscheinbaren Rispen, wobei männliche und weibliche Pflanzen unterschieden werden können.

Vergiftung: Die Blätter und Stengel tragen Haare, die innen hohl sind. Beim Berühren brechen die Spitzen ab und das scharfkantige Ende dringt in die Haut. In den Brennhaaren befinden sich 0,008 mm^3 Flüssigkeit, von denen $1/3$ bis $1/2$ injiziert werden. Es kommt zu der bekannten Nesselwirkung. Vergiftungen beim Menschen treten eigentlich nur bei starker Einwirkung des Nesselgiftes auf die Haut auf, wie sie in der Volksmedizin bisweilen noch üblich ist.
Aus den USA sind Vergiftungen bei Hunden durch *Urtica chamaedryoides* bekannt geworden. Die Hunde entwickelten Schnauben, Speicheln, Erbrechen, Scheuern im Maulbereich, Muskelzucken, Ataxie und Teillähmungen der Gliedmaßen.

Chemie: Für die Giftwirkung sind biogene Amine verantwortlich, wie sie u.a. auch in Insektengiften gefunden werden:

Histamin, Serotonin und Acetylcholin, von denen das Serotonin extrem schmerzerregend wirkt. Die frische Pflanze ist ebenso giftig wie ihre alkoholischen und wäßrigen Extrakte. Bei oraler Anwendung sind Reizung des Magens, Dermatitis und schwere Nierenschädigungen beobachtet worden. Vergiftung durch Brennesseln als Gemüse tritt nicht auf, wenn nur junge Pflanzen in gekochtem Zustand genossen werden.

Serotonin

Histamin

$(CH_3)_3\overset{\oplus}{N}-CH_2-CH_2-O-CO-CH_3$ Acetylcholin
$OH^{\ominus}$

Loranthaceae, Mistelgewächse

Viscum album, Mistel, Hexenbesen

Botanik: Die Mistel ist in den Wäldern Mitteleuropas und Nordasiens beheimatet. Je nach Wirt unterscheidet man drei Mistelarten: die Laubholzmistel, die Tannenmistel und die Kiefernmistel. Bei dieser Pflanze handelt es sich um einen sehr beliebten Advents- und Weihnachtsschmuck. Der Mistel wurden früher magische Eigenschaften nachgesagt.

Viscum album ist ein immergrüner, auf Nadel- und Laubbäumen als Halbschmarotzer lebender, kugelförmiger, zweihäusiger Kleinstrauch mit gabelförmig sich verzweigenden Ästen. Die Blätter sind stengellos, länglich, stehen paarweise zusammen und sind von lederartiger Konsistenz. Die Blüten sind unscheinbar und gelblich-grün. Von Herbst bis Frühjahr trägt die Pflanze weiße, erbsgroße Scheinbeeren, die eine schleimige Substanz enthalten. Diese schleimige Substanz dient als Haftmittel für die Samen, um diesen ein ungestörtes Wurzelschlagen an den Ästen der Wirtsbäume zu ermöglichen.

Vergiftung: Was die Symptome nach oraler Aufnahme von Mistelbestandteilen angeht, so machen die einzelnen Autoren große Unterschiede:

Vielfach wird die Meinung vertreten, daß nur bei parenteraler Verabreichung Symptome auftreten. Es sind aber u.a. folgende Symptome nach oraler Aufnahme bei Mensch und Tier beschrieben worden:

Erbrechen, Brady- oder Tachykardie, Herzrhythmusstörungen, Hypo- oder Hypertension, Halluzinationen, Krämpfe, Mydriasis, Ataxie, Paralysen, Verlust oder Erhöhung der Sensibilität, Koma, kardiovaskulärer Schock mit Herzstillstand. Eine ZNS-Symptomatik ist auch bei Kleinkindern bekannt.

Chemie: Viscotoxine: Die Viscotoxine sind Polypeptide, die kardiotoxisch und zytotoxisch wirken. Ihre Wirkung soll jedoch nur bei parenteraler Anwendung auftreten, da sie oral schlecht resorbiert werden. Außerdem sind sie stark hautreizend; es werden Quaddelbildung bis hin zu Nekrosen beobachtet. Viscotoxine werden intrakutan zur lokalen Reizkörpertherapie angewendet; als Antigene rufen sie dabei eine Immunreaktion hervor (Aktivierung der Makrophagen).

Lectine: Die Mistellectine I–III sind Glykoproteine, die im Aufbau den Giften Abrin und Ricin sehr ähneln. Sie unterscheiden sich aber von diesen dadurch, daß sie sehr schlecht bei oraler Aufnahme resorbiert oder sehr schnell von Proteinasen zerstört werden, was ihre geringere orale Giftwirkung erklärt.

Die Mistellectine bestehen aus zwei Ketten: Die B-Kette der Lectine bindet an die lebenden Zellen und ermöglicht, daß das Gift durch Endozytose aufgenommen werden kann. Die A-Kette entfernt im Zellinneren einen Adeninrest an den Ribosomen, so daß die Bindung der Aminoacetyl-t-RNA-Moleküle und die Translokation nicht mehr möglich sind. Aufgrund dieser nicht unumstrittenen zytostatischen Wirkung werden Mistelextrakte (z.B. Iscador®, Plenosol®) heute zur palliativen Krebstherapie eingesetzt.

Des weiteren verwendet man Mistelextrakte zur Herz-Kreislauf- und Arthrosetherapie. Für die Antiarthrosewirkung werden die Viscotoxine, das Histamin und die Lectine und für die kardiotone Wirkung die Amine, GABA, die Flavonoide, die Phenylpropanderivate und Lignane verantwortlich gemacht.

Es ist auch Viscumsäure enthalten, welche die Pinozytoseaktivität von Makrophagen stimulieren soll.

Des weiteren wurden Amine wie z.B. Acetylcholin, β-Phenylethylamin, Tyramin und Histamin in Mistelbestandteilen nachgewiesen. Außerdem enthalten sind die Triterpene β-Amyrin, β-Sitosterin und Oleanolsäure, verschiedene Flavonoide, Amino- und Pflanzensäuren sowie Phenylpropanderivate und Lignane.

Zu bedenken ist, daß Misteln als Halbschmarotzer in der Lage sind, giftige Inhaltsstoffe ihrer Wirtspflanzen aufzunehmen. Deshalb richtet sich der Grad der Giftigkeit auch nach dem Wirtsbaum.

Die Blätter und Stengel enthalten die meisten Toxine. Über die Giftigkeit der Beeren besteht immer noch Unklarheit.

Aristolochiaceae, Osterluzeigewächse

Aristolochia clematitis L., Osterluzei

Botanik: 30–70 cm hohes Kraut mit reich verzweigtem Rhizom; die Blätter sind tief herzförmig ausgebuchtet. Die Blüten (Mai, Juni) sind gelb und röhrenförmig. Die Pflanze ist ursprünglich im Mittelmeergebiet heimisch, wurde aber wohl durch den Weinbau eingeschleppt, ist auch aus Kulturen verwildert; sie findet sich verbreitet in Gebüschen, an Hecken, Zäunen und Feldrändern.

Vergiftung: Vergiftungen wurden bei Mensch und Tier beobachtet. Neben Erbrechen und Störungen des Magen-Darm-Traktes treten Blutdruckabfall und damit verbunden Ansteigen der Pulsfrequenz auf. Auch Nieren und Leber werden geschädigt. Der Tod erfolgt nach Krämpfen durch Atemlähmung. Zur Behandlung ist neben Aktivkohlegaben auf reichliche Flüssigkeitszufuhr und Warmhalten des Körpers zu achten. Wesentlich ist die Stützung des Kreislaufs; auch künstliche Beatmung kann erforderlich sein.

Vergiftungen sind auch bei Pferden beschrieben worden. An Symptomen zeigen sich Appetitlosigkeit, Mydriasis, Taumeln, Schwanken, Verstopfung, Polyurie, Tachykardie und komatöser Schlaf. Eine Heilung ist möglich, dauert jedoch lange.

Chemie: Der Hauptwirkstoff der Osterluzei ist die Aristolochiasäure. Sie verhält sich pharmakologisch ähnlich dem Colchicin, wie ein Kapillargift. Sie führt zu Hyperämie im kleinen Becken, bei Gravidität kann Abort eintreten. Aristolochiasäure

Aristolochiaceae, Osterluzeigewächse

Aristolochia rotunda.

Aristolochia clematitis L.

wirkt auf das Zentralnervensystem zunächst erregend, später lähmend; sie ruft außerdem Nekrosen an den Nierentubuli hervor und stimuliert die Phagozytose.

Trotz dieser Giftwirkung werden Aristolochia-Extrakte in der Naturheilkunde noch immer verwendet. Bis vor wenigen Jahren waren Aristolochiasäure enthaltende Präparate auch in der Allopathie im gynäkologischen Bereich verbreitet, wurden jedoch wegen der karzinogenen Wirkung der Aristolochiasäure zurückgezogen.

Aristolochiasäure

Abteilung Samenpflanzen, Unterabteilung Bedecktsamer

Caryophyllaceae, Nelkengewächse

Agrostemma githago L., Kornrade

Botanik: Das bis 1 m hohe, einjährige Kraut blüht von Mai bis September mit karminvioletten Blüten. Die Frucht ist eine Kapsel, die zahlreiche, braune Samen enthält, die kleinen, zusammengerollten Raupen ähneln. Der bevorzugte Standort sind Getreidefelder und Wegränder, jedoch ist heute der Bestand durch Verwendung von Herbiziden praktisch unbedeutend geworden. In früheren Zeiten konnten erhebliche Mengen an Samen mit ins Getreide bzw. ins Mehl geraten und so zu Vergiftungen Anlaß geben.

Vergiftung: Die Vergiftungen äußern sich durch Schleimhautreizung im Mund und Rachen, Übelkeit, Erbrechen, Durchfälle. An allgemeinen Symptomen finden sich Kopfschmerzen, Schwindel, Delirium, Krämpfe; der Tod tritt durch zentrale Atemlähmung ein.

Für Rinder wird die tödliche Dosis mit 2,5 bis 5 g Samen pro kg Körpergewicht angegeben. Die Vergiftung macht sich bemerkbar durch Freßunlust, Durst, Speicheln, aussetzendes Wiederkauen, verminderte Vormagenmotorik, Zittern, übelriechenden Durchfall, Lähmung, Herzschwäche, Absinken der Körpertemperatur. Der pathologische Befund zeigt neben Darmblutungen auch Leberdegeneration.

Chemie: Als Wirkstoffe finden sich in der Pflanze Glykoside vom Typ des Githagins, welches das Glukosid des Githagenins darstellt. Besonders hoch ist der Gehalt in den Samen.

Githagenin

Lauraceae, Lorbeergewächse

Persea americana, MILL. Avocado

Botanik: Die Heimat der Avocado ist Süd- und Mittelamerika. Es handelt sich um einen immergrünen, schnell wachsenden Baum, der in den Tropen bis zu 24 m hoch werden kann. Die Blätter sind dunkelgrün, elliptisch, ledrig, alternierend angeordnet und mit deutlichen Blattadern. Sie werden 7,5–40 cm lang. Die Blätter der mexikanischen Linie sollen stark nach Anis riechen. Die Blüten sind klein und gelb-grün. Die Früchte sind dunkelgrün, birnenförmig, oval oder rund und können bis zu 33 cm lang werden. Der solide liegende, braune, harte, 5–6,4 cm lange Samen wird von hellgrünem, wohlschmeckendem Fruchtfleisch umgeben.

Vergiftung: Für Tiere sind sowohl die Blätter wie auch die Früchte giftig.
Vergiftungen sind beschrieben worden bei Rind, Pferd, Ziege, Schaf, Kaninchen, Hund, Katze, Ratten, verschiedenen Stubenvögeln, Hühnern, Straußen und auch Fischen. Es gibt Hinweise dafür, daß die Avocado-Inhaltsstoffe kumulativ wirken.
Die Toxine der Avocado verursachen bei den genannten Tierarten eine Kardiomyopathie und eine nicht-infektiöse Mastitis während der Laktation. Die Latenzzeit beträgt ca. 20 Stunden. Hauptsymptome sind neben Erbrechen und plötzlichen Todesfällen Zeichen der gestörten Herzfunktion wie Tachykardie, Dyspnoe, Husten, Zyanose, subkutane Ödeme (besonders im Hals- und Abdomenbereich), Aszites, Hinweise auf eine Herzvergrößerung im EKG und bei der Röntgenuntersuchung. Blutchemisch kann ein Anstieg von LDH, AST, alkalischer Phosphatase und CPK gemessen werden.
Bei laktierenden Säugetieren zeigt sich eine Mastitis mit Euterödem, Verringerung der Milchmenge, grobsinnliche Milchveränderung, Anstieg von Antitrypsin, NAGase und somatischer Zellen in der Milch.
Über eine Gefährdung des Menschen ist nichts bekannt.

Chemie: Das für die Symptomatik verantwortliche Toxin ist derzeit noch unbekannt. Isoliert worden sind ungewöhnliche Zucker, Polyalkohole, Antibiotika und ein hämagglutinierender Faktor. Weiterhin wurden Dopamin und Methylchavicol in den Blättern und Tannin im Samen gefunden.

Es wird über eine recht unterschiedliche Toxizität der verschiedenen Avocado-Varietäten berichtet. So soll z.B. die mexikanische Variante ungiftig für Ziegen und Kaninchen sein im Gegensatz zur guatemaltekischen.

Methylchavicol

Ranunculaceae, Hahnenfußgewächse

Aconitum napellus L., Echter Sturmhut, Blauer Eisenhut, Mönchskappe, Fuchswurzel, Giftheil, Ziegentod

Botanik: A. napellus kommt in Europa, Asien und Nordamerika vor. In Deutschland findet man ihn als Bergpflanze vorzugsweise im Süden, in feuchten Wäldern, an Bachufern und auf Bergwiesen, seltener in der Ebene, z.B. auf Sumpfwiesen Niedersachsens den Beinamen „napellus" verdankt die Pflanze der Form der Wurzel (lat. Rübchen).
Die Pflanze wächst als Kraut bis 1 1/2 m hoch, sie besitzt eine braune, rübenförmige, lange Wurzelknolle, die mit Wurzelfasern besetzt ist. Der Stengel kann einfach oder verästelt sein. Die Blätter sind gestielt, dunkelgrün, tiefeingeschnitten, sind unten groß und werden nach oben zu kleiner. Die Blüten (Juli/August) (Endtraube) sind groß, mit 5 ungleichen tief blauvioletten Blättern. Die Früchte sind aus einzelnen kapselförmigen Teilfrüchten zusammengesetzt, die Samen 3- bis 6kantig, braun.
In Mitteleuropa finden sich drei Subspezies:
A. n. hiaus: Bayerischer Wald, Böhmerwald, Fichtelgebirge, Riesengebirge.
A. n. lobelianum: Bayerische Alpen, Württemberg.
A. n. pyramidale: Südbayern, Vogesen.

Vergiftung: Aconitum napellus ist seit frühesten Zeiten in Europa als Pfeilgift verwendet worden, ebenso hat es früher eine Rolle als Mordwaffe gespielt. Vergiftungen kommen heute gelegentlich noch durch Verwechslung der Wurzel mit Sellerie oder

Meerrettich oder auch durch die Blätter vor, die von Rohköstlern irrtümlich gesammelt wurden. Weiter besteht eine Vergiftungsgefahr durch Überdosierung homöopathischer Aconitum-Extrakte.

Die Symptome treten meist schon innerhalb weniger Minuten auf: Brennen und Parästhesie, die zunächst im Mund, dann im Schlund beginnen und sich später von Finger- und Zehenspitzen ausgehend über den ganzen Körper ausbreitet. Kalter Schweiß, völlige Gefühllosigkeit und Eiseskälte folgen. Weitere Symptome bei höheren Dosen sind Übelkeit, Erbrechen, kolikartige Durchfälle, Blasenlähmung, Kopf- und Rückenschmerzen, Seh- und Hörstörungen, Denkunfähigkeit, schließlich aufsteigende Lähmung. Hinzu kommen weiterhin Herz-Kreislauf-Symptome, besonders Herzrhythmus-Störungen, die mit starken Schmerzen verbunden sind. Der Tod tritt innerhalb 3 Stunden ein. Die Prognose einer Vergiftung ist meist schlecht, doch kann immer eine Erholung eintreten, solange Herztätigkeit und Atmung erhalten bleiben.

Tiervergiftungen sind zwar für Pferd, Rinder, Schafe, Ziegen, Schweine, Hunde und Geflügel beschrieben; sie treten jedoch sehr selten auf.

Behandlung: Magenspülung und Aktivkohle sind die einzigen direkt wirkenden Mittel, ansonsten kann nur symptomatisch behandelt werden durch Warmhalten, Herz-Kreislauf-Unterstützung und künstliche Beatmung.

Verwendung: In der Volksmedizin wird die Pflanze bzw. Extrakte daraus, zu mannigfaltigen Zwecken verwendet: Hirnhautentzündung, Lungenentzündung, Herzkrankheiten sind nur einige davon. Angesichts der hohen Toxizität muß dringend vor der medizinischen Anwendung gewarnt werden, ebenso wie vor einer Verwendung als Parasitikum bei Tieren oder als Rattengift.

Chemie: In Pflanzen der Ranunculaceen-Gattungen *Aconitum* und *Delphinium* finden sich als Wirkstoffe tetra- bzw. pentazyklische Diterpenalkaloide, die sich von 6 Grundgerüsten ableiten. *A. napellus* enthält Napellin, Hypaconitin, Mesaconitin, Neolin, Neopellin, Aconin und Aconitin.

Aconitin ist eines der *stärksten Pflanzengifte*. Die LD_{100} beträgt beim Pferd nur 40µg/kg Körpergewicht (oral). Beim erwachsenen Menschen beträgt die Letaldosis ca. 3–6 mg.

Aconitin:
$R = CO-C_6H_5$
$R' = CO-CH_3$

Aconin:
$R = R' = H$

Mesaconitin: $>N-CH_3$ anstelle $>N-C_2H_5$

Napellin

Neolin

Aconitin wird durch Schleimhäute, aber *auch durch die unverletzte Haut*, rasch resorbiert, Aconitin erregt zunächst das Zentralnervensystem, später wirkt es lähmend; der Tod tritt durch zentrale Atemlähmung ein. Geringe Dosen beschleunigen die Atmung bei Mensch und Tier, größere Dosen verlangsamen sie. Neben den Atem-, Brech- und Pupillenerweiterungs-Zentren wird das parasympathische Kühlzentrum betroffen, worauf die temperatursenkende Wirkung beruht. Am Herzen führt Aconitin zu Bradykardie und Blutdrucksenkung. Auf Schleimhäuten oder nach Einreiben auf der Haut beobachtet man zunächst Brennen und Jucken, dann Parästhesie und schließlich völlige Anästhesie. Die Nebenalkaloide besitzen qualitativ die gleichen Aktivitäten, sind jedoch weit schwächer wirksam.

Das Aconitin bewirkt an den Nervenzellen eine Erhöhung der Permeabilität für die Na^+ Ionen; es verlängert dabei den Na^- Einstrom während des Aufbaus des Aktionspotentials und verzögert die Repolarisation.

Abteilung Samenpflanzen, Unterabteilung Bedecktsamer

Aconitum vulparia Rchb., Gelber Eisenhut, Wolfstod (früher A. lycoctonum)

Botanik: Die im Juni bis August gelb blühende Pflanze sieht A. napellus recht ähnlich, jedoch ist das Rhizom verzweigt, die Blätter sind hellgrün und an der Unterseite behaart. Die Verbreitung ist auf die Alpen und die Mittelgebirge beschränkt.

Vergiftung: Zur Vergiftung und Behandlung gilt das unter *A. napellus* Gesagte. Der Name „Wolfstod" deutet auf eine Verwendung als Giftköder für Wölfe und Füchse in früheren Zeiten hin.

Chemie: Auch hier sind Alkaloide für die Giftwirkung verantwortlich. Dabei handelt es sich vor allem um das Lycoctonin und das Lycaconitin.

Lycoctonin R = H

Ranunculus spp., Hahnenfuß

Die Gattung *Ranunculus* stellt die Hahnenfußgewächse im engeren Sinne dar. Neben einer Anzahl ungiftiger Spezies, die auch in der Homöopathie gebraucht werden, sind es drei Arten, die zu Vergiftungen bei Mensch und Tier Anlaß geben können.

Ranunculus acer L., Scharfer Hahnenfuß, Blatterkraut, Warzenkraut, Brennkraut, Butterblume

Botanik: Bis $^1/_2$ m hohes Kraut mit aufrechtem, verzweigtem Stengel. Die Grundblätter sind handförmig, 5–7teilig mit schmalen, 3spaltigen, eingeschnitten-gesägten Abschnitten. Das Rhizom ist kurz. Die Pflanze blüht mit goldgelben, fettglänzenden (*Butterblume*) Blättern von Mai bis Oktober. Sie ist in Deutschland weit verbreitet bis in alpine Regionen und kann gelegentlich bis zu 25 % des Pflanzenbestandes von Wiesen ausmachen. Von daher ergibt sich die veterinärmedizinische Bedeutung dieser Pflanze.

Vergiftung: Vergiftungen beim Menschen treten verhältnismäßig selten auf; sie ist die Ursache der sog. „Wiesendermatitis", die durch die Berührung mit frisch geschnittenen oder abgebrochenen Pflanzen entsteht. Die lokale Reiz- bzw. Ätzwirkung des Pflanzensaftes wurde früher zur Beseitigung von Warzen genutzt (Warzenkraut). Vergiftungen bei Weidetieren kommen meist dann vor, wenn die Weide viel an den betr. *Ranunculus spp.* enthält und/oder nicht genügend anderes Grünfutter zur Verfügung steht. Rinder meiden oft den Verzehr giftiger *Ranunculus spp.*, offenbar wegen des brennenden Geschmacks (Brennkraut). Vergiftungssymptome bei Rindern sind durch Entzündung der Mundschleimhaut bedingtes Speicheln, Zittern, kolikartige Unruhe, Harndrang, bisweilen auch Umherrennen und Brüllen, Würgen, starker Durst, vermindertes Wiederkauen, verminderte Pansentätigkeit, starker und blutiger Durchfall, und verminderte Atem- und Herzfrequenz. Im weiteren Vergiftungsverlauf tritt Benommenheit ein, es kommt zu Lähmungen der Hinterextremitäten, Koma und Tod durch Kreislaufversagen. Chronische Vergiftungen mit subletalen Dosen führen zu Abmagerungen, Milchrückgang und zu Aborten. Der Sektionsbefund ergibt entzündliche Rötungen im ventralen Bereich von Haube, Schleudermagen und Pansen sowie im Labmagen und Dünndarm.

Beim Pferd können nach Hahnenfußaufnahme Erregung, Muskelzittern, Lähmungen, Konjunktivitis, Konvulsionen, Blindheit, Taubheit und Koliken auftreten. Beim Hund sind starke Schwellungen im Kopfbereich und Quaddelbildung am Körper beschrieben worden.

Behandlung: Beim Menschen: vgl. *A. pulsatilla*
Beim Tier: Verfütterung von adsorbierenden Mitteln (Aktivkohle) sowie von 50–100 g Natriumbicarbonat oder Kalziumkarbonat; ansonsten symptomatisch (Analeptika).

Chemie: Die Giftwirkung wird darauf zurückgeführt, daß das in der Pflanze vorkommende Glukosid Ranunculin enzymatisch gespalten wird und dabei in das giftige Protoanemonin übergeht, das jedoch unbeständig ist und sich bei der Trocknung der Pflanze dimerisiert. Von daher ist verständlich, daß das Heu von hahnenfuß-bewachsenen Wiesen unbedenklich verfüttert werden kann. Protoanemonin (siehe auch *Anemone pulsatilla*) hemmt SH-haltige Enzyme durch Bindung an die SH-Gruppen.

O=⟨O⟩—CH$_2$—O—Glucose

Ranunculin

Ranunculus bulbosus L., Knolliger Hahnenfuß

Botanik: Zum Unterschied von *R. acer* ist der Stengel am unteren Ende knollig verdickt. Die Kelchblätter der Blüten sind zurückgeschlagen, die Grundblätter dreizählig. Die Pflanze blüht von Mai bis August; sie ist in Deutschland verbreitet auf trockenen Wiesen, im Nordwesten seltener.

Chemie: wie *R. acer*

R. bulbosus war früher offizinell. In der Homöopathie werden aus frischen, blühenden, im Juni gesammelten Pflanzen hergestellte Essenzen (D$_4$) verwendet; die Indikationen reichen von Menstruationsbeschwerden bis zu Herzkrankheiten und Rheuma.

Ranunculaceae, Hahnenfußgewächse

Ranunculus sceleratus L., Gift-Hahnenfuß

Botanik: Die Pflanze kann bis 1 m hoch werden; die Blätter sind kahl und fettig-glänzend, die Blüten klein und blaßgelb. Die Pflanze findet sich in ganz Deutschland, vorzugsweise in sumpfigen, schlammigen Gegenden, an feuchten Ufern, bisweilen sogar im Wasser, daher der alte Name *Ranunculus palustris vel aquaticus*. Sie blüht von Juni bis November.

Chemie: wie *R. acer*

Vergiftung: Wie der deutsche und lateinische Name besagen, handelt es sich hierbei um die gefährlichste und giftigste der drei hier behandelten Spezies. Allein die Tatsache der schwer zugänglichen Standorte verhütet größere Vergiftungen.

Behandlung: wie *R. acer*

Helleborus niger L., Schwarze Nießwurz, Christrose

Botanik: Dieses bisweilen schon im Dezember, meist Februar/April blühende Kraut kommt vor allem im südlichen Mitteleuropa, in den Bayerischen Alpen bis in Höhen von 1800 m vor. Dennoch ist die Pflanze mit ihrem fast schwarzen Rhizom, den langgestielten, geteilten, dunkelgrünen Blättern und schönen weißen Blüten wohlbekannt, da sie häufig in Gärten angepflanzt wird. Früher wurden die Wurzeln von *Helleborus niger* und *Veratrum album* zu Schnupfpulver gemahlen (Schneeberger Prise).

Vergiftung: Vergiftungen werden selten beobachtet, gelegentlich bei Tieren, beim Menschen infolge medikamentöser Überdosierung. Die Symptome machen sich durch Kratzen im Mund, Speichelfluß, Übelkeit, Erbrechen, Schmerzen im Magen-Darm-Bereich, Durchfall sowie durch Herz-Kreislaufstörungen bemerkbar; der Tod erfolgt durch Herzstillstand. Über Vergiftungen durch *Helleborus*-Arten wird in der Veterinärmedizin bei Weidetieren (Rind, Pferd, Schaf) berichtet. Todesfälle bei Rindern durch *Helleborus foetidus* sind in der Literatur beschrieben worden.

Helleborus spielt in der wissenschaftlichen Medizin keine Rolle mehr; in der Homöopathie wird sie noch vielfältig empfohlen, insbesondere bei Psychosen, Kopfschmerzen und Brechdurchfall.

Behandlung: siehe Digitalis

Chemie: Die aktiven Substanzen (Hellebrin, Hellebrigenin) sind Verbindungen, die sowohl von ihrer chemischen Struktur als auch ihren pharmakologischen Eigenschaften den Digitalisglykosiden (siehe dort) nahestehen. Allerdings besitzt der Pflanzenextrakt neben dem zur Behandlung des Altersherzens erwünschten positiv inotropen Effekt Nebenwirkungen (Blutungen und Blasenbildung an Schleimhäuten), die auf Nebenprodukte zurückzuführen sind, die nur durch sorgfältige Reinigung abgetrennt werden können. Die LD_{100} unterscheidet sich stark je nach Applikation; so beträgt der Wert an der Katze 0,1 g i.v./kg, aber oral 10 mg/kg Körpergewicht. Offenbar wird das Glykosid im Magen rasch gespalten und das Aglykon schlecht resorbiert.

Hellebrigenin

Delphinium consolida L., Consolida regalis L., Acker-Rittersporn

Botanik: Der Acker-Rittersporn ist ein einjähriges Kraut (40 cm hoch), das von Mai bis August blüht. Die blauvioletten Blüten sind groß und stehen in endständigen Trauben. Die Wurzel ist pfahlförmig. Rittelspornarten sind weit verbreitet, besonders auf Brachland, auf Wiesen und an Wegrändern. In Nordwestdeutschland und im Gebirge kommt der Acker-Rittersporn seltener vor.

Vergiftung: Die Pflanze wurde früher in der Volksmedizin und in der Homöopathie breit angewendet. Sie spielt heute nur noch eine untergeordnete Rolle in der Homöopathie als Diuretikum und Anthelminthikum. Ursache dafür sind die Nebenwirkungen auf das Herz. So treten als Vergiftungserscheinungen vor allem Bradykardie, Abfall das Blutdrucks und schließlich Herzlähmung ein. Von den Aconitum-Alkaloiden unterscheiden sich die Wirkstoffe durch das Fehlen des mydriatischen Effekts. Vergiftungen beim Menschen wurden selten beobachtet, dagegen deutet der Name „Hafergiftblume" auf Vergiftung bei Tieren hin. Wegen ihres Calciumreichtums wird der Feldrittersporn gern bei Mineralstoffmangel von Weidetieren gefressen. Vergiftungen sind in Deutschland aber selten.

In den USA hingegen haben *Delphinium*-Arten eine große veterinärmedizinische Bedeutung. Sie verursachen besonders bei den Rindern hohe Verluste (tall and low larkspur toxicosis). Die Symptome dieser Erkrankung sind Erbrechen, Bewegungsstörungen, Krämpfe, Kollaps und Arrhythmien. Der Tod tritt durch Atemlähmung ein.

Chemie: Die Hauptwirkstoffe sind Diterpenalkaloide. Die Blüten enthalten hauptsächlich Delphinin, die Samen Lycoctonin, Delcosin und Delsonin. Die Wirkung dieser Toxine ist aconitinähnlich.

Delcosin

Delsolin

Anemone pulsatilla L. Pulsatilla regalis MILL., Gemeine Küchenschelle, Osterblume

Botanik: Die unter Naturschutz stehende Pflanze findet sich verstreut in ganz Mitteleuropa, auf sonnigen Höhen, steinigen Abhängen, Heiden und trockenen Wäldern. Sie blüht manchmal schon im März, gelegentlich bis Mai. Die Blätter erscheinen erst nach der Blüte; sie entspringen einem dicken braunen Rhizom und bilden ein niedriges Kraut. Die Blüte besteht aus sechs violetten Kelchblättern, die zunächst eine Glocke bilden, später aber ausgebreitet sind.

Abteilung Samenpflanzen, Unterabteilung Bedecktsamer

Vergiftung: Vergiftungen sind auf zwei Wegen möglich, äußerlich und innerlich. Bei der äußerlichen Anwendung wird die Haut gereizt, es kommt zu Rötung, brennendem Schmerz, Blasenbildung und schließlich zu tiefem Gewebszerfall. Bei oraler Applikation finden sich neben den gleichen lokalen Symptomen in Mund und Schlund, Übelkeit und Erbrechen sowie schwere gastrointestinale Störungen mit blutigen Durchfällen. Weiter werden Schwindelgefühl, Krämpfe und Schädigung der Nieren beobachtet. Der Tod kann je nach Dosis nach wenigen Stunden, aber auch noch nach 2 Tagen eintreten; Ursachen sind Kreislauf- und Atemlähmung.

Behandlung: Abgesehen von starker Flüssigkeitszufuhr und Einnahme von Aktivkohle kann nur symptomatisch behandelt werden. Die Prognose einer Vergiftung ist ungewöhnlich ungünstig.

Medizin: Früher wurden Extrakte in der Allopathie breit angewandt, besitzen aber heute keinerlei Bedeutung mehr. In der Homöopathie wird die Droge noch gegen Erkältungen, Grippe, Migräne, Nervenschmerzen und Menstruationsbeschwerden, auch als schweißtreibendes Mittel verwendet.

Chemie: Als Wirkstoff wurde das Protoanemonin isoliert, das chemisch als Angelicalacton anzusehen ist. Es geht beim Trocknen (aber auch bei höherer Temperatur) in das Anemonin über, das aber ebenfalls nicht sehr beständig ist und sich leicht in Anemoninsäure umwandelt. Anemoninsäure ist unwirksam; daher besitzen getrocknete Pflanzen keine Aktivität mehr; das Gleiche gilt für Extrakte, die mit heißem Wasser gemacht wurden. Dagegen ist das Anemonin in alkoholischer Lösung gut beständig.

Anemonin und auch Protoanemonin haben jedoch eine stark bakterizide Aktivität; so wird die Hemmung des Wachstums von Bakterien noch bei einer Konzentration von 10^{-5} beobachtet. Die fungizide Aktivität liegt in der gleichen Größenordnung. Von daher läßt sich die Anwendung gegen Infektionskrankheiten, wie z.B. die Pest, im Mittelalter erklären.

Anemonin　　　　Protoanemonin

Papaveraceae, Mohngewächse

Chelidonium maius L., Schöllkraut, Warzenkraut

Botanik: Die krautige Pflanze kann bis 70 cm hoch werden. Sie besitzt ein Rhizom; Stengel und Blätter sind behaart. Das Schöllkraut blüht gelb und zwar von April bis Oktober. Als Früchte trägt es schotenförmige Kapseln mit schwarzen Samen. Bevorzugte Standorte sind geschützte Stellen an Zäunen, Hecken und Mauern sowie magere, kalkhaltige Böden.

Vergiftung: Vergiftungen sind selten und kommen eigentlich nur durch unsachgemäße Anwendung homöopathischer Präparate vor, es kommt zunächst zu Brennen in Mund und Rachen, dann folgen Übelkeit, Erbrechen, blutiger Durchfall, Benommenheit, Kreislaufstörungen und in Einzelfällen der Tod. Die Behandlung kann nur symptomatisch erfolgen.

Bei Tieren sind keine Vergiftungen bekannt, da die frische Pflanze einen unangenehmen Geruch verströmt und die getrocknete Pflanze ungiftig ist.

In der Homöopathie wird der orangefarbene Milchsaft gegen Warzen verwendet, Essenzen zur Krampflösung bei Gallenkoliken und Hustenanfällen. Im Mittelalter fand die Pflanze Anwendung bei der Behandlung der Pest. Den Alchimisten diente sie als eine der Ingredienzien auf der Suche nach dem „Stein der Weisen".

Chemie: Die Hauptwirkstoffe sind Protoberberin-/Berberin-Alkaloide; sie können im weiteren Sinne zu den Isochinolin-Alkaloiden gezählt werden. Im einzelnen wurden u.a. isoliert:

Berberin

Chelidonin

Coptisin

Stylopin

Abteilung Samenpflanzen, Unterabteilung Bedecktsamer

Papaver somniferum L., Schlafmohn

Botanik: Das bis 1 m hohe Kraut fällt durch seine blaugrün bereiften Blätter und Stengel auf. Die Blütezeit ist Juni bis August; die Blüten sind weiß bis violett, am Grunde mit dunkleren Flecken. Die Pflanze wurde zur Ölgewinnung angebaut und findet sich häufig verwildert. Auch in Gärten finden sich Subspezies und Varietäten, bisweilen mit gefüllten Blüten. Typisch ist die Fruchtkapsel, die zahllose kleine Samen enthält, deren Farbe je nach Varietät weiß, blau, braun oder schwarz sein kann. In den Saftröhren im Stengel oder der Fruchtkapsel findet sich der das Opium enthaltende weiße Milchsaft. Die dort enthaltenen Wirkstoffe werden offizinell verwendet, daher der ältere Name *P. officinale*.

Vergiftung: Die hauptsächliche Vergiftungsursache ist der Mißbrauch des Opiums als Rauschgift. Da Opium ein Gemisch zahlreicher Substanzen mit z.T. antagonistischer oder auch synergistischer Wirkung ist, läßt sich die tödliche Dosis nur schwer vorhersagen.

Die Symptome sind vor allem auf den Morphinanteil zurückzuführen; sie treten innerhalb 30 Min. nach der Einnahme auf. Es sind dies Schwindelgefühl, Benommenheit, gelegentlich Erbrechen, dann Erschlaffung der Muskulatur und Schlaf. Besondere Aufmerksamkeit richtet sich auf die von Anfang an einsetzende Atemschädigung, die sich durch Abnahme der Atemfrequenz wie auch der Amplitude bemerkbar macht. Zentrale Atemlähmung ist auch die Ursache für den Tod, der noch nach vielen Stunden eintreten kann. An weiteren Symptomen finden sich Rückgang der Herztätigkeit und Absinken der Körpertemperatur wie auch des gesamten Stoffwechsels.

In der Veterinärmedizin spielen Vergiftungen durch den Schlafmohn kaum mehr eine Rolle. Nach dem 2. Weltkrieg traten gelegentlich Vergiftungen bei Rindern durch Kontamination des Futters mit Preßrückständen aus der Opiumgewinnung auf.

Für Kleintierbesitzer ist es wichtig zu wissen, daß auch Mohnkapseln in Trockengestecken giftig sind.

Bei Groß- und Kleintieren äußert sich die Vergiftung folgendermaßen:

Symptome des Verdauungstraktes: Kolik, Magen-Darmatonie, Tympanie, Obstipation, Anurie;

Störung der Atmung: Dyspnoe, Tachypnoe, später Bradypnoe, Atemlähmung;
Zentralnervöse Symptomatik: Halluzinationen, Erregung, Ataxie, Mydriasis.
Der Tod tritt nach Hypothermie, Krämpfen und komatösen Zuständen durch Atemlähmung ein.

Therapie: Es eignen sich Morphinantagonisten, z.B. Naloxon und Levallorphan.

Chemie: Die drei Alkaloide Morphin, Codein und Thebain kommen neben zahlreichen Nebenalkaloiden im Milchsaft von *Papaver somniferum* (bzw. *P. officinale*) vor. Die physiologischen Wirkungen gehen auf ein Gemisch von Alkaloiden zurück, die biogenetisch aus Tyrosin entstehen, jedoch unterschiedliche Strukturen zeigen. Der Hauptvertreter der Benzylisochinolin-Alkaloide ist das Papaverin, das aus 2 Molekülen Tyrosin gebildet wird.

Papaverin

Mit dem Papaverin chemisch verwandt sind das Protopin und das Cryptopin:

Protopin   Cryptopin

wie auch das Narcotin:

Narcotin (Strukturformel)

Etwas komplizierter gebaut sind die Alkaloide der Morphinan-Reihe, wenngleich auch hier Tyrosin-Moleküle die biogenetischen Ausgangsmaterialien darstellen. Sie verbinden sich (ähnlich wie beim Papaverin) zu Laudanosolin, aus dem dann über Zwischenstufen nacheinander Thebain, aus diesem Codein und endlich Morphin entstehen:

Laudanosolin → → → *Thebain* →

Codein → *Morphin*

Von allen diesen Alkaloiden spielt nur das Codein eine wesentliche Rolle als Pharmakon, und zwar zur Behandlung von Krampfhusten wie auch zur Potenzierung der Wirkung von Analgetika. Suchtgefahr besteht nicht beim Codein. Die schmerzstillende und beruhigende Wirkung ist geringer als beim Morphin.

Auch die hustenstillende Wirkung des Codeins ist schwächer als die des Morphins, aber voll ausreichend.

Die früher häufigere Anwendung von Opium bzw. Morphium ist wegen der Suchtgefahr wie auch wegen der psychischen Nebenwirkungen (Verwirrungszustände) sowie auch anderer somatischer Störungen weitgehend verlassen.

Die wertvollste Eigenschaft des Morphins ist seine schmerzstillende Wirkung durch Aufhebung der in bestimmten Zentren des Großhirns perzipierten Schmerzempfindung. Diese zentrale Wirkung ist besonders deswegen wertvoll, weil Morphin in schon schmerzstillenden Dosen noch keine Bewußtseinstrübung bewirkt, ja im Gegenteil die Wahrnehmung äußerer Eindrücke sogar erleichtert wird. Bereits bei diesen sehr geringen Dosen wird auch das Atemzentrum betroffen, die Atmungsfrequenz wird herabgesetzt, die Tiefe der Atemzüge aber gleichzeitig erhöht, so daß das Minutenvolumen insgesamt gesteigert wird. Morphin dämpft oder beseitigt auch den Hustenreiz. Größere Morphingaben wirken toxisch, der Tod tritt durch zentrale Atemlähmung ein.

Ausdrücklich hingewiesen werden muß auf die Gefahren des Morphinismus, der eine chronische Morphinvergiftung darstellt. Die euphorisierende Wirkung tritt nicht bei allen Menschen auf, ganz unabhängig davon gewöhnen sich die Zellen an einen gewissen Morphinspiegel, so daß es – wenn die Giftzufuhr unterbleibt – nicht nur zu psychischen Abstinenzerscheinungen kommt, sondern auch zu somatischen Störungen wie Herzbeschwerden, Stoffwechselstörungen und Kollaps. Der Bedarf an Morphin steigt schließlich zu Tagesmengen von mehreren Gramm. Die Folgen sind dann Schlaflosigkeit, Abnahme des Körpergewichtes, Exantheme und ein Verfall der körperlichen und geistigen Kräfte, an deren Ende der Tod steht. Eine Heilung ist nur in einer geschlossenen Anstalt möglich; sie ist ein langwieriger Prozeß.

Thebain ist ein Krampfgift, das wie Strychnin eine Steigerung der Reflexerregbarkeit des Rückenmarks, tonische Krämpfe und Tetanus hervorruft.

Papaver rhoeas L., Klatschmohn

Botanik: Das von Mai–Juli leuchtend rot blühende Kraut wächst vorzugsweise auf Feldern und an Wegrändern. Wie bei den anderen Papaver-Arten sind die Blätter blaugrün und ebenso die Stengel milchsaft-führend. Die Frucht ist eine Kapsel mit schwarzen kleinen Samenkörnern.

Vergiftung: Vergiftungen sind nur gelegentlich bei Kindern beobachtet worden. Bei Rindern sind nach Aufnahme von Futter, das größere Mengen Mohn enthielt, Erkrankungen aufgetreten, die unter Krämpfen zum Tode führten. Symptome sind außerdem Erregung, Obstipation oder blutige Diarrhoe, Ataxie, Krämpfe, Somnolenz, Koma und Tod durch Atemlähmung. Gefährdet sind weiterhin Schweine, Pferde und Schafe. Die Behandlung kann nur symptomatisch erfolgen.

Chemie: Für die Giftwirkung verantwortlich dürfte das Alkaloid Rhoeadin sein.

Brassicaceae Cruciferae, Kreuzblütler

Brassica nigra L., Schwarzer Senf

Dieses bis 1 m hohe Kraut war schon im Altertum eine geschätzte Kulturpflanze, die zur Senfherstellung, aber auch zu Heilzwecken Verwendung fand. Sie blüht von Juni bis September in goldgelben Trauben. Die Früchte sind bis zu 2 cm lange Schoten, in denen die dunkelbraunen Senfkörner liegen. Diese enthalten die für die Giftwirkung verantwortlichen Senföle.

Sinapis alba L., Weißer Senf

Vergiftung: Vergiftungen beim Menschen sind sehr selten. Es handelt sich dabei entweder um zu intensive medizinale äußerliche Anwendung (Volksmedizin) oder um Genuß unmäßiger Mengen Speisesenf. Verantwortlich dafür sind die Senföle, von denen das Allylsenföl das giftigste ist. Vergiftungserscheinungen treten bei 2–3 mg/kg Körpergewicht auf; die tödliche Dosis beträgt 5–20 mg/kg Körpergewicht. Die lokalen Symptome manifestieren sich durch Rötung, Brennen und Wärmegefühl der Haut. Bei höheren Konzentrationen oder zu langer Einwirkung kann es zu Entzündungen und tiefgreifenden Gewebeschädigungen (Nekrosen) kommen. Bei oralen Vergiftungen beobachtet man zunächst starke Magenschmerzen, Übelkeit, Erbrechen, Durchfall. In schweren Fällen kommt es zur Lähmung des Zentralnervensystems. Herz und Atemtätigkeit werden verlangsamt; der Tod folgt im Koma.

Die Behandlung muß sich auf das Symptomatische beschränken. Auf reichliche Flüssigkeitszufuhr und Stützung von Herz und Kreislauf ist zu achten.

Vergiftungen bei Tieren sind häufiger. Neben *Brassica nigra* kommen dafür auch *Sinapis alba* (Weißer Senf) und *Brassica napus* (Raps) in Frage, die ebenfalls Senföle als Wirkstoffe enthalten. Während die grünen, fruchtlosen Pflanzen wegen ihres niedrigen Wirkstoffgehaltes relativ ungefährlich sind, kommt es zu Vergiftungen durch ältere schotentragende Pflanzen oder durch Verfütterung von Senfschrot, Rapsmehl oder Rapskuchen. Es wurden auch Vergiftungen durch die grüne Rapspflanze beobachtet. Vergiftungen treten v.a. nach Verfütterungen von grünem, samentragendem Raps (Liho-Raps), nach Frosteinwirkung und bei eingeweichtem Rapskuchen auf.

Das Vergiftungsbild ist nach Aufnahme senfölhaltiger Rapskuchen in erster Linie durch Reizungen der Schleimhäute des Verdauungskanals gekennzeichnet. Bei Intoxikationen durch grünen Raps stehen von Fall zu Fall entweder Erscheinungen seitens der Digestions- oder Respirationsorgane, des zentralen Nervensystems oder Hämoglobinurie im Vordergrund. Vielfach treten sie aber auch – unterschiedlich ausgeprägt – nebeneinander auf: Die gastrointestinale Form der Rapsvergiftung äußert sich in Freßunlust, fehlendem Wiederkauen, vermehrtem Durst, Speicheln, Milchrückgang, herabgesetzter oder aussetzender Vormagenmotorik, Kolik, teilweise auch Tympanie oder Schwitzen sowie anfänglicher Verstopfung mit schmierigem bis geballtem, schwärzlichem, schleim-

oder blutüberzogenem Kot und anschließendem profusem, häufig auch blutigem Durchfall mit Drängen (Vorstülpen der Mastdarmschleimhaut) bei abgehaltenem Schwanz sowie häufigerem Harnabsatz. Die Maulschleimhaut ist entzündlich gerötet und kann ausgedehnte Erosionen oder diphtheroide Beläge aufweisen; Atem- und Pulsfrequenz sind zunächst mäßig erhöht, später wird die Herztätigkeit tumultuarisch; die Episkleralgefäße sind injiziert und verwaschen. Bei schwerer Erkrankung kommen die Patienten bald zum apathischen Festliegen mit kalter Körperoberfläche und verenden innerhalb von 1–3 Tagen. Bei der respiratorischen Form zeigen die Tiere hochgradige Atembeschwerden infolge Lungenödems und -emphysems (Kapillarwirkung der resorbierten Senföle?). Bei der nervösen Form taumeln die Patienten oder wandern abseits der Herde ziellos im Kreise, wobei sie gegen Hindernisse rennen, niederstürzen oder sich in der Einzäunung verfangen; im Stall drängen sie mit dem Kopf gegen Krippe oder Wand; Krämpfe sind selten. Die erweiterten Pupillen der blinden Tiere reagieren nur langsam oder gar nicht auf Lichteinfall. Solche Rinder können mitunter erregbar, aggressiv und gefährlich sein, bevor sie schließlich erschöpft festliegen. Ursache für die zentralnervöse Form ist grüner, überfrorener Liho-Raps. Die Erscheinungen der rapsbedingten Hämoglobinurie (portwein- bis kaffefarbener Harn) sind die gleichen wie bei der Kohl-Anämie; die damit einhergehende Leberschädigung kann zu sekundärer Photosensibilisierung führen.

Bei Hühnern zeigt sich nach Rapsfütterung ein Rückgang der Legeleistung, eine Veränderung des Eigeschmacks, das Beinschwächesyndrom und das hämorrhagische Lebersyndrom.

Die Therapie ist nur symptomatisch möglich. Eine bestehende Erblindung kann sich nach 4–8 Wochen zurückbilden.

Dank des neu gezüchteten oo-Rapses (arm an Myrosinase und Senfölglykosiden) sind Vergiftungen bei Rindern heute selten.

Nach Einführung dieser Rapssorte ist es jedoch zu dubiosen Todesfällen bei Nieder- und Rehwild gekommen. Neuere Untersuchungen haben aber gezeigt, daß es sich nicht um eine Vergiftung, sondern um ein „Überfressen" wegen des jetzt besseren Geschmacks handelt.

Chemie: siehe *Brassica oleracea*

Brassicaceae Cruciferae, Kreuzblütler

Brassica oleracea, Gemüse-Kohl

Botanik: Unter dem Oberbegriff B. oleracea sammeln sich eine Anzahl von Kohlarten,
B. o. var. acephala (Blattkohl, Winterkohl)
B. o. var. sabanda (Wirsing)
B. o. var. capitata (Weißkohl und Rotkohl)
B. o. var. gemnifera (Rosenkohl)
B. o. var. botrytis (Blumenkohl)
die hier nicht näher beschrieben werden müssen.

Vergiftung: Die Pflanzen enthalten in den Blättern, besonders aber in den Strünken ein Toxin, das nach längerer Verfütterung (1–6 Wochen) bei Rindern zur Hämolyse führt. Appetitlosigkeit, Schwäche, Apathie, schwankender Gang und schlaffe Euter sind die ersten Symptome. Die Schleimhäute sind blaß, die Herzfrequenz ist auf 80–120 erhöht, bei schwachem Puls. Der Harn ist rötlich- bis dunkelbraun. Die Erythrozytenzahl sinkt bis auf 1,5–2,5 Mio/mm^3. Der Tod tritt durch Kreislauf- bzw. Leberinsuffizienz ein.

Die beste Behandlung besteht im Absetzen der Kohlfütterung, wie überhaupt die tägliche (tolerierte) Kohlmenge für Rinder 10 kg nicht überschreiten sollte. Gutes Heu, Kraftfutter und phosphathaltige Mineralsalze fördern die Erholung, die ca. 6–8 Wochen in Anspruch nimmt. Auf längere Zeit ist mit Fruchtbarkeitsstörungen zu rechnen. Milch erkrankter Kühe sollte nicht verwendet werden; damit gefütterte Kälber sind ebenfalls erkrankt.

Beim Menschen hat man bei übermäßiger Kohlernährung in Notzeiten eine vermehrte Kropfbildung beobachtet.

Chemie: Wie bei den anderen *Brassica*- und *Sinapis*-Arten so sind auch hier Senfölglykoside, Progoitrin bzw. Sinigrin, die bei der Hydrolyse Vinylthiooxazolidon bzw. Allylsenföl ergeben, in der Milch nachgewiesen worden. Sie wirkten thyreostatisch bzw. strumogen. Für die Hämolyse sind sie nicht verantwortlich. Die Hämolyse wird durch die Aminosäure S-Methylcysteinsulfoxid, welche im Pansen zu Dimethylsulfid metabolisiert wird, verursacht (siehe auch *Allium cepa*). Für die übrigen Vergiftungen verantwortlich sind in erster Linie „Senföle", organische Thioisozyanate (R–N= C=S). Sie kommen in der Pflanze als Glykoside vor, die als solche ungiftig sind. Die Glykoside werden jedoch durch das Enzym

Myrosinase, das sich in anderen Pflanzenteilen befindet, gespalten zu:
Allylsenföl *(B. nigra, S. alba)*
Isopropylsenföl *(B. nigra, S. alba)*
Crotonsenföl *(B. napus)*
Das Enzym Myrosinase wird zwar durch Erhitzen zerstört, kann aber von Pilzen gebildet werden oder von andere *Brassicaceae* auf den Raps übergehen.

$$H_2C=CH-CH_2-N=C\underset{O-SO_3^-\ K^+}{\overset{S-Glucose}{\diagup}} \xrightarrow{Myrosinase} H_2C=CH-CH_2-N=C=S$$

Sinigrin — Allylsenföl + Glucose + Kaliumhydrogensulfat

$$H_2C=CH-CH_2-CH_2-N=C=S$$ Crotonylsenföl (aus Raps, *Brassica nigra*)

$$H_2C=CH-\underset{OH}{CH}-CH_2-N=C\underset{O-SO_3^-\ Na^+}{\overset{S-Glucose}{\diagup}} \longrightarrow$$

Progoitrin — Goitrin (Vinyl–thiooxazolidon) + Glucose + Kaliumhydrogensulfat

Ein Nebenwirkstoff ist das Sinapin, das aber für die Gesamtwirkung keine entscheidende Bedeutung besitzt.

$$H_3CO, HO, H_3CO\text{-Phenyl-}CH=CH-COO-CH_2-CH_2-N^{\oplus}(CH_3)_3 \quad X^{\ominus}$$

Sinapin

Cucurbitaceae, Kürbisgewächse

Bryonia dioica JACQ., Bryonia alba L., Rotbeerige Zaunrübe, Weiße Zaunrübe

Botanik: Beides sind krautige Kletterpflanzen, deren rübenförmige Wurzeln („falsche Alraune") bis zu 6 cm Durchmesser besitzen und bis zu mehreren kg schwer werden können. Die Blätter erinnern an Efeu, sind aber kleiner, heller und weich. Die Blüten sind klein und gelblich-weiß (Juni bis September). Der auffälligste Unterschied zwischen beiden Pflanzen besteht in der Farbe ihrer Beeren, die besonders giftig sind.

Vergiftung: Sowohl die Wurzel als auch die Beeren enthalten die für die Vergiftungserscheinungen verantwortlichen Cucurbitacine. Die Wurzel wurde bereits im Altertum und im Mittelalter zu Heilzwecken benutzt, und zwar sowohl als Abführmittel wie auch gegen Gicht; von letzterer Anwendung kommt auch der Name „Gichtrübe". Heute spielt die Zaunrübe nur noch in der Homöopathie eine Rolle. Äußerlich verursacht der Saft der Wurzel oder der Beeren eine Hautreizung, die unter Blasenbildung in eine Entzündung übergeht und schließlich auch zu Nekrosen führt. Innerlich führt der Genuß bereits weniger Beeren nicht nur zu dem erwähnten Abführeffekt, sondern auch zu Übelkeit, Erbrechen und Nierenschäden. An allgemeinen Symptomen finden sich Schwindel, Krämpfe und Lähmungserscheinungen; der Tod tritt durch Atemlähmung ein.

In der Veterinärmedizin sind tödliche Vergiftungen bei Hund, Schwein, Huhn, Ente und Rind registriert worden.

An Symptomen sind Erbrechen, Diarrhoe, Dehydration, Fieber, Tachypnoe, Tachykardie, Rückgang der Milchleistung, Zittern, Krämpfe, Störung der Nierenfunktion (Erhöhung des Serumkreatinins) und Kollaps aufgetreten.

In der Sektion stellt sich ein Bild mit starker Gastroenteritis und eventuell Peritonitis dar.

Chemie: Für die Vergiftung sind eine Anzahl von Triterpenen verantwortlich, die zu den Cucurbitanen gehören. Die Cucurbitane wirken stark reizend auf Haut und Schleimhäute. Auffällig an ihrer Struktur ist die große Zahl von Sauerstoffunktionen am Grundgerüst. Einige Strukturbeispiele sind im folgenden wiedergegeben:

Bryodulcosigenin

Bryogenin

Cucurbitacin L

Elaterin

Rosaceae, Rosengewächse

Prunus amygdalus BATSCH   (früher Amygdalus communis L.), Mandelbaum

Botanik: Der Mandelbaum ist eine der Kultur- und Zierarten der Gattung *Prunus*, nahe verwandt mit Kirsche, Pflaume und Aprikose. Der Baum wird bis zu 4 m hoch, er blüht von Februar bis April. Die Früchte sind pflaumen-ähnlich, zunächst grün, in reifem Zustand rotbraun. Beim Reifen springen sie auf und geben den Kern frei. Die ursprüngliche, aus Zentralasien stammende Form ist die *var. physiologica amara* (*Amygdala amara*); die süße Mandel (*var. dulcis*) ist eine Zuchtform, die seit dem 9. Jhd. in Deutschland angebaut wird.

Vergiftung: Vergiftungen kommen durch den Verzehr größerer Mengen bitterer Mandeln vor. Übrigens enthalten die meisten Obstkerne, z.B. auch Apfelkerne, beachtliche Mengen an Amygdalin, und es ist in den letzten Jahren häufiger zu Vergiftungen gekommen, zumal solche Kerne im Handel angeboten werden. Auch durch nicht sachgemäß destillierte Obstschnäpse, die nach der Grobdestillation regelmäßig etwas Blausäure enthalten, sind Vergiftungen aufgetreten. Äußerste Vorsicht ist daher bei „hausgemachten" Schnäpsen geboten.

Die Symptome sind die einer Blausäure-Vergiftung (Cyanwasserstoff): Kratzen im Hals, Speichelfluß, Übelkeit und Erbrechen. In ernsteren Fällen kommt es zu Herzklopfen, das mit Herzschmerzen verbunden ist, Atembeschwerden, Erhöhung der Körpertemperatur auf über 40 °C. Schwindel und allgemeine Schwäche werden von Krämpfen abgelöst, der Puls wird nun schwach und innerhalb einer Stunde tritt der Tod ein. Gelingt es, Herztätigkeit und Atmung darüber hinaus aufrecht zu erhalten, so besteht eine gute Aussicht auf Erholung. Bleibende Schäden werden nicht beobachtet. Als tödliche Mengen gelten für Erwachsene etwa 50 Mandelkerne, für Kinder je nach Alter 5–10 Stück.

Schwerwiegende Vergiftungen sind beim Menschen aber selten, da nur unter optimalen Bedingungen (Aufnahme von genügend Pflanzenmaterial mit hoher Toxinkonzentration in kurzer Zeit, ausreichender Zerkleinerungsgrad) eine größere Menge HCN im Körper freigesetzt werden kann. Meist wird die Vergiftung nur durch gastrointestinale Beschwerden symptomatisch.

Behandlung: Neben der symptomatischen Behandlung, die sich auf Stützung von Herz und Kreislauf (Cardiazol) sowie künstliche Beatmung mit Sauerstoff erstreckt, steht im Anfangsstadium die „Entgiftung" im Vordergrund. Hierzu dient zum einen die rasche Entleerung des Magens durch Brechmittel und Auspumpen, wobei durch Spülung mit 1‰ H_2O_2 die bereits freigesetzte Blausäure oxidiert wird. Als Therapie kommen außerdem Komplexbildner (Cobalt-EDTA), Methämoglobinbildner (Amylnitrit, 4-DMAP) und Schwefeldonatoren (Natriumthiosulfat) in Frage.

Chemie: Der Wirkstoff, der zu Vergiftungen Anlaß gibt, ist das Amygdalin, ein Glykosid des Benzaldehyd-cyanhydrins mit Gentiobiose.

Neben dem Amygdalin, welches fast ausschließlich in den Samen der betreffenden Pflanzen vorkommt, findet man in den vegetativen Pflanzenteilen das Prunasin. Aus beiden Substanzen wird mit Hilfe pflanzeneigener Enzyme (β-Glukosidase, Lyase) Blausäure freigesetzt. Da diese Enzyme nur bei Verletzung der Pflanzenteile wirksam werden, startet ein gründliches Zerkauen des pflanzlichen Materials den Freisetzungsmechanismus. Im Körper blockieren dann die CN^--Ionen die Zellatmung durch Anlagerung an die Cytochromoxidase. Der Sauerstoff kann nicht abgespalten werden, was auch die dunkelrote Farbe des venösen Blutes erklärt.

Die Vergiftung stellt, da der Benzaldehyd ungiftig ist, eine reine Blausäure-Vergiftung dar.

$$\text{C}_6\text{H}_5\text{-CH(CN)-O-C}_{12}\text{H}_{21}\text{O}_{10}$$

Amygdalin

Veterinärmedizinisch bedeutsam ist in dieser Pflanzenfamilie die Lorbeer-Kirsche (*Prunus laurocerasus*). Wie der Name schon sagt, hat diese Pflanze lorbeerähnliche Blätter und als Früchte dunkle Kirschen. Kennzeichnend ist der „Bittermandelgeruch" der zerriebenen Blätter. Das Prunasin in den Blättern hat häufiger Vergiftungen bei Rindern und Schafen verursacht. Meist tritt der Tod plötzlich ohne vorhergehende Symptomatik ein. Bei langsameren Verlaufsformen können Schwanken, Dyspnoe und Konvulsionen auftreten.

Ebenfalls Anlaß zur Konsultation von Giftzentralen geben *Cotoneaster horizontalis* (Fächer-Zwergmispel) und *Pyracantha coccinea* (Feuerdorn), die ebenfalls in die Familie gehören.

Eine tödliche Vergiftung durch Choke-Cherry-Blätter (*Prunus virginia, Prunus serotina*) bei einem Hund ist in der Literatur beschrieben worden. Ebenfalls durch diese Pflanze verursacht sind Mißbildungen beim Schwein aufgetreten.

Durch den Holzapfel (*Malus sylvestris*), einem europäischen Wildapfel, sind tödlich endende Vergiftungen bei Ziegen bekannt geworden.

Fabaceae (Papilionaceae), Schmetterlingsblütler

Lupinus luteus L., Gelbe Lupine

Botanik: Die Lupine ist im westlichen Mittelmeergebiet heimisch. Wegen ihres Reichtums an Eiweiß und Kohlenhydraten wird sie als Gründünger und auch als Futtermittel angebaut. Häufig findet sich die Pflanze verwildert. Die gelben Blüten (Juni–September) besitzen einen angenehmen Geruch.

Fabaceae (Papilionaceae), Schmetterlingsblütler

Lupinus Sylvestris flor. luteo odoratus.

Vergiftung: Man unterscheidet zwei Rassen der Gelben Lupine, die „bittere" und die „süße" Lupine. Während die „bittere Lupine" einen Alkaloid-Gehalt von fast 2 % zu erreichen vermag, liegt dieser bei der „Süßlupine" unterhalb von 0,1 %. Die bitteren Lupinen werden vorzugsweise in den USA angebaut, in Europa nur noch zur Gründüngung. Als Futtermittel kommt bei uns praktisch ausschließlich die Süßlupine in Frage.

Vergiftungen sind durch beide Rassen bekannt, allerdings mit unterschiedlicher Symptomatik, je nachdem ob es sich um die durch die bittere Lupine verursachte „Lupine poisoning" oder durch bei Süßlupinen beobachtete „Lupinose" handelt. Während der erstere zweifelsfrei durch die Alkaloide verursacht wird, handelt es sich bei der Lupinose um eine durch Pilzbefall des Futters bedingte Mykotoxikose. Als Pilzspezies kommen *Phomopsis leptostromiformis* und *Ph. rossiana* in Frage.

Lupine poisoning: Als Symptome werden beschrieben: Muskelzittern, Erregung, Umherrennen, Taumeln, Niedergehen, Krämpfe, komatöses Festliegen und Tod. Der Zerlegungsbefund ist negativ. Eine Behandlung ist nicht möglich.

Am empfindlichsten sind Pferd und Schaf, gefolgt von Rind und Schwein.

In den USA tritt nach Verfütterung von Bitterlupinen (insbesondere *L. sericeus* und *L. caudatus*) im 2. und 3. Trächtigkeitsmonat das „crooked calf syndrome" auf. Es handelt sich dabei um Verkrümmungen von Wirbelsäule und Gliedmaßen (Arthrogryposis, Ankylosen, Torticollis, Skoliose), eventuell in Verbindung mit Gaumenspalten. Für dieses Syndrom wird das Alkaloid Anagyrin verantwortlich gemacht. Zu beachten ist, daß das Anagyrin auch in die Milch übergeht. Fälle von auf diesem Wege mißgebildeten Kindern sind in der Literatur bekannt.

Lupinose: Absonderung von der Herde, Aufsuchen schattiger Stellen, Freßunlust, Speicheln, Tränen, Pansenstillstand, Verstopfung, Ikterus und rascher Milchrückgang sind die ersten Krankheitserscheinungen. Zentralnervöse Symptome sind Teilnahmslosigkeit oder auch Angriffslust. Der Tod tritt 1–3 Tage nach Krankheitsbeginn bzw. 5–10 Tage nach der Futteraufnahme ein. Überlebende Tiere zeigen hepatogene Photosensibilisierung. Der Zerlegungsbefund zeigt einen ausgeprägten Ikterus des gesamten Körpers, schwere Leberverfettung und Überladung der Gallenblase mit dünnflüssigem, orange-grünem Inhalt. Gelegentlich sind in den Nieren fettige Degeneration und Nekrose der Tubulusepithelien festzustellen, manchmal auch Siderose in Milz oder Nieren.

Bei Kindern kommt es gelegentlich zu Vergiftungen durch in Gärten angepflanzte Zierlupinen (*Lupinus polyphyllus*) oder durch verwilderte Lupinen. An Symptomen können dann Erbrechen, Krämpfe, Lähmungen und Kreislaufstörungen auftreten. Auch tödliche Ausgänge sind beschrieben worden.

Chemie: Die bereits erwähnten Alkaloide sind vor allem das Lupinin, Lupanin und das Spartein, die zu den Chinolizidin-Alkaloiden gehören.

Lupinin   Lupanin   Spartein

Diese und verwandte Alkaloide finden sich vor allem in Leguminosen, seltener auch in Berberidaceen, Chenopodiaceen und Papaverceen. Biogenetisch leiten sie sich vom Lysin ab.

Laburnum anagyroides MED. (Cytisus laburnum L.), Goldregen

Botanik: Bis zu 7 m hoch kann dieser Strauch wachsen. Die Zweige sind rutenförmig, graugrün; die Blätter sind langgestielt, 3zählig und an der Unterseite behaart. Von April bis Juni blüht die Pflanze mit langen, gelben Trauben; ab Juli entwickeln sich die bohnenartigen, dunkelbraunen Samen in braunen, 5–8 cm langen Hülsen. Die Pflanze stammt ursprünglich aus Südeuropa, wurde und wird häufig in Gärten angepflanzt und ist von dort aus auch verwildert anzutreffen. Die Bezeichnung „laburnum" leitet sich von dem lateinischen Wort für Splintholz ab, welches hier besonders hart ist und deswegen gerne für Musikinstrumente und Zierholzgegenstände verwendet wurde. Gelegentlich wurden früher Goldregenblätter als Tabakersatz verwendet.

Vergiftung: Unmittelbare Vergiftungen treten relativ häufig auf, meist bei Kindern, die Blätter oder Blüten kauen. So finden sich allein in Berlin ca. 35 Fälle pro Jahr. Der Hauptwirkstoff, das Alkaloid Cytisin, wird sehr schnell über die Schleimhaut von Mund und Magen-Darm-Kanal aufgenommen. Es wirkt nikotinähnlich, mit allerdings stärker erregender Wirkung auf das ZNS und die sympathischen Ganglien und später dann lähmend auf die vegetativen Ganglien. Bemerkenswert ist, daß beim Menschen eine Kreuztoleranz zwischen Nikotin und Cytisin besteht.

Bei Ziegen und Rindern kommt es wegen der relativen Unempfindlichkeit dieser Tiere kaum zu akuten Vergiftungen. Dagegen kann es beim Menschen zu Vergiftungen kommen, wenn Milch von Tieren getrunken wird, die zuvor Goldregenblätter gefressen haben, da Ziegen und Rinder das Cytisin unverändert mit der Milch ausscheiden.

Auch adulte Kaninchen sollen unempfindlich sein. Dagegen kommt es beim Pferd nach 4–5 Stunden zu Ataxie, starkem Schwitzen, Zittern und Muskelzuckungen, Kolik, Koma und Tod. Die Letaldosis beträgt etwa 0,5 g Samen bzw. 5 mg Cytisin je kg Körpergewicht. Beim Hund sieht man nach kurzer Latenzzeit (15 min) Schwanken, heftiges Erbrechen, Diarrhoe, epileptiforme Anfälle und Tod.

Beim Menschen setzen die Symptome sehr rasch ein. Sie beginnen mit Brennen im Mund, Speichelfluß, Übelkeit, Erbrechen, Durst und Schweißausbrüchen. Bei schweren Fällen treten Krämpfe und Halluzinationen auf. Der Tod tritt nach Muskellähmungen unterschiedlich rasch durch Atemlähmung ein.

Durch das Erbrechen wird im allgemeinen die Hauptmenge des aufgenommenen Materials entfernt, so daß schwere Vergiftungen sehr selten sind. Die Entleerung des Magens ist daher die wichtigste Behandlung. Kreislaufkollaps und Atemstörungen sind symptomatisch zu behandeln; ggf. ist künstliche Beatmung angezeigt. Die Prognose beim Menschen ist günstig; die Mortalität liegt unter 1%.

Chemie: Für die Vergiftung verantwortlich ist das in allen Pflanzenteilen vorkommende Alkaloid Cytisin. In den reifen Samen, die fast ausschließlich das Cytisin als Toxin besitzen, kann der Gehalt 3% ausmachen. In den Blüten und Blättern liegt der Gesamtalkaloidgehalt bei 0,2–0,3%. Neben dem Cytisin kommen in geringeren Mengen das weniger toxische N-Methylcytisin, die Pyrrolizidin-Alkaloide Laburnin und Laburnamin sowie Anagyrin vor.

Cytisin

Cytisus scoparius, Sarothamnus scoparius L., Besenginster

Botanik: Ein Rutenstrauch mit grünen, kantigen Zweigen, der bis zu 2 m hoch wird; kleine, dreizählige Blätter, gelbe, große Blüten (Mai, Juni). Die Pflanze findet sich bevorzugt auf sandigen Böden, in der Heide und in Föhrenwäldern, verbreitet in ganz Mitteleuropa.

Vergiftung: Vergiftungen sind relativ selten. An Symptomen zeigen sich Kopfschmerzen, Benommenheit, Sehstörungen, Parästhesien, Kraftlosigkeit, curareartige Lähmungen und Krämpfe. Abgesehen von Magenentleerung im Frühstadium der Vergif-

Fabaceae (Papilionaceae), Schmetterlingsblütler

tung kommt im fortgeschrittenen Zustand nur die symptomatische Behandlung durch Kreislaufmittel und Atemanaleptika in Frage.

Die Pflanze wurde ehedem medizinisch und besonders in der Homöopathie verwendet. Die medizinische Verwendung als Wehenmittel ist heute obsolet wegen der z.T. erheblichen Nebenwirkungen (Wehensturm, Tetanus uteri, Uterusruptur, vorzeitige Plazentaablösung). Es sind auch Fälle beschrieben worden, in denen sich Menschen durch Tee aus Besenginster tödlich vergiftet haben.

Dagegen wird ein standardisierter Extrakt (Spartiol®) nach wie vor mit Erfolg als Antiarrhythmikum bei der Behandlung von funktionellen Herz- und Kreislaufbeschwerden eingesetzt, wobei Spartein für die Wirkung verantwortlich ist.

Chemie: Der Hauptwirkstoff ist das in der gesamten Pflanze vorkommende Alkaloid Spartein. Spartein wirkt am Zentralnervensystem in kleinen Dosen erregend, in größeren lähmend. In der Literatur findet sich der Hinweis, daß Weidetiere, die Besenginster fressen, durch die subletalen Dosen an Spartein resistent gegen Schlangengift sein sollen.

Spartein

Spartein blockiert die Natriumkanäle und vermindert die Permeabilität für Kalium an den Nervenzellen

Galega officinalis L., Geißraute

Botanik: Die Geißraute ist eine in Deutschland nur seltener vorkommende Pflanze. Sie bevorzugt feuchtes Gelände. Der Stengel wird bis zu 1 m hoch. Die weißen Blüten stehen in reichblütigen achselständigen Trauben; die Blütezeit ist Juli/August. Den höchsten Toxingehalt weist die Pflanze während der Blütezeit und Fruchtbildung auf.

Vergiftung: Wie der Name sagt, wurde die Pflanze früher als milchtreibendes Mittel offizinell verwendet. Wegen zahlreicher

Nebenwirkungen ist dieses heute nicht mehr der Fall. Vergiftungen sind beim Menschen wohl seltener, bei Weidetieren häufiger beobachtet worden. Über Vergiftungen bei Weidetieren, meist sind Schafe betroffen, wird u.a. aus Frankreich berichtet.

Die Vergiftung verläuft überwiegend perakut bis akut. Werden vor Eintritt des Todes noch Symptome erkennbar, so zeigen sie sich in Dyspnoe, Husten, schaumigem Nasenausfluß, Salivation, Stauung der Jugularvenen, Venenpuls, Tachykardie, Krämpfen und Erstickungsanfällen. Als charakteristisch erweist sich bei der Sektion ein hochgradiger Hydrothorax mit Lungenödem.

Chemie: Verantwortlich für die Vergiftung sind die Guanidin-Derivate Galegin und Hydroxygalegin. Des weiteren wird das Chinazolinalkaloid Peganin für die Toxizität verantwortlich gemacht. Das Galegin bewirkt eine Paralyse des ZNS, Hypotension und Hypoglykämie.

Die Toxine sind gegen Trocknung resistent.

$$H_2N-\underset{NH}{\overset{\|}{C}}-NH-CH_2-CH=C\overset{CH_3}{\underset{CH_3}{\diagdown}}$$

Galegin

Coronilla varia L., Kronwicke, Giftwicke

Botanik: Die Kronwicke ist in Deutschland vor allem im Süden und im Alpenraum verbreitet. Sie bevorzugt Wegränder, trockene, sonnige Wiesen und kalkhaltige Böden. Die Pflanze blüht mit rosa-weiß-violetten Blüten von Mai bis September.

Vergiftung: Vergiftungen sind bei Mensch und Tier selten. An Symptomen zeigen sich dann Übelkeit, Erbrechen, Diarrhoe, Gewichtsverlust, Koordinationsstörungen, Dyspnoe und Krämpfe.

Chemie: Für die Vergiftung verantwortlich sind zum einen Digitalisglykoside, zum anderen die β-Nitro-propionyl-D-glucopyranose.

Fabaceae (Papilionaceae), Schmetterlingsblütler

Phaseolus vulgaris L., Gartenbohne

Botanik: Auf eine Beschreibung kann hier verzichtet werden, da die Pflanze allgemein bekannt ist.

Vergiftung: In den Bohnen ist ein Toxalbumin enthalten, welches das Trocknen übersteht und nur durch Gärung (saure Bohnen) oder durch längeres Kochen zerstört wird. In rohem Zustand sind Bohnen für Mensch und Tier giftig! Vergiftungen treten gelegentlich bei Kindern und Rohköstlern auf, wobei die Empfindlichkeit offenbar individuell unterschiedlich ist. Bisweilen genügen schon wenige Kerne, um die Symptome auszulösen. Neben Erbrechen sind es vor allem Darmstörungen, die beobachtet werden, wie Durchfälle mit Tenesmen und hämorrhagische Enteritiden. Tödliche Fälle sind beschrieben.

Chemie: Für die Vergiftung ist ein Protein, das Phasin, verantwortlich. In seiner Wirkung ähnelt es dem Abrin und dem Ricin; es wirkt als Hemmer der Protein-Biosynthese. Neben dem Phasin (Phythämagglutinin) spielen möglicherweise Trypsininhibitoren und Saponine eine Rolle. Die Giftwirkung entfaltet sich v.a. an den Enterozyten des Dünndarms.
Nicht zu verwechseln ist diese Erkrankung mit dem *Favismus* (Bohnenkrankheit), welche bei Personen mit Glukose-6-phosphatdehydrogenase-Mangel durch Saubohnen (*Vicia alba*) ausgelöst wird. *Vicia alba* enthält als Toxine Favin und Vicin. Das Vicin wird im Magendarmtrakt zu Aglykonen metabolisiert, die bei dem oben genannten Enzymmangel eine hämolytische Anämie auslösen. Die Erkrankung tritt v.a. im östlichen Mittelmeergebiet auf.

Euphorbiaceae, Wolfsmilchgewächse

Die Familie der Euphorbiaceen ist über weite Teile der Alten und der Neuen Welt verbreitet. Entsprechend ist ihre morphologische Vielfalt: So gehört der als Zierpflanze beliebte Weihnachtsstern *(Euphorbia pulcherima)* dazu, andererseits aber auch Arten mit Kaktus-ähnlichem Aussehen, so daß sie nicht selten von Laien als solche angesehen werden, oder aber auch die Formen, die wir als an Wegrainen und Schutthalden wachsende „Wolfsmilch" kennen. Die in Mitteleuropa heimischen

Euphorbiaceen lassen sich in zwei Gattungen zusammenfassen: Pflanzen ohne Milchsaft, *Mercurialis spp.*, Bingelkraut, und Pflanzen mit Milchsaft, *Euphorbia*, Wolfsmilch.

Mercurialis annua L., Einjähriges Bingelkraut
Mercurialis perennis L., Ausdauerndes Bingelkraut, Wald-Bingelkraut, Kuhkraut

Botanik: Beide Pflanzen kommen in Mitteleuropa verbreitet vor. Das Einjährige Bingelkraut bevorzugt Schutt- und Gartenland, es blüht von Mai bis Oktober. Das Wald-Bingelkraut liebt dagegen schattige Wälder; die Blütezeit ist April/Mai.

Vergiftung: Beide Pflanzen kommen gleichermaßen für Vergiftungen, insbesondere beim Vieh, in Betracht. Vergiftungen sind bei Rind und Schaf bekannt. Die Symptome treten meist erst nach einigen Tagen auf: Speicheln, Freßunlust, unterdrücktes Wiederkauen, Teilnahmslosigkeit, Stöhnen, zunächst steigende, dann sinkende Körpertemperatur, rotbraun-gefärbter Harn, pochender Herzschlag mit frequentem, kleinem Puls, zunehmende Schwäche, hämolytische Anämie, Hämoglobinurie, Anurie, Pansenatonie, Obstipation oder Diarrhoe, Ataxie, Ikterus, Festliegen und schließlich Tod. Als Zerlegungsbefunde werden angegeben: Leber- und Nierendegeneration, Siderose der Milz, hämorrhagische Schwellung der Darmschleimhaut, schlaff-mürber Herzmuskel mit subepi- und subendokardialen Blutungen. Gelegentlich wird auch von einer Verfärbung (rosa, blau) der Milch berichtet.

Bei Schafen treten an weiteren Symptomen Pruritus, Wollverlust, Polyurie und Husten auf.

Chemie: Das früher als „Alkaloid" angesehene Mercurialin hat sich als Methylamin erwiesen; es ist sicher nicht für die Vergiftungserscheinungen verantwortlich. Daneben werden Saponine als Inhaltsstoffe angegeben, die jedoch nicht näher untersucht sind. Die Rotbraunfärbung des Urins geht auf den Farbstoff Hermidin zurück.

Fabaceae (Papilionaceae), Schmetterlingsblütler

Euphorbia spp. L., Wolfsmilch

Botanik: Die in Mitteleuropa heimischen Euphorbia-Arten sind sämtlich milchführend. Die Blattformen sind sehr unterschiedlich: länglich-lanzettförmig *(E. cyparissias, E. esula)*, breit-elliptisch, feingesägt *(E. verrucosa)* oder eiförmig *(E. helioscopia)*. Sie zeichnen sich alle durch einen komplizierten Blütenstand aus, der aus einer weiblichen und fünf männlichen Blüten besteht. In den Standorten unterscheiden sich die Arten wiederum. Die meisten finden sich auf sandigen, sonnigen Plätzen, Wegrändern und Halden, doch bevorzugt *E. palustris*, die Sumpf-Wolfsmilch, Ufer und feuchte Wälder. Die Blütezeit beginnt im Mai und geht uneinheitlich bis Juli/August, bei manchen Arten bis November.

Vergiftung: Die gesamte Pflanze ist wegen der im Milchsaft enthaltenen Toxine giftig. Beim Menschen treten infolge unsachgemäßer Anwendung in der Volksmedizin Vergiftungen auf, die je nach Anwendung unterschiedliche Symptome zeigen.

Perorale Vergiftungen machen sich zunächst durch starkes Brennen der Mund- und Schlundschleimhaut sowie durch Brechreiz, Erbrechen und überaus heftige Durchfälle bemerkbar. In schweren Fällen kommt es zu allgemeinen Symptomen wie Sehstörungen, Schwindel, Krämpfen, Kreislaufstörungen. Der Tod kann nach zwei bis drei Tagen eintreten. Eine Behandlung ist nur symptomatisch (Analeptika, Herz- und Kreislaufunterstützung) möglich.

Äußerliche Hautreaktionen zeigen sich nach Kontakt mit dem Milchsaft. Dabei handelt es sich um äußerst heftige Reizwirkungen, die zu tiefgehenden Nekrosen führen können. Zu solchen Vergiftungen kann es kommen, wenn Wolfsmilchsaft etwa zum Entfernen von Warzen benutzt wird oder aber auch bei Gärtnern, die exotische Euphorbien beschneiden. Während die Hautschäden langsam abheilen, sind Verätzungen am Auge meist bleibend, in Extremfällen kann Blindheit eintreten. Personen, die berufsmäßig mit diesen Pflanzen umgehen, sollten daher besonders vorsichtig sein.

Vergiftungen in der Veterinärmedizin sind selten, da diese Pflanzen einen unangenehmen Geschmack besitzen. Eine gewisse Gefährdung besteht aber, wenn mit Euphorbiaceen kontaminiertes Heu gefüttert wird. Tiere reagieren nach Ingestion mit Speicheln, Erbrechen, Diarrhoe (auch blutig), Hypothermie, Zittern, Taumeln, Dyspnoe, Krämpfen und Lähmungen.

Abteilung Samenpflanzen, Unterabteilung Bedecktsamer

Chemie: Bei den Wirkstoffen handelt es sich um Derivate des Ingenols, z.B.

$R^1 = \underset{\underset{O}{\|}}{C}-\underset{\underset{CH_3}{|}}{CH}-CH(CH_3)_2$

$R^2 = \underset{\underset{O}{\|}}{C}-(CH_2)_8-CH(CH_3)_2$

Auch Saponine sind an der Giftwirkung beteiligt. Die Toxine gehen in die Milch über. Die Diterpenester wirken kokarzinogen.

Euphorbia pulcherrima, Weihnachtsstern, Poinsettie

Botanik: In Deutschland trifft man den Weihnachtsstern v.a. in den Wintermonaten als beliebte Zimmerpflanze, aber auch als Schnittblume an. Die Heimat des Weihnachtssterns ist Mexiko bzw. Zentralamerika, wo die Pflanze 3 bis 4 m hoch wachsen kann. Der Name Poinsettie geht auf den ersten U.S.-Minister für Mexiko zurück, Joel Poinsett, der 1829 die Pflanze in die USA importierte.

Schon bei den Azteken diente die Pflanze als Abortivum und zur Anregung der Milchbildung. In Mexiko werden heute noch feuchte Umschläge mit Poinsettia-Material, z.B. bei Hauterkrankungen, zur Enthaarung und als Antipyretikum genutzt.

Der Weihnachtsstern wird als Zimmerpflanze 20 bis 150 cm hoch und wächst strauchig. Die langgestielten, intensiv grünen Blätter des Weihnachtssterns sind eilanzettförmig mit gelappten Abschnitten, sie stehen wechselständig. Die eigentlichen Blüten sind stark reduziert und stehen als sog. Cyathien doldenförmig am Ende der Äste. Eine Cyathie besteht aus einer weiblichen Blüte, die von vielen männlichen Blüten umgeben wird. Die Hochblätter (Brakteen), die sternförmig die Blüten umgeben, sind kräftig gefärbt und täuschen so eine riesige Blüte vor. Diese Hochblätter können rot, weiß, gelb, rosa- oder auch lachsfarben sein.

Vergiftung: Bei Mensch und Tier werden ähnliche Symptome beobachtet. Allerdings kommt es beim Menschen im Gegensatz zum Tier nur sehr selten zu ernsten Vergiftungen bzw. Todesfällen (nur ein Todesfall bei einem Kleinkind aus dem Jahre 1919 ist bekannt).

Nach Ingestion können bei Hund und Katze Stomatitis, Erbrechen, Diarrhoe, Ataxie, Muskelzittern, Lungenödem (!), Kreislaufversagen, Delirium, Koma und Todesfälle auftreten. Rauschähnliche Zustände wurden beim Menschen nach Aufnahme eines Tees aus Weihnachtssternmaterial ausgelöst.

Neben einer Allergie kann der Milchsaft auf der Haut eine Reizung mit Blasenbildung bewirken. Augenreizungen mit z.T. schwerer Konjunktivitis sind die Folge, wenn Milchsaft ins Auge gelangt.

Chemie: Nach heutigen Erfahrungen sind die Zuchthybriden weniger toxisch als die ursprünglichen Formen. Grundsätzlich sollte jedoch jede Ingestion von *Euphorbia pulcherrima* ernst genommen und entsprechend behandelt werden. Nachgewiesen wurden zytotoxische Triterpene und Diterpenester, die auf Haut und Schleimhäute irritierend wirken; sie besitzen kokanzerogene Eigenschaften, z.B. Ingenol-Derivate. Aus dem Milchsaft wurden isoliert:

b-Amyrin, Pseudotaraxerol und Pulcherrol. Es ist unbekannt, inwieweit diese Stoffe am Vergiftungsgeschehen mitbeteiligt sind.

Croton variegatus (Syn.: Codiaeum variegatum pictum), Kroton, Wunderstrauch, Krebsblume

Botanik: Vor über 100 Jahren wurden aus Südostasien (Indien, Malaysia, Sri Lanka) Kroton-Pflanzen nach Europa eingeführt. In Deutschland sind sie jetzt als Zimmerpflanzen stark verbreitet; sie werden aber auch als Schnittgrün in der Floristik verwandt.

Am bekanntesten sind die Hybriden von *Croton variegatu. syn.: Codiaeum variegatum pictum.*

Es handelt sich um eine immergrüne Blattpflanze, die bis zu 1 m hoch wird und panaschierte rot-gelbliche und rot-grüne Blätter trägt. Die endgültige Färbung der Blätter stellt sich dabei erst mit zunehmendem Alter ein. Die Blätterform ist je nach Art sehr variabel; meist sind die Blätter aber gelappt, stehen wechselständig und zeigen auffällig gefärbte Blattnerven. Im Durchschnitt sind die Blätter 20–50 cm lang und fühlen sich lederartig an. Als Zimmerpflanze werden selten die unscheinbaren, grünlichen Blüten entwickelt. Die Pflanze führt, wie alle Euphorbiaceen, einen Milchsaft, der hier farblos ist.

Vergiftung: Beim Menschen können Brennen im Mund, lokale Irritationen, Erbrechen und Durchfall nach Ingestion auftreten. Eine allergische Kontaktdermatitis wurde nach häufigem Kontakt mit diesem Pflanzenmaterial bei Mensch und Meerschweinchen beschrieben. Symptome bei Hund und Katze infolge Aufnahme von Kroton-Teilen nach einigen Stunden sind Kolik, hämorrhagische Diarrhoe, Erbrechen, Hyperthermie, Tachykardie, Muskelzittern, Tetanie, Mydriasis, Niedergeschlagenheit, Proteinurie und Zylindrurie. Bei Vögeln ist der Fall einer Mülleramazone (*Amazone farinosa*) beschrieben. Der Vogel zeigte Apathie, Würgen, hämorrhagische Diathese und Verdacht auf Schwarzruhr. Des weiteren zeigte sich eine Beeinträchtigung der Leber- und Nierenfunktion.

Chemie: Als Toxine sind Phorbolester, 5-Desoxyingenol (Diterpenester) und vermutlich Toxalbumine im Gespräch.
Zu beachten ist, daß Diterpenester karzinogene bzw. kokarzinogene Eigenschaften besitzen.

Phorbol

Anmerkung: Nicht zu verwechseln ist diese Pflanze mit dem stark giftigen, indischen *Croton tiglium*. Die Samen dieser Pflanze liefern das Crotonöl, welches früher als starkes Abführmittel verwendet wurde. Der Wirkstoff des Crotonöls ist ebenfalls das Phorbol. Bereits vier Samen sollen für einen Menschen tödlich sein.

Ricinus communis, Rizinus, Wunderbaum, Christuspalme

Botanik: Die ursprünglich in Afrika beheimatete Pflanze wird bei uns häufig als Zierpflanze in Gärten gehalten. In vielen Ländern, vor allem in Brasilien und in Indien, wird sie zur Gewinnung des Castoröls angebaut. Es handelt sich um eine bis zu 4 m hohe Pflanze, die handförmige, wechselständig stehende, bis zu 1 m durchmessende Blätter besitzt. Die Blüten stehen in Rispen und erscheinen von August bis Oktober. Die männlichen Blüten sind gelb und stehen unten am Blütenstand, die weiblichen sind rot und stehen darüber. Die rötliche, dreikammerige Fruchtkapsel ist stachelig und enthält zeckenähnlich aussehende, ovale, braun-marmorierte Samen.

Chemie: Der Rizinusbaum enthält das Lectin Ricin, ein Toxalbumin und Ricinin, ein Alkaloid sowie niedermolekulare Glykoproteine, die als Allergene wirken können. Das Ricin kommt ausschließlich in den Samen vor; 1 g Samen kann bis zu 1 mg Ricin enthalten. Das Toxin kann nur aufgenommen werden, wenn die Samenschale verletzt ist, d.h. daß auch die Schmuckketten mit den angebohrten Samen eine besondere Gefährdung darstellen. Aufgrund der hohen Toxizität ist das Ricin seit 1962 als Kampfstoff registriert. Durch Erhitzen wird Ricin denaturiert; auf diese Weise (bzw. durch mehrfaches Waschen mit heißem Wasser) wird das Castoröl entgiftet. Ricin besitzt allerdings eine hohe Stabilität gegen Proteasen und kann daher peroral gut resorbiert werden. Da es sich beim Ricin um ein hochmolekulares Protein handelt, werden Antikörper gebildet, so daß sich eine gewisse Immunität ausbilden kann. Auch die Produktion von Antiserum ist möglich.

In den Zellen hemmt das Ricin die ribosomale Proteinsynthese durch Verhinderung der Elongation der Peptitketten. Als Folge hiervon treten schwere Gastroenteritis, sowie Schädigung von Leber und Niere auf.

Außerdem werden durch die Toxine die Erythrozyten agglutiniert bzw. hämolysiert.

Vergiftung: Die Abfallprodukte, die bei der Ölgewinnung anfallen, werden wegen ihres Eiweißreichtums als Futter und Düngemittel verwendet. Da das Ricin während der Pressung weitgehend in die Preßrückstände übergeht, kann der Preßkuchen bis zu 5 % Ricin enthalten. Ricin -Vergiftungen kamen früher häufiger bei Wiederkäuern vor, wenn die Ölkuchen von Lein-, Sesam-, Raps-, oder Baumwollsamen mit Ricinussamen verunreinigt waren. Wissenswert ist, daß Ölkuchen für Hunde attraktiv sind.

Ricin ist ein sehr starkes Gift. Die tödliche Dosis bei parenteraler Applikation beträgt 1 µg/kg für Maus, Ratte, Hund und Katze; als Werte p.o. werden 1-2 g/kg Ricinussamen angegeben. Für andere Tierarten sind die Werte an Ricinussamen per os: Pferd 0.1 mg /kg; Rind: 2 mg/kg; Schaf: 1.25 mg/kg; Ziege 5.5 mg/kg; Schwein: 1.4 mg/kg; Kaninchen: 1 mg/kg; Huhn: 1.4 mg/kg. Für den Menschen wird die orale letale Dosis mit 1 mg Ricin angegeben, was etwa der Menge von 8 Ricinussamen entspricht.

Die Latenzeit bis zum Auftreten der ersten Symptome beträgt in der Regel 2–24 Stunden, kann aber auch bis zu 3 Tage dauern. Bei Mensch und Tier werden dann beobachtet: Schwindel, Speicheln, Darmspasmen, blutige Diarrhoe, Schläfrigkeit, anfangs Hypothermie, Schwitzen (besonders beim Pferd), Zyanose, Krämpfe, Ataxien, Kreislaufkollaps, Tachykardie, Hämolyse, Nephritis mit Anurie, sowie Aborte. Der Tod tritt bei Mensch und Tier meist nach 48–72 Stunden ein.

Bei der Sektion werden schwere hämorrhagische Gastroenteritis, Nekrosen von Leber, Niere, Milz und lymphatischem Gewebe und ebenso freies Blut in der Bauchhöhle gesehen.

Therapie: Ideal ist der Einsatz von Antiserum. Ansonsten kann nur symptomatisch behandelt werden, wobei zu beachten ist, daß eine Dialyse zur Giftentfernung keinen Erfolg bringt. Bei Hunden wurden gute Resultate mit 1%igem Atropin (0.3 ml/Tier s.c.) erzielt.

Celastraceae, Spindelbaumgewächse

Evonymus europaeus L., **Pfaffenhütchen**

Botanik: Das Pfaffenhütchen ist ein bis 6 m hoher Baum, der von Mai–Juni in gelblich-grünen Scheindolden blüht und später durch seine karminroten, 4-fächrigen Kapselfrüchte (Name!) auffällt. Die Blätter sind lanzettförmig spitz und im Herbst ebenso wie die Früchte prachtvoll gefärbt.

Vergiftung: Die Vergiftungsursache ist der Verzehr von Früchten. Aufgrund der reizvollen Frucht sind besonders Kinder gefährdet. Vergiftungen sind aber auch bei Pferd, Schaf und Ziege beschrieben worden. Die Symptome treten nach einer längeren Latenzzeit (bis zu 15 Stunden) auf. Neben Gastrointestinal-Beschwerden, die zu heftigem Durchfall führen, werden auch

Celastraceae, Spindelbaumgewächse

Pfaffenhütchen

allgemeine Symptome beschrieben, wie Temperaturerhöhung, Kurzatmigkeit, Kreislaufstörungen und in Extremfällen Krämpfe. Die meisten Vergiftungen scheinen leicht zu verlaufen. Als Spätfolgen können Leber- und Nierenschäden zurückbleiben.

Da die Pflanze insektizide Wirkung besitzt, wurden früher die gemahlenen Samen gegen Ungeziefer eingesetzt. Für diese Wirkung werden die Alkaloide verantwortlich gemacht.

Chemie: Digitaloide:
Evonosid: Digitoxigenin + Rhamnose + 2 Glukose
Evobiosid: Digitoxigenin + Glukose
Evomonosid: Digitoxigenin + Rhamnose

Alkaloide:

Evonin:	R = Ac, X = O
Neo–evonin:	R = H, X = O
Evonymin:	R = Ac, X = H, OAc
Neo–evonymin:	R = H, X = H, OAc
4–Desoxy–evonin:	R = Ac, X = O
	ohne OH an C–4

Schließlich wird noch das Evodon als Inhaltsstoff beschrieben.

Evodon

Die Vielzahl dieser unterschiedlichen Substanzen macht es schwer, die für die Vergiftungserscheinungen verantwortliche herauszufinden. Da die Vergiftungen, wie schon erwähnt, meist leicht verlaufen, dürfte sich die Wirkung der Digitaloide und der Alkaloide teilweise aufheben.

Anacardiaceae, Balsampflanzen, Sumachgewächse

Toxicodendron spp. L. Grillis, Gift-Efeu, Gift-Sumach

Botanik: In der Literatur besteht eine beträchtliche Verwirrung im Hinblick auf die Systematik der Genus *Toxicodendron*, der einzigen giftigen der ca. 60 Anacardiaceen-Gattungen. In der älteren Literatur wird die Gifteiche und der Giftefeu (poison oak, poison ivy) meist zur Gattung Rhus gezählt; auch der medizinische Fachausdruck *Rhus*-Dermatitis datiert aus dieser Zeit. Nach neuen taxonomischen Untersuchungen sind jedoch alle giftigen Anacardiaceen in der Gattung *Toxicodendron* zusammengefaßt, während *Rhus* nur nicht-giftige Pflanzen enthält.

Aus dieser Verwirrung heraus mag es kommen, daß der bei uns verbreitete Essigbaum, *Rhus typhina*, immer wieder als giftig angesehen wird. Wie der „Essigbaum", so sind auch die übrigen heute in Mitteleuropa auftretenden Anacardiaceen aus Nord- und Mittelamerika importiert. Man findet sie in Botanischen und gelegentlich auch privaten Gärten, selten auch verwildert. Wegen des begrenzten Vorkommens spielen die Vergiftungen in Mitteleuropa kaum eine Rolle, in den USA ist die „Rhus dermatitis" jedoch ein ernstes Problem. In Mitteleuropa sind *T. radicans*, der Giftefeu (früher *Rhus toxicodendron*) und *T. vernix*, Gift-Sumach, als Vergiftungsquelle verantwortlich, während die „Gift-Eichen" nicht erwähnt zu werden brauchen. – Hervorgehoben werden muß, daß der Giftefeu kein Efeu und die Gifteiche keine Eiche ist.

Vergiftung: Die Vergiftung ist hier viel komplizierter als mit den „üblichen" Giftpflanzen. Sie setzt zunächst eine Sensibilisierung der betreffenden Person beim ersten Kontakt mit der Pflanze voraus. Beim nächsten Kontakt, speziell mit dem weißen Milchsaft der Pflanze, entstehen dann innerhalb von 2–5 Tagen Rötung der betreffenden Körperstellen, Erytheme und schließlich Bläschen, die eine klare Flüssigkeit enthalten. Begleitet sind diese lokalen Symptome von extremem Juckreiz oder Schmerzen und von erhöhter Temperatur. Gerät das Gift in die Augen, so sind schwere Schädigungen der Hornhaut die Folge. Bei oraler Aufnahme kommt es zu Schwindel, Übelkeit, Erbrechen, blutigem Durchfall und schweren Nierenschäden.

Eine Behandlung ist wegen der langen Zeit zwischen Kontakt und Ausbrechen der Symptome nur symptomatisch möglich, da zu diesem Zeitpunkt praktisch alles Gift resorbiert sein dürfte.

Die Dermatitis braucht zum Abheilen Monate; auch danach bleibt eine Überempfindlichkeit erhalten.

Die Sensibilisierung ist eine Besonderheit der Vergiftungen. Personen, die schon eine Vergiftung innerhalb der letzten 5 Jahre hatten, reagieren sehr viel rascher und stärker als solche, bei denen der Erstkontakt länger zurückliegt.

Chemie: Für die Giftwirkung zeigen sich folgende Substanzen („Urushiol") verantwortlich:

Abteilung Samenpflanzen, Unterabteilung Bedecktsamer

I

II

III

IV

Die Gefährlichkeit ist hierbei in hohem Maße von der Struktur abhängig. Verbindung III ist am gefährlichsten, danach folgen IV, II und I. Die Toxizität hängt nicht nur von den Doppelbindungen in den Seitenketten ab, sondern auch von der Stellung der Hydroxy-Gruppen; so sind das Pentadecylresorcin und das Pentadecylphenol

praktisch nicht wirksam.

Buxaceae, Buchsbaumgewächse

Buxus spp. L., Buchsbaum

Botanik: Die Buchsbaumgewächse sind immergrüne Sträucher, die in Mitteleuropa und besonders Südeuropa heimisch sind. In Deutschland betrifft dies eine einzige Spezies *Buxus sempervirens*, die im Südwesten und Westen häufig gefunden wird. Da sie vielfach als Zierstrauch angepflanzt wird, ist die Pflanze recht verbreitet. Auch in der Floristik werden die

Buxaceae, Buchsbaumgewächse

Buxus.

Buxus sempervirens L., Buchsbaum

Zweige des Buchsbaums wegen ihrer dekorativen Wirkung gerne verarbeitet. *Buxus sempervirens* kann mehrere hundert Jahre alt werden und erreicht dann eine Höhe von über 8 m; der Stammdurchmesser kann mehr als 50 cm betragen. Im Mittelalter wurde die Pflanze als Heilmittel gegen Hauterkrankungen, Gicht, Rheuma sowie gegen Malaria verwendet. Heute ist die Pflanze selbst in der Homöopathie nicht mehr üblich.

Vergiftung: Wie viele andere pflanzliche Gifte wirken auch die Buxus-Alkaloide zunächst erregend auf das Zentralnervensystem, dann lähmend. Leichtere Vergiftungen machen sich durch Erbrechen und Durchfall bemerkbar, stärkere durch klonische Krämpfe, Zittern und Schwindel. Der Tod tritt durch Atemlähmung ein. Während im Humanbereich Vergiftungen heute kaum mehr auftreten, kommt es bei Tieren durchaus zu Intoxikationen. Die Krankheit verläuft rasch, so daß die Tiere gelegentlich unerwartet tot aufgefunden werden. Über Vergiftungen bei Schweinen, Pferden und Rindern liegen Beobachtungen vor. Meist erfolgt die Aufnahme von abgeschnittenen Zweigen. Die Letaldosis beträgt beim Pferd ca. 750 g pro Tier.

An Symptomen wurden beobachtet: Übelkeit, Erbrechen, Diarrhoe, tonisch-klonische Krämpfe, zentralnervöse Erregung, steifer Gang, Schwindel, Lähmungen und Tod durch Atemlähmung. Auch Störungen der Blutgerinnung werden beschrieben.

Chemie: Für die Giftwirkung verantwortlich ist eine Vielzahl von nahe miteinander verwandten Alkaloiden. Pharmakologische Untersuchungen an Reinsubstanzen liegen nicht vor, so daß die geschilderten Symptome als Gesamtwirkung zu betrachten sind.

Buxpsiin

Buxtauin

Buxanin

Alkaloide aus Buxus sempervirens

Cyclobuxin D

Buxaltin

Buxiramin

Buxamin $R^1 = CH_3; R^2 = H$
Buxaminol $R^1 = CH_3; R^2 = OH$
Norbuxamin $R^1 = H; R^2 = H$

Hypericaceae Guttiferae, Hartheugewächse

Hypericum perforatum L., Johanniskraut, Tüpfel-Hartheu, Tausendlochkraut

Botanik: Die bis 50 cm hoch werdende Staude ist in Europa und Asien heimisch; in Deutschland kommt sie verbreitet vor, vor allem an Wegrändern, trockenen Hängen und Wiesen. Charakteristisch sind die durchscheinend punktierten Blätter (Tausendlochkraut), die zahlreiche Öldrüsen enthalten und so beim Betrachten gegen das Licht den Eindruck von kleinen Löchern erwecken. Die Pflanze blüht in reichen gelben Trugdolden von Juni bis September.

Vergiftung: Die Pflanze war früher offizinell, spielt aber heute nur noch in der Homöopathie eine gewisse Rolle und zwar bei Schlafstörungen, bei Depressionen und Wetterfühligkeit. Der daraus bereitete Tee besitzt eine beruhigende Wirkung. Für die beruhigende Wirkung wird eine Hemmung der Monoaminoxidase verantwortlich gemacht. Auch zur Wundheilung und gegen Entzündungen wird das Johanniskrautöl empfohlen. Diese Wirkungen sind teilweise wohl auf Gerbstoffe und etherische Öle zurückzuführen; ganz sicher spielt aber das Hypericin eine wichtige Rolle.

Hypericin ist aber auch verantwortlich für die „Lichtkrankheit" der Haut; d.h. der Körper wird nach Aufnahme entsprechender Mengen an Hypericin gegen Belichtung derart sensibilisiert, daß der Tod eintreten kann. Dieses Symptom wird vor allem bei Pferden beobachtet, bei denen im Hartheu größere Mengen Johanniskraut enthalten sind. Die Photosensibilisierung ist auch an anderen Tieren beobachtet worden.

Neben Pferden sind besonders Schafe und Rinder von der Intoxikation betroffen. Der „Sonnenbrand" tritt dabei nur an un- oder wenig pigmentierten Stellen auf (Maulbereich, Euter usw.). Es können dabei erhebliche Schwellungen auftreten, so daß die Nahrungsaufnahme unmöglich wird.

Chemie: Das Hypericin kommt in den Blättern und Blüten vor. Es handelt sich dabei um einen purpurroten Farbstoff, der starke Fluoreszenz besitzt und von daher wohl für die Lichtreaktionen in der Haut verantwortlich ist.

Abteilung Samenpflanzen, Unterabteilung Bedecktsamer

Johanniskraut, *Hypericum perforatum*

Hypericin

Hypericin wirkt auch virostatisch, besonders gegen Retroviren.

Araliaceae, Efeugewächse

Hedera spp. L., Efeu

Botanik: *Hedera helix* und andere Efeuarten stammen aus Eurasien und Nordamerika. Man trifft sie in Deutschland sowohl im Freien wie auch als Zimmerpflanze an. In Gärtnereien wird Efeu als Schmuck bei Blumengebinden verwendet. Efeu ist eine raschwüchsige Kletterpflanze mit Haftwurzeln. Die Blätter zeigen die typische drei- oder fünflappige Form; ihr Durchmesser kann bis zu 10 cm betragen. Sie kommen in verschiedenen Farbvariationen vor und sind oft panaschiert. Von August bis Oktober erscheinen die fünfblättrigen, unscheinbaren, grünlichen Blüten, die in Dolden stehen. Die Früchte sind schwarze, bitter schmeckende Beeren.

Achtung! Der Efeu ist nicht zu verwechseln mit dem sog. Giftefeu (s. dort)!

Vergiftung: Beim Menschen wurden nach dem Verzehr von Efeubeeren Übelkeit, Erbrechen, Bauchkrämpfe, Gesichtsrötung und Somnolenz beobachtet. Auch Hautirritationen können durch Kontakt mit Efeublättern ausgelöst werden, welche das Allergen Falcarinol enthalten.

Bei Katzen werden die gleichen Symptome wie bei Philodendron beobachtet (s. dort).

Beim Hund wird Ataxie und Erbrechen gesehen; auch Todesfälle sind bekannt.

Ein Rehbock zeigte nach Aufnahme von *Hedera helix*

Bewußtseinsstörungen, beginnende Lähmung und Verlust der Scheu vor Menschen.

Beim Rind wurden steifer Gang, Schwanken, Erregung und lautes Brüllen beschrieben; auch Todesfälle sind bekannt.

Dagegen vermögen Kaninchen offenbar größere Mengen an Efeu zu tolerieren.

Chemie: Im Efeu sind Triterpensaponine, wie z.B. die Hederasaponine und auch das Polyacetylen Falcarinol, gefunden worden. Des weiteren ist das Vorkommen von Rutin, Kaffeesäure, Chlorogensäure und Emetin beschrieben. Die Toxizität ist über die gesamte Pflanze verteilt. Die Blätter weisen zwar den höchsten Giftgehalt auf, sind aber bei oraler Aufnahme nur wenig toxisch, da die Hederasaponine vom Magen-Darm-Trakt nur schlecht resorbiert werden. Die ernsteren Vergiftungsfälle treten nach der Aufnahme der Beeren auf.

Das Hederin wirkt gefäßverengend, aber auch hämolytisch. Pharmakologisch sind die Inhaltsstoffe insofern interessant, als sie expektorierend und spasmolytisch auf die Atemwege wirken. Auch antimikrobielle, antifungale und molluskizide Wirkungen sind beschrieben; sie sind wohl auf den Glykosidgehalt zurückzuführen.

Hederasaponin C

Falcarinol

Schefflera arboricola, Strahlenaralie,
Schefflera actinophylla

Botanik: Die Strahlenaralie ist eine immergrüne, bis 2.4 m hohe Blattpflanze. Sie besitzt Blätter, die aus bis zu sieben radiär verlaufenden Einzelblättern bestehen.

Vergiftung: Siehe Hedera

Chemie: Die Hauptwirkstoffe der Strahlenaralie sind Oxalsäure bzw. deren Salze, sowie das Polyacetylen Falcarinol.

Apiaceae (Umbelliferae), Doldengewächse

Conium maculatum L., Gefleckter Schierling

Botanik: Der Gefleckte Schierling kommt in Europa, Asien und Nordafrika vor, wurde auch nach Nordamerika und das westliche Südamerika eingeschleppt. In Deutschland findet man ihn an schattigen, feuchten Stellen, an Ufern, Hecken und Zäunen, auch an Schutthalden.
Es handelt sich um ein zweijähriges, bis zu 2 m hohes Kraut. Die aufrechten Stengel sind außen gerillt, innen hohl und im unteren Teil rot bis braun gefleckt. Die Blätter sind drei- bis vierfach gefiedert und scheidig gestielt. Die Blüten sind unscheinbar, weiß und in 12- bis 20-strahligen Doppeldolden angeordnet. Die Wurzel ist spindelförmig. Beim Verreiben von Pflanzenteilen bemerkt man einen intensiven, scharfen, unangenehmen Geruch („nach Mäuseharn"), der lange an den Fingern haften bleibt; er rührt von dem Hauptwirkstoff Coniin bzw. dessen Zersetzungsprodukten her und erlaubt eine sichere Unterscheidung von anderen Umbelliferen.

Vergiftung: Die Giftigkeit der Pflanze ist lange bekannt. Extrakte wurden bereits im Altertum zu Giftmorden, aber auch zu Hinrichtungen (Sokrates) gebraucht. Vergiftungen können vorkommen durch Verwechslung der Wurzel mit Meerrettich oder Petersilie (was aber leicht durch den Geruch unterschieden werden kann) oder der Samen mit Anis oder Fenchel (ebenso zu unterscheiden).
Als Symptome werden bei leichten Vergiftungen Brennen und Kratzen in Mund und Hals, Sehstörungen und allgemeine

Schwäche, vor allem in den Beinen, beobachtet. Zu stärkeren allgemeinen Symptomen kommt es erst bei höheren Dosen. Hier sind zunächst Schwindel, Übelkeit, Erbrechen und Durchfälle zu nennen, sodann sporadische Bewußtseinstrübungen und Lähmung. Letztere betrifft das zentrale Nervensystem und verläuft aufsteigend, d.h. sie beginnt an den Füßen, erfaßt dann die Beine, den Rumpf und die Arme. Schluck- und Sprachstörungen treten infolge einer Lähmung der Zunge auf. Der Tod tritt nach $^1/_2$ bis 6 Stunden durch zentrale Atemlähmung ein. Die mittlere letale Dosis LD_{50} wird für den Menschen mit 10 mg/kg Körpergewicht (oral) bzw. 3 mg/kg (i.v.) geschätzt.

Beim Menschen sind Vergiftungen durch den Verzehr von Singvögeln, die Schierlingsfrüchte gefressen hatten, beschrieben worden. Bei dieser Vergiftungsart können Rhabdomyolyse, Krämpfe und Nierenversagen auftreten. Hautkontakt führt zu Reizerscheinungen.

Behandlung: Bei oraler Vergiftung ist dafür Sorge zu tragen, daß durch Entleerung des Magens (Auspumpen, Erbrechen) möglichst viel von dem aufgenommenen Gift entfernt wird. Aktivkohle kann zu einem geringen Maß bei der Fixierung des Giftes im Darm behilflich sein. Im übrigen muß symptomatisch behandelt werden. Dabei ist insbesondere wichtig, den Patienten warmzuhalten und ihn – notfalls stundenlang – künstlich zu beatmen, bis die spontane Atmung wieder einsetzt oder aber im tödlichen Fall mit Sicherheit Herzstillstand festgestellt werden kann. Nach Abklingen der akuten Vergiftung können über längere Zeit Lähmungen und Schwächezustände erhalten bleiben, die durch physikalische Therapie behandelt werden können.

Veterinärmedizin: In der Veterinärmedizin sind Vergiftungen bei Schweinen, Rindern, Pferden, Schafen, Ziegen, Elchen, Kaninchen, Hühnern und Truthühnern bekannt. Bei ausreichender Nahrung wird der Gefleckte Schierling meist von Tieren gemieden, nur Schweine scheinen diese Pflanze gerne zu fressen.

Am empfindlichsten reagieren Schweine und Rinder. Einige Singvogelarten scheinen resistent zu sein. Die Symptome treten nach $^1/_2$ bis 1 Stunde auf. Auch beim Trocknen nimmt die Toxizität der Pflanze nicht ab. Die für die Giftwirkung verantwortlichen Alkaloide werden sehr schnell resorbiert, so daß auch die Vergiftungssymptome meist rasch auftreten. Die tödliche Dosis ist beim Rind 4 kg frische Pflanze. Die Symptome sind Speicheln, glotzender Blick (Mydriasis, Blindheit), Freßunlust, Aussetzen des Wiederkauens durch Lähmung der Vormagenmotorik; die Herztätigkeit ist bei schwachem Puls zunächst verlangsamt, dann beschleunigt. Im übrigen bewirken die Alkaloide eine von den Gliedmaßen her aufsteigende Lähmung, die sich durch Zittern und Muskelschwäche bemerkbar macht. Nach Erreichen des Atemzentrums tritt der Tod durch Atemlähmung ein. Als Behandlung wird die Verabreichung von Gerbsäure, Aktivkohle und salinischen Abführmitteln empfohlen. Im übrigen haben sich Analeptika (Koffein, Lobelin) und parenterale Flüssigkeitszufuhr bewährt.

Coniin und γ-Conicein wirken bei Rindern, Ziegen und Schweinen auch teratogen. Bei Kälbern und Ferkeln treten Arthrogrypose, Skoliose, Syndaktilie und Palatoschisis in Erscheinung. Bei Fohlen hat man diese Mißbildungen nicht nachweisen können. Hingegen treten bei Lämmern leichte, reversible Gelenkmißbildungen auf.

Chemie: Extrakte von *C. maculatum* spielten früher in der Heilkunde eine breite Rolle, vor allem als Antispasmodikum, Analgetikum und Antaphrodisiakum. Die hohe Toxizität und die schwer standardisierbare Dosierung (Wirkungsverlust durch langsame Zersetzung der Alkaloide) haben diese Droge zugunsten anderer verdrängt. In der Homöopathie wird noch eine Essenz (D 4) verwendet, und zwar bei Hautkrankheiten, bei Gelbsucht, bei Dysmenorrhoe und Amenorrhoe wie auch bei der Behandlung von Impotenz. Der Einsatz als Zytostatikum hat sich nicht bewährt.

Als Hauptwirkstoff wurde Coniin, (+)-α-n-Propylpiperidin, isoliert. Das freie Alkaloid ist eine farblose Flüssigkeit, die sich an der Luft unter Braunfärbung rasch zersetzt. Daneben wurden N-Methyl-coniin, Conhydrin, Pseudo-Conhydrin und γ-Conicein isoliert. Coniin wirkt nikotin- und curareartig. Der Alkaloidgehalt ist jahreszeitlichen Schwankungen unterworfen (0,2–2%); auch beim Trocknen und Lagern des Krautes nimmt der Alkaloidgehalt wegen der Flüchtigkeit und Zersetzlichkeit der Alkaloide sehr langsam ab.

Pseudo—conhydrin

Conhydrin

Coniin

N—Methyl—coniin

γ—Conicein

Chaerophyllum temulum L., Hecken-Kälberkopf, Betäubender Kälberkopf

Botanik: Chaerophyllum temulum ist ein 30–100 cm hohes Kraut. Aus einer Pfahlwurzel entspringt ein kantiger, behaarter, hohler Stengel mit dunkelroten Flecken. Auch die Blätter sind an der Unterseite rot bis braun gefleckt. Standplätze der verbreitet vorkommenden Pflanze sind schattige Gebüsche, Hecken und Hänge. Die Pflanze blüht von Mai bis Juli in weißen oder rötlichen flachen Dolden.

Vergiftung: Vergiftungen sind bisher nur beim Vieh beobachtet worden, treten aber selten auf. Als Symptome werden einerseits eine zentral-narkotische Aktivität (Taumeln und Lähmung), andererseits aber auch gastroenteritische Störungen (Obstipation oder auch Diarrhöen, Koliken) beschrieben. Daneben wird auch eine mydriatische Wirkung beobachtet. Der Effekt ist bei unterschiedlichen Tierarten verschieden; Schweine reagieren stärker als Wiederkäuer.

Chemie: Die Untersuchungen zur Chemie der Wirkstoffe sind in der Literatur kontrovers. In der älteren Literatur wird das

Chaerophyllin für die Vergiftungen verantwortlich gemacht; nach neueren Arbeiten soll es sich dabei um Piperidin-Alkaloide vom Coniin-Typ bzw. Coniin selbst handeln. Dagegen sprechen allerdings pharmakologische Beobachtungen.

Chaerophyllin

Es sind auch die Polyine Falcarinon und Falcarinol nachgewiesen worden.

Cicuta virosa L., Wasserschierling

Botanik: Wie der Name sagt, ist der bevorzugte Standort dieses bis 1 m hoch werdenden Krautes Sumpfgebiete und Uferzonen langsam fließender Gewässer. Die Pflanze blüht mit weißen, reichen Dolden von Juli bis September. Aus einem Sellerieknollen- oder Dahlienknollen-ähnlichen Rhizom entspringt ein feingerillter, röhriger Stengel, aus dem die gefiederten, Petersilien-ähnlichen Blätter hervorkommen.

Vergiftung: Sämtliche Pflanzenteile, besonders aber das Rhizom, enthalten einen gelben, an der Luft sich rasch nach rötlichbraun verfärbenden Saft, der das gefährliche Cicutoxin enthält. Zu Vergiftungen beim Menschen kann es durch Verwechslung des Rhizoms mit Sellerieknollen oder Petersilienwurzeln kommen (wegen des ähnlichen Geruchs). Bei Kindern sind Vergiftungen durch Kauen am unteren Stengelteil oder am Rhizom möglich. Auch für Tiere scheint die Pflanze wohlschmeckend zu sein. Zur Vergiftung genügen beim Menschen schon kleinste Mengen, für Rinder ist der Verzehr von 2 bis 3 der Rhizome tödlich.

Vergiftungen sind bei Rind und Pferd beschrieben worden. Schweine scheinen weniger empfindlich zu sein.

Die Symptome treten sehr rasch auf. Beim Menschen machen sie sich innerhalb von 20 Min. durch Brennen im Mund und Rachen, Leibschmerzen, Übelkeit und Herzklopfen bemerkbar. Sodann tritt im zweiten Stadium ein Rauschgefühl mit Gleichgewichtsstörungen, Schläfrigkeit und schließlich Ohnmacht auf. Unter Erbrechen und Aufschreien erfolgt nun der erste Krampfanfall, der Epilepsie-ähnlich ist. Die Krämpfe dauern zwischen $1/2$ und 2 Min., während denen das Bewußtsein erloschen ist, die Augen sind verdreht, die Atmung ist röchelnd, vor dem Mund steht Schaum. Diese Anfälle wiederholen sich mehrmals in Abständen von 10–20 Min., bis der Tod durch Atemlähmung eintritt. Die Überlebenschancen sind schlecht; etwa 50 % aller Fälle enden tödlich.

Zur Behandlung wird empfohlen, zunächst eine Narkose einzuleiten, um die Krämpfe auszuschalten; danach soll eine Magenspülung den Magen entleeren. Schließlich wird eine Spülung mit Aktivkohle-Aufschlämmung empfohlen. Ansonsten kann nur symptomatisch behandelt werden, wobei künstliche Beatmung, Ausschaltung von Krämpfen und Stützung des Kreislaufs am wichtigsten sind.

Auch bei Tieren treten die Symptome sehr rasch auf; sie äußern sich in ähnlicher Weise wie beim Menschen. Sehstörungen, Brüllen und Muskelzuckungen gehören zur zweiten Phase ebenso wie krampfartiges Absetzen von Kot und Harn. Herz- und Atemfrequenz sind zunächst erhöht, später erniedrigt. Auch hier tritt der Tod im Verlauf der epileptiformen Krämpfe auf. Eine Behandlung ist meist wegen des raschen Todes nicht möglich.

Chemie: Für die Giftwirkung ist das Cicutoxin verantwortlich, das wegen seines stark ungesättigten Charakters von der Struktur her auffällt. Cicutoxin greift an Gehirn und Rückenmark an. Vermutlich wirkt es wie Pikrotoxin durch Hemmung von GABA.

$$H_3C-(CH_2)_2-\underset{OH}{CH}-(CH=CH)_2-CH=CH-C\equiv C-C\equiv C-\underset{HOH_2C-(CH_2)_2}{}$$

Cicutoxin

Apiaceae (Umbelliferae), Doldengewächse

Oenanthe crocata L., Safran-Rebendolde
Oenanthe fistulosa L., Röhriger Wasserfenchel, Gemeine Rebendolde
Oenanthe aquatica L., Gemeiner Wasserfenchel

Botanik: Die Pflanzen finden sich in Mitteleuropa verbreitet. Bevorzugte Standorte sind feuchte und sumpfige Biotope wie Gräben, Sümpfe und feuchte Wiesen. Es handelt sich um Stauden mit typischer Wurzel: Sie besteht meist aus fünf fingerförmig angeordneten Rhizomen. Die Blätter sind gefiedert. Die weißen Blüten (Mai bis Juli) sind in kleinen Dolden angeordnet.

Vergiftung: Vergiftungsfälle sind beim Menschen relativ selten, jedoch auch in neuerer Zeit aufgetreten. Besondere Bedeutung besitzt die Vergiftung im Veterinärbereich; die tödliche Menge an Rhizom beträgt für ein Rind ca. 500 g, für Pferde 200–300 g. Aber nicht nur Weidetiere sind gefährdet, auch bei Hunden sind nach Spielen mit der Wurzel Vergiftungsfälle bekannt geworden.

In der Literatur sind Intoxikationen bei Rind, kleinem Wiederkäuer, Schwein, Pferd und Hund bekannt.

An Symptomen zeigen sich Ängstlichkeit, Zittern, Ataxie, Mydriasis, Aufregung, Salivation, Diarrhoe, Erbrechen, Kolik, Polypnoe, Dyspnoe, Krämpfe, Kollaps und Koma. Der Tod kann auch plötzlich innerhalb weniger Minuten eintreten.

Bei Tieren, die die Vergiftung überleben, kann eine Hinterhandlähmung zurückbleiben.

Beim Menschen kann hier, ebenfalls wie beim Gefleckten Schierling, eine Rhabdomyolyse auftreten.

Chemie: Die Toxine dieser Pflanzen sind das Oenanthotoxin, das Oenantheton und das Oenanthetol. Das Oenanthotoxin hemmt reversibel den Na^+-Einstrom. Der primäre Angriffsort ist die Hirnrinde.

$$H_3C-CH=CH-(C\equiv C)_2-(CH=CH)_2-(CH_2)_2$$
$$|$$
$$CO$$
$$|$$
$$C_3H_7$$

Oenantheton

$$HOCH_2-CH=CH-(C\equiv C)_2-(CH=CH)_2-(CH_2)_2-CH(OH)-C_3H_7$$

Oenanthotoxin

Abteilung Samenpflanzen, Unterabteilung Bedecktsamer

Hundspetersilie, *Aethusa cynapium*

Gartenschierling, Gefleckter Schierling

Apiaceae (Umbelliferae), Doldengewächse

Aethusa cynapium L., Gartenschierling, Hundspetersilie

Botanik: Die Hundspetersilie ist ein bis ca. 60 cm hoch wachsendes Kraut, das gelegentlich Anlaß zu Vergiftungen beim Menschen gab, wegen der Verwechslung mit der glattblättrigen, echten Petersilie. Eine Verwechslung mit der krausblättrigen Petersilie ist dagegen ausgeschlossen, da die Hundspetersilie stets glatte Blätter besitzt. Weitere Unterscheidungsmerkmale sind zum einen die Blüten, die bei der Hundspetersilie weiß, bei der echten Petersilie aber gelbgrün sind; die echte Petersilie blüht nur kurz im Juni/Juli, während die Hundspetersilie von Juni bis Oktober blüht. Der auffallendste Unterschied ist der Geruch: Während die Petersilie den typischen, angenehm-aromatischen Geruch besitzt, riecht die Hundspetersilie unangenehm, knoblauchartig.

Vergiftung: Vergiftungen sind bei Mensch und Tier bekannt; die Gefährlichkeit für den Menschen wird jedoch kontrovers diskutiert.

In der Veterinärmedizin spielt diese Pflanze kaum eine Rolle, da zum einen der Geschmack der Hundspetersilie unangenehm ist und zum anderen relativ große Mengen an Pflanzenmaterial aufgenommen werden müssen, um eine Vergiftung auszulösen. So wird die toxische Menge für das Rind mit 15 kg/Tier angegeben. An Symptomen zeigen sich neben plötzlichen Todesfällen Anorexie, Salivation, Diarrhoe mit Rektumprolaps, Meteorismus, Mydriasis, Ataxie und Dyspnoe. Ziegen scheinen diese Pflanze gerne zu fressen.

Chemie: Bemerkenswert an dem Toxin von *Aethusa cynapium* ist, daß es ein Kohlenwasserstoff ist.

$$H_3C-CH=CH-(C\equiv C)_2-(CH=CH_2)_2-CH_2-CH_3$$
Ethusin

Heracleum sphondylium L., Bärenklau, Herkuleskraut

Botanik: Das Herkuleskraut stammt ursprünglich aus dem Kaukasus. Ende des 19. Jh. wurde die Pflanze nach Europa eingeführt, wo sie wegen ihres imposanten Wuchses in Gärten und

Parks angepflanzt wurde. Wegen seiner starken Vermehrung findet man den Riesenbärenklau heute sehr häufig verwildert vor.

Die zweijährige Pflanze kann eine Höhe von bis zu 4 m erreichen. Der Stengel ist hohl und kann einen Durchmesser von bis zu 10 cm besitzen, die Blätter stehen wechselständig, sind gefiedert und erreichen einen Durchmesser von bis zu 1 m. Die weißen Blüten stehen doldenförmig und können 1,5 m durchmessen. Von Juli bis September blüht das Herkuleskraut. Die Früchte sind oval und werden bis zu 1,3 cm lang

Vergiftung: Unter Einwirkung von langwelligem UV-Licht bilden die Furocumarine sog. Photoaddukte mit den Basen (besonders dem Thymin) der DNA. Bei Bergapten und Xanthotoxin, beides sind bifunktionelle lineare Furocumarine, kann das Photoaddukt noch einmal weiterreagieren und somit eine Quervernetzung der DNA, sog. Diaddukte, herbeiführen. Hieraus erklärt sich die mutagene und kanzerogene Wirksamkeit der Stoffe. Des weiteren soll auch die Bildung von Sauerstoffradikalen an der Zellmembranzerstörung mitwirken. Außerdem werden Wechselwirkungen der Furocumarine mit Proteinen, Enzymen, RNA und Ribosomen der Epidermalzellen angenommen. Menschen, besonders Gärtner und Kinder, sind durch diese Pflanze gefährdet. Bei Tieren treten dagegen eher selten Schäden durch den Riesenbärenklau auf. Fallbeschreibungen liegen für Hunde, Enten und Ziegen vor.
Die Symptome bei Mensch und Tier sind identisch:

Durch die phototoxische Reaktion entsteht die sog. „Wiesendermatitis". Die Körperstellen, die mit dem Pflanzensaft in Berührung gekommen sind und anschließend Sonnenbestrahlung ausgesetzt wurden, zeigen meist nach 24–48 Stunden Erythem- und später Blasenbildung mit entsprechender Schmerzhaftigkeit. Bevorzugt treten Läsionen an wenig pigmentierten Hautstellen auf. Diese Hautveränderungen sehen Verbrennungen sehr ähnlich. Die Heilung dauert in der Regel mehrere Wochen, und meist bleiben Narben und Pigmentveränderungen zurück.

Bei Tieren ist auch das Vorkommen einer ulzerösen Stomatitis bekannt.

Chemie: Die Herkulesstaude enthält 6,7-Furocumarine (Xanthotoxin = 8-Methoxypsoralen, Imperatorin, Bergapten, Isopimpinellin, Pimpinellin etc.). Die ganze Pflanze ist giftig, besonders aber der Pflanzensaft. Am höchsten soll der Wirkstoffgehalt in den Monaten April und Mai sein.

Pimpinellin   Xanthotoxin

Therapie: Bewährt hat sich eine Therapie mit entzündungshemmenden Salben. Bei Hyperpigmentation soll eine Hydrochinon-Crème 4 % günstig sein.

Saxifragaceae

Hydrangea sp., Hortensie, Wasserstrauch

Botanik: Die Hortensien stammen aus Asien und aus Zentral- und Südamerika.
Hortensien werden in Deutschland als Garten- und Zimmerpflanze gehalten. Häufig sieht man auch die getrockneten Blüten in Floristikarrangements.
Hydrangea macrophylla ist in Deutschland eine beliebte Zimmerpflanze, die aus China und dem Himalaja stammt.
Es handelt sich um eine buschartig wachsende Pflanze mit großen Blütendolden und verholzten Stämmchen. Sie wird 30–60 cm hoch. Die Blätter sind groß, oval und haben gesägte Ränder; im Herbst werden sie abgeworfen. Die Blüten sind rosa, blau oder weiß, sie erscheinen im Frühjahr. Die Blütendolden haben einen Durchmesser von bis zu 20 cm. Bei den ursprünglichen Formen besteht die einzelne Dolde aus zwei Arten von Blüten: Innen sind unscheinbare kleine, aber fertile Blüten zu sehen, die außen von einem Kranz aus großen, auffallenden, aber infertilen Blüten umgeben werden. Die Neuzüchtungen zeigen in der Regel nur noch die prächtigen, infertilen Blüten.
Bemerkenswert ist, daß die Blütenfarbe der infertilen Blüten von der chemischen Zusammensetzung des Bodens abhängt.

Vergiftung: Beim Menschen wurden Bauchschmerzen, Erbrechen, Diarrhoe, Lethargie und Koma beobachtet. Die Inhaltsstoffe der Hortensie sollen des weiteren einen euphorisierenden und halluzinogenen Effekt haben, so daß man sie als Marihuana-Ersatz verwendet. Hortensien sind auch als Auslöser einer Kontaktallergie bekannt.

Rinder reagieren mit Bauchschmerzen, Diarrhoe und angestrengter Atmung, bei Pferden wurden eine schwere Gastroenteritis mit blutiger Diarrhoe beobachtet, bei Kleintieren nach Hortensienaufnahme Schwindel, respiratorische Stimulation, Tachykardie und Konvulsionen.

Chemie: Aus Hortensien sind Hydrangin (cyanogenes Glykosid), Hydrangenol, Saponine, cyanogene Öle und Anticholinergika isoliert worden.

Die Blätter und besonders die Blütenknospen enthalten die Toxine.

Hydrangenol

Sterculiaceae, Sterkuliengewächse

Theobroma cacao, Kakaobaum

Botanik: Der Name „Theobroma" stammt aus dem Griechischen und bedeutet soviel wie „Speise der Götter". Es handelt sich bei dieser Pflanze um einen mittelhohen, stark verzweigten Baum. Seine Blätter sind bis zu 25 cm lang, ledrig und von ovaler Form. Die gelben Blüten entspringen in Büscheln gleich am Stamm. In einer ca. 25 cm langen, gelblich-bräunlichen Frucht sind die Kakaonüsse eingebettet. Heimisch ist der Kakaobaum in Süd- und Mittelamerika.

Obwohl die Erzeugnisse dieses Baumes in fast jedem Haushalt vorhanden sind, ist kaum etwas über die Gefährlichkeit dieser Produkte speziell für Hunde bekannt.

Vergiftung: Theobromin gehört wie Coffein und Theophyllin zu den Methylxanthinen. Methylxanthine führen über eine Hemmung der Phosphodiesterase zur Erhöhung des cAMP. Hieraus resultiert die Stimulation der Herzfunktion, die Relaxation der glatten Gefäß- und Bronchialmuskulatur, die Steigerung der Kontraktilität der Skelettmuskulatur, die Erhöhung der Nierendurchblutung und die gesteigerte Diurese.

Vergiftungen sind neben dem Hund auch bei Pferd, Schwein, Huhn, Ente und Kalb beschrieben worden. Bei Nutztieren wurden vor allem zur Zeit des 2. Weltkrieges Abfallprodukte aus der Kakaoherstellung verfüttert.

Nach einer Latenzzeit von ca. 4–12 Stunden können Erbrechen, Diarrhoe, verminderte Milchleistung, Erregung, Zittern, Krämpfe der Skelettmuskulatur, Lähmung der Hinterhand, Delirium und plötzlicher Tod durch Herzversagen auftreten. Bei der Sektion werden meist nur eine Gastroenteritis und die Zeichen des akuten Herzversagens gesehen.

Vermutlich treten beim Menschen wegen einer höheren Toleranz keine Intoxikationserscheinungen auf.

Chemie: Die ausgeschälten Kakaobohnen enthalten an Alkaloiden durchschnittlich 1,49% Theobromin und 0,16% Coffein.

Haushaltskakao enthält 1,5–2 % und Kakaomehl 1–3 % Theobromin.

Beim Hund sind Vergiftungen beschrieben worden mit Produkten, die weniger als 0,2 % Theobromin enthalten.

Die Letaldosis für reines Theobromin bei Hunden wird mit 100 mg/kg angegeben. Die LD_{50} für Theobromin bei Katzen beträgt 200 mg/kg.

Da die Plasmahalbwertzeit für Theobromin beim Hund 17 Stunden beträgt, ist ein kumulativer Effekt anzunehmen.

Theobromin

Thymelaceae, Seidelbastgewächse

Daphne mezereum L., Kellerhals, Seidelbast

Botanik: Der unter Naturschutz stehende Strauch wird bis zu 1,5 m hoch, die rosa-purpurnen Blüten erscheinen vor den Blättern im Februar–April und riechen angenehm nach Mandeln. Die Früchte sind etwa erbsengroße, saftige, rote Beeren. Der darin enthaltene Samen ist schwarz. Alle Pflanzenteile schmecken scharf brennend; daher auch die Namen „Deutscher Pfeffer" oder „Bergpfeffer".

Vergiftung: Die Pflanze hat ehedem in der Volksheilkunde Anwendung gefunden. Wegen der außerordentlichen Giftigkeit und der Nebenwirkungen wird die Droge heute nicht mehr verwendet.

Vergiftungen können auf äußerlichem oder innerlichem Wege auftreten. Beim Kontakt der Haut mit Pflanzensaft kommt es zu Entzündungen, die bis zu Blasenbildung und Nekrosen führen können. Der Genuß der Beeren führt zur Entzündung der Mundschleimhäute, Brennen auf der Zunge, Kratzen im Hals, verbunden mit Durstgefühl und Schluckbeschwerden. Im weiteren Verlauf treten Magen-Darm-Beschwerden mit blutigen Durchfällen auf. Auch auf das Zentralnervensystem wirkt das Gift: Kopfschmerzen, Übelkeit, Erbrechen, erhöhte Körpertemperatur, erhöhte Herzfrequenz und Krämpfe. Weiter kommt es zu Atembeschwerden und Tod. Auch Nierenschäden treten auf.

Die Mortalität liegt bei 30 %, bei Kindern höher. Bei nicht-tödlichen Fällen bleiben die Magen-Darm-Störungen wie auch die Nierenschäden lange Zeit bestehen.

Zur Behandlung stehen keine spezifischen Mittel zur Verfügung. Aktivkohle, reichlich Flüssigkeit und Unterstützung des Kreislaufs sind angebracht.

Auch andere Thymelaceae sind giftig; zu Tiervergiftungen kommt es praktisch nie, da Tiere die Pflanzen meiden.

Chemie: Für die starke Giftwirkung sind neben weniger aktiven Cumarin-Derivaten die folgenden Substanzen verantwortlich:

R = H : Daphnoretin
R = Glucosyl : Daphnosin

Nr.	Name	R1	R2
(1)	Daphnetoxin	C6H5	H
(2)	Mezerein	C6H5	OCO-(CH=)CH)2-C6H5
(3)	Thymelein	(CH=CH)2-(CH2)4-CH3	OCO-C6H5
(4)	Mezerenol	C6H5	OH
(5)	Gnidizin	C6H5	OCO-CH=CH-C6H5
(6)	Huratoxin	(CH=CH)2-(CH2)8-CH3	H
(7)	-	(CH=CH)2-(CH2)4-CH3	H

Ericaceae, Heidekrautgewächse

Ledum palustre L., Sumpf-Porst

Botanik: Der Porst ist ein bis zu 1,5 m hoher, immergrüner Strauch, der Rosmarin sehr ähnelt; die Blätter sind lanzettlich. Er blüht im Mai/Juni in reichen, meist weißen, gelegentlich auch roten Dolden. Die gesamte Pflanze besitzt einen starken kampferähnlichen Geruch, weswegen sie früher zum Vertreiben von Insekten verwendet wurde (Mottenkraut, Wanzenkraut). Bevorzugte Standorte sind Torfmoore wie auch die Birken- und Kiefernwälder Norddeutschlands.

Vergiftung: Wegen des seltener gewordenen Vorkommens und weil die Pflanze im Haushalt nicht mehr verwendet wird, treten Vergiftungen kaum noch auf. In früheren Jahrhunderten – vor Einführung bzw. Durchsetzung des Reinheitsgebotes beim Bier – wurde Porst gelegentlich dem Bier zugesetzt und verursachte zunächst rauschartige Erregung (und auch Wutanfälle), später tiefen Schlaf. Von dieser Anwendung her leitet sich der alte Vulgärname „Brauerkraut" ab.

Chemie: Verantwortlich für die physiologische Wirkung dürften die beiden Hauptkomponenten des ätherischen Öls sein: das Ledol (Porst-Kampfer) und das Palustrol, zwei Sesquiterpene, welche die folgenden Formeln besitzen:

Ledol   Palustrol

Andromeda polifolia L., Gränke, Rosmarinheide

Botanik: Die Rosmarinheide ist ein bis zu 40 cm hoher, immergrüner Strauch mit weithin kriechender, wurzelnder Grundachse. Die Blätter sind linealisch-lanzettlich, unterseits bläulich-grün und am Rande umgerollt. Die Doldentrauben blühen im Mai/Juni mit rötlicher Farbe. Häufigster Standort der Pflanze sind die moorigen Gegenden Norddeutschlands.

Vergiftung: Beim Menschen können Vergiftungen durch Verwechslung mit dem echten Rosmarin auftreten. Häufiger sind Weidetiere Opfer, insbesondere Ziegen und Schafe. Die Symptome sind Brennen im Mund, Prickeln der Haut, Speichelfluß, Übelkeit, Erbrechen, Durchfall, Schweißausbruch, Schwindel, rauschartige Zustände, Krämpfe, Bradykardie, die mit langanhaltender blutdrucksenkender Wirkung einhergeht, und schließlich Atemlähmung, die die Todesursache darstellt.

Chemie: Als für die Wirkung verantwortlich werden in der Literatur das Andromedotoxin, Asebotoxin und Rhodotoxin genannt. Diese Substanzen sind jedoch miteinander identisch; sie stellen nach neuer Nomenklatur das O-Acetyl-andromedol dar:

O—Acetyl—andromedol

Rhododendron

Rhododendron spp., Rhododendron, Azalee, Alpenrose
Kalmia spp., Lorbeerrose

Botanik: Es sind über 1000 Rhododendron-Arten bekannt. Ihre Heimat ist Ostasien, China und Japan. Der Name „Azalee" leitet sich von dem griechischen Wort „azo" (verdorren) ab, weil viele der Arten auf sehr trockenen Böden wachsen. Die in Deutschland als Zimmerpflanzen bekannten Hybriden der Azaleen stammen von der chinesischen Art *Rhododendron simsii* (*R. obtusum*) ab, die Anfang des 19. Jh. nach Europa eingeführt wurde; sie wird auch als „Indische Azalee" bezeichnet. Es handelt sich bei dieser Pflanze um eine strauchig oder als Hochstämmchen wachsende Zimmerpflanze mit kleinen, länglich-ovalen dunkelgrünen Blättern, die quirlig angeordnet sind. Die Blüten (Dezember–Mai) sind fünfblättrig; sie stehen an den Enden der holzigen Zweige einzeln oder in Gruppen; ihre Farbe kann weiß, rosa, violett, orange, lachs, rot oder auch gemischt sein.

Die Alpenrose, *Rhododendron ponticum, Rh. luteum*, ist ein immergrüner Strauch, der als Zierpflanze in Gärten zu finden ist und bis zu 1 m hoch werden kann.

Bei der Lorbeerrose (*Kalmia angustifolia*) und der Berglorbeerrose (*K. latifolia*) handelt es sich um immergrüne Sträucher, die in Gärten angepflanzt werden. Die Blätter sind lorbeerartig, 5–10 cm lang, spitz und kurzstielig; die Blütezeit ist Mai–Juni.

Vergiftung: Die Toxine sind in Blüten, Nektar, Früchten, Blättern und Sprossen nachgewiesen worden; von daher ergeben sich vielfältige Möglichkeiten der Vergiftung. Bei *Kalmia* ist bekannt, daß die Toxizität stark von der Jahreszeit und der Feuchtigkeit abhängt. Man sollte daher sicherheitshalber grundsätzlich die Giftigkeit vermuten.

Beim Menschen ist die häufigste Art der Vergiftung der Verzehr von Rhododendron-Honig. Berichte hierüber sind seit der Antike bekannt. Die Symptome sind vor allem Erbrechen und Anstieg des Blutdrucks; dramatische Zustände sind nicht bekannt geworden.

Besonders gefährdet sind Schafe und Ziegen durch im Freien wachsende Pflanzen. Die aus Nordamerika stammende *Kalmia angustifolia* ist wegen ihrer Gefährlichkeit auch unter dem Namen „Schafstod" bekannt. Hirsche sollen dagegen diese Pflanze symptomlos fressen können. Aus zoologischen Gärten werden immer wieder Tiervergiftungen durch Verfütterung von Rhododendron-Teilen berichtet.

Die *Symptomatik* ähnelt der des Aconitins: curareartige Wirkung auf die motorischen Endplatten der Skelettmuskulatur, Hemmung der Herzaktivität, Aktivierung des Brechzentrums und Stimulation der Vagusendigungen im Magen, sowie Depression des Zentralnervensystems.

Zur *Therapie* ist kein spezifisches Antidot bekannt. Empfohlen werden: Kohleapplikation, Beruhigungsmittel, bei kleinen Wiederkäuern Ephedrinsulfat (50–100 mg), Schmerzmittel, Atropin, Isoproterenol, Chinidin, Procainamid. Bei Ziegen soll die s.c.-Injektion von Morphium erfolgreich sein.

Chemie: Der Hauptwirkstoff ist das Acetylandromedol (syn. Andromedotoxin, Grayanotoxin, Asebotoxin, Rhodotoxin).

Primulaceae, Primeln

Primula obconica HANCE, Giftprimel

Botanik: Diese in Ostasien heimische Pflanze ist Ende des 19. Jhd. wegen ihrer langen Blühdauer als Zier- und Zimmerpflanze eingeführt worden. Rein äußerlich ähnelt sie den einheimischen Schlüsselblumen, die Blüten sind rot oder violett. Es handelt sich um eine staudenförmige Pflanze mit Blüten, die doldenförmig-kugelig angeordnet sind. Die dunkelgrünen Blätter sind 8–10 cm lang, stehen rosettenförmig, haben eine gerippte Oberfläche und sind leicht behaart. Die Blütezeit liegt zwischen Dezember und Mai.
Weitere beliebte Zimmerpflanzen sind *P. malacoides, P. sinensis, P. vulgaris* (Kissenprimel, äußerst häufige Gartenpflanze) und *P. kewensis*.

Vergiftung: Die Pflanze enthält im Sekret ihrer Drüsenhaare eine Substanz, die bereits in Spuren wirksam ist und ohne Gewebszerstörung direkt entzündungserregend wirkt. Diese „Primeldermatitis" führt zu einem Ekzem mit Rötung, starkem Juckreiz und Blasenbildung. Die Symptome treten erst nach einer Latenzzeit von Stunden, manchmal Tagen auf. Als Allergen besitzt das Gift unterschiedliche Wirkung; meist bleibt die erste Berührung ohne größere Folgen, sie führt nur zur Sensibilisierung; diese kann viele Jahre anhalten. Die Entzündung klingt im Verlauf von Wochen langsam ab. Die Primeldermatitis kommt bei Gärtnern als Berufskrankheit vor.

Chemie: Als für die Primeldermatitis verantwortlich hat sich das Primin herausgestellt. Es ist chemisch 2-Methoxy-6-n-pentyl-p-benzochinon und besitzt damit eine entfernte strukturelle Verwandtschaft zu den Toxinen aus *Toxicodendron* spp. Primin ist das zur Zeit stärkste bekannte Kontaktallergen; es wirkt als Hapten. Zu beachten ist, daß es auch Kreuzreaktionen mit Kompositen und Chrysanthemen geben soll.

In den letzten Jahren ist Miconidin nachgewiesen worden; es wird als weiteres mögliches Allergen diskutiert. Auch alle anderen Primelarten enthalten Primin, allerdings meist in so geringen Konzentrationen, daß durch diese Arten eine Sensibilisierung nicht stattfindet. Bei sensibilisierten Lebewesen kann jedoch auch durch diese Arten eine allergische Reaktion ausgelöst werden.

Von pharmakologischem Interesse ist außerdem die Primelwurzel. Sie besitzt die Primulasäure A, welche schleimlösend, leicht harntreibend und schwach abführend wirkt.

Primin

Vorbeugung: Sofortiges gründliches Waschen der Hände (Gefahr der Giftübertragung auf andere Körperpartien) und auch der Schere, mit der ggf. die Primel beschnitten wurde.

Cyclamen europaeum L., Alpenveilchen
Cyclamen persicum SIBETH (Zierform)

Botanik: Diese als Zierpflanze wohlbekannte Art ist in Südeuropa heimisch. Die Wildform kommt in Deutschland – wie der Name schon sagt – in den Alpen vor; sie ist geschützt. Es handelt sich dabei um eine krautige Pflanze mit unterirdischer Knolle und typisch geformten Blättern, wobei die 5 Blütenblätter nach hinten gebogen sind. Die Blätter sitzen auf runden glatten Stengeln, sind dunkelgrün, silbrig-grau panaschiert und herzförmig Die Blütenfarbe kann zwischen weiß, rosa, rot und purpur liegen. Der Rand der Blütenblätter kann auch ausgefranst sein. Die Blütezeit reicht von November bis März.

Weitere beliebte Zimmerpflanzen sind *C. graecum, C. libanoticum* und *C. balearicum*.

Vergiftung: Die Knolle enthält ein äußerst stabiles und schon in geringen Mengen wirkendes Saponin, das Cyclamin. Die Knolle wurde früher in der Medizin als Abführmittel und zur Menstruationsregulierung verwendet, ist aber wegen der Gefährlichkeit und der Nebenwirkungen längst verlassen.

0,3 g der Knolle sind für den Menschen bereits toxisch und rufen Erbrechen und heftigen Durchfall hervor. Bei höheren Dosen kommt es zu Schweißausbruch, Schwindel, Lähmungen und Krämpfen. Der Tod tritt durch Atemlähmung ein.

Für Tiere ist die Knolle unterschiedlich giftig. Während Schweine offensichtlich gegen das Gift unempfindlich sind, reagieren Vögel und Amphibien sehr empfindlich auf das Saponin. Fische betäubt Cyclamin schon in einer Konzentration von 1:100.000, da es die Permeabilität des Kiemenepithels erhöht. Die Wurzel wurde daher im Mittelmeerraum zum Fischfang verwendet (so wie auch andere Saponine in verschiedenen Erdteilen; Afrika: Ouabaio; Asien: Holothurien).

Auch in getrocknetem Zustand ist die Wurzel noch wirksam. In Blättern und Blüten ist der Cyclamingehalt jedoch relativ gering. Cyclamin bewirkt neben lokalen Reizerscheinungen auch eine Hämolyse, wenn es in ausreichendem Maße resorbiert wird. Bemerkenswert ist, daß das Cyclamin sehr gut bei peroraler Aufnahme resorbiert werden kann. Da der Geschmack der Knolle sehr bitter ist, werden selten größere Mengen aufgenommen.

Bei der Sektion zeigen sich Irritation des Verdauungstraktes, Hämolyse, Hämothorax, hämorrhagische Aszites und Nephritis.

Chemie: Der Hauptwirkstoff ist das Cyclamin, ein Triterpen-Glykosid mit vier Zuckerresten.

Cyclamin

In jüngerer Zeit sind noch fünf weitere Saponine isoliert worden. Es handelt sich dabei um Cyclaminorin, Deglucocyclamin, Cyclacoumin, Isocyclamin und Mirabilin.

Apocynaceae, Hundsgiftgewächse, Immergrüngewächse

Nerium oleander L., Oleander

Botanik: Es handelt sich beim Oleander um eine beliebte Topf- oder Kübelpflanze, die man seltener auch als Zimmerpflanze antrifft. Die Heimat des Oleander ist der Mittelmeerraum, wo er bis in Höhen von 2000 m vorkommt. Der Name „Oleander" ist auf seine Ähnlichkeit mit Olivenbaumblättern zurückzuführen. Das Wert „Nerium" entstammt dem griechischen Wort für feucht, da diese Pflanze gerne an feuchten Standorten wächst. Wild wächst sie meist in Kiesbetten von Sturzbächen und wird bis zu 6 m hoch.

Die Heimat von *Nerium indicum* ist der Mittlere Osten, China und Japan. Diese Pflanze wird nur bis zu 1,80 m hoch. Des weiteren ist der Gelbe Oleander (*Thevetica peruviana*) aus Indien bekannt.

Der Oleander wächst als immergrüner Strauch bzw. kleiner Baum. Die Blätter sind gräulich-grün, von einer dicken Kutikula überzogen, ledrig, lanzettförmig und am Rand leicht aufgerollt. Sie stehen meist zu dritt in Wirteln oder gegenständig und schmecken bitter. Die Blattunterseite ist etwas heller als die Oberseite.

In der Wildform sind die Blüten rosa und von strengem Geruch. Die Blüten stehen am Ende der weichen und biegsamen Zweige, sie sind in Trugdolden angeordnet, der Blütendurchmesser beträgt ca. 4–5 cm. Im Sommer und Frühherbst blüht der Oleander. Die Kapselfrucht ist schotenartig und wird bis zu 15 cm lang. Sie enthält behaarte Samen.

Die Blüten der gezüchteten Versionen können weiß, rot, fleischfarben, orangefarben oder gelb sein. Auch werden Oleander mit gefüllten Blüten oder mit gelblichweiß panaschierten Blättern angeboten. Bei stark duftenden Pflanzen handelt es sich meist um Hybriden, die durch Einkreuzung des indischen „Wohlriechenden Oleander" (*Nerium indicum, syn. Nerium odorum*) entstanden sind.

Vergiftung: Sensibel für die Oleandertoxine sind fast alle als Haustiere bekannte Karnivoren und Herbivoren, Vögel sowie der Mensch.

Alle Pflanzenteile, ob frisch oder getrocknet, sind toxisch. Den höchsten Wirkstoffgehalt sagt man dabei Pflanzen mit roten Blüten nach. Der Wirkstoffgehalt ist stark jahreszeitlichen Schwankungen unterworfen und ist in der Blütezeit am höchsten. Auch der Honig, der vorwiegend von Oleanderblüten stammt, soll giftig sein. Ebenso sind durch den Gebrauch von Oleanderästen als Fleischspieße oder durch Verwendung von Oleandermaterial als Rauchware Vergiftungen verursacht worden.

Die häufigsten Vergiftungsfälle bei Tieren treten nach Beschneidung von Oleanderpflanzen oder durch mit Oleander versetztes Heu auf, da angewelkte Blätter einen nicht ganz so bitteren Geschmack wie frische aufweisen. Ebenfalls bessert sich der Geschmack nach Frosteinwirkung. Zu bemerken ist, daß die Oleandertoxine in die Milch übergehen.

Am häufigsten wird über Vergiftungsfälle bei Hunden berichtet. Aber auch Katzen sind z.B. durch Krallenschärfen an Oleanderpflanzen gefährdet. Bei den kleinen Heimtieren scheinen besonders Meerschweinchen eine Vorliebe für Oleander zu haben. Auch bei Zootieren (Kapuzineraffe, Schwarzbär, Faultier, Bison, Schwan) sind Vergiftungen mit dem Oleander bekannt geworden.

Die mittlere letale Dosis an frischen Oleanderblättern liegt bei 15-20 g für Pferde, 10-20 g für Rinder, 1-5 g für Schafe und 4 g für Menschen.

Da die Glykoside des Oleanders zur Gruppe der Digitalisglykoside gehören, entsprechen Wirkung, Symptome und Therapie einer Digitalisvergiftung. Das Oleandrin besitzt dabei wegen einer zusätzlichen Acetylgruppe eine gute orale Bioverfügbarkeit.

Die Digitalisglykoside binden an die Na^+-K^+-ATPase der Herzmuskelzellen und verdrängen dabei kompetitiv das Kalium. Dadurch wird eine Ionenverschiebung ausgelöst, die folgendermaßen wirkt:
1. positiv inotrop (Zunahme der Kontraktionskraft und -geschwindigkeit)
2. negativ chronotrop (Senkung der Herzfrequenz)
3. negativ dromotrop (Abnahme der Erregungsleitungsgeschwindigkeit)
4. positiv bathmotrop (ektopische Reizbildung im Kammerbereich)

Es ist bekannt, daß männliche Tiere empfindlicher auf Digitalisglykoside reagieren als weibliche. Man nimmt an, daß Östrogene einen schützenden Effekt ausüben.

Bei Katzen ist wichtig zu wissen, daß Digitalisglykoside aufgrund der felinen Glukuronidierungsschwäche stark verlangsamt ausgeschieden werden.

Die auftretenden Symptome teilt man in drei Gruppen:
Gastrointestinal: Übelkeit, Erbrechen, Diarrhoe, Hypersalivation, Kolik, Pansenatonie. Das schnell einsetzende Erbrechen kann dabei häufig den fatalen Verlauf der Vergiftung verhindern.
Nerval: Krämpfe, Mydriasis, Atemlähmung.
Kardial: Alle möglichen Formen von Herzrhythmusstörungen (Extrasystolen, ventrikuläre Tachykardie, Kammerflimmern, AV-Block (meist Grad I und II), Bradykardie, Vorhofflimmern, ektope Schrittmacher), Vasokonstriktion in der Peripherie, Polyurie, Lungenödem, Hypotension, Hypothermie, Schock.
Bei trächtigen Tieren kann außerdem ein Abort ausgelöst werden.

Nach Aufnahme letaler Dosen kann der Tod schon innerhalb weniger Minuten eintreten. Beim Pferd ist die Prognose wegen der Unfähigkeit des Erbrechens besonders schlecht. Bei den Karnivoren treten bei fast der Hälfte aller Vergiftungsfälle Symptome des Magen-Darmtraktes auf und nur zu knapp einem Viertel Symptome, die das Nervensystem betreffen. Bei Meerschweinchen und Hamstern stehen besonders die zentralnervösen Symptome im Vordergrund.

Auch Vögel (z.B. Gänse, Schwäne) reagieren mit einer hohen Mortalitätsrate. Es zeigen sich an Symptomen Ataxie, Dyspnoe, Diarrhoe und Hämorrhagien in verschiedenen Organen.

Pathologie: Hämorrhagien im Magen-Darmtrakt und im Epi- und Endokard, des weiteren Degenerationen und Nekrosen von Magen, Darm, Leber, Pankreas, Nieren, Herz und Skelettmuskulatur treten in Erscheinung.

Therapie: Die schnelle Entleerung des Magen-Darmtraktes ist nur sinnvoll, wenn sie direkt nach der Pflanzenaufnahme erfolgt. Als spezifische Therapie kommen Digitalis-Antitoxine (Antidigoxin-Fab-Fragmente) in Frage, die sich in hohen Dosen als sehr wirksam erwiesen haben. Ist das Antitoxin nicht verfügbar, erfolgt die Therapie der Herzrhythmusstörungen symptomatisch: Kalium sollte nur nach Serumspiegel- und unter EKG-Kontrolle (nicht bei AV-Block) verabreicht werden. Bei AV-Überleitungsstörungen sollte man vorsichtig bei Gaben von Ajmalin, Procainamid, β-Blockern und Chinidin sein. Treten Extrasystolen auf, kann man mit Lidocain, Phenytoin, bei Bradykardie mit Atropin oder Orciprenalin behandeln.

Gute Erfolge sind bei Hunden mit der kombinierten Gabe von Atropinsulfat und Propanolol unter Berücksichtigung des EKGs erzielt worden.
Bei Erregung empfiehlt sich die Gabe von Diazepam.

Chemie: Insgesamt sind aus dieser Pflanze bisher 28 Cardenolidglykoside isoliert worden. Die Hauptglykoside sind Oleandrin, Nerin und Nerianthin; daneben wurden zusätzlich Saponine gefunden. Weiterhin sind die kardiotonischen Heteroside Neriumosid und Kanerosid sowie die Diterpene Oleandrinsäure und Kanerodion bekannt; diese Diterpene werden für das Auftreten von zentralnervösen Symptomen verantwortlich gemacht.

Das Aglykon des Oleandrins ist identisch mit dem Acetyl-gitoxigenin.

Acetyl–gitoxigenin

Solanaceae, Nachtschattengewächse

Solanum tuberosum L., Kartoffel
Solanum lycopersicum L., Tomate
Solanum dulcamara L., Bittersüßer Nachtschatten
Solanum nigrum L., Schwarzer Nachtschatten

Botanik: Kartoffel und Tomate sind als Kulturpflanzen allgemein bekannt. Bei *S. dulcamara* handelt es sich um einen Strauch mit holzigem Wurzelstock, der bis zu 105 cm klettert. Die Blüten (Mai bis September) sind violett, die Früchte längliche, saftige, leuchtendrote Beeren. Die Pflanze findet sich in Deutschland verbreitet in schattigem, feuchtem Biotop.
S. nigrum ist ein einjähriges Kraut, wird bis 70 cm hoch und blüht in den Monaten Juli bis Oktober weiß. Die Früchte sind kugelig, etwa erbsengroß, fleischig und schwarz (Name). Schwarzer Nachtschatten findet sich verbreitet, vorzugsweise auf Schutthalden, an Zäunen und Hecken.

Solanum lycopersicum

Vergiftung: Vergiftungen kommen bei Kindern häufig vor, wenn sie die Beeren essen. Aber auch bei Tieren kommt es zu Vergiftungen; besonders Hühner fressen gelegentlich giftige Beeren von *S. dulcamara* bzw. *S. nigrum*. Die reifen Früchte von *S. dulcamara* und *S. nigrum* sind fast frei von Alkaloiden. Im Gegensatz hierzu weisen die grünen Früchte den höchsten Toxingehalt auf. Auch Vergiftungen durch die grünen Früchte von *S. tuberosum* sind beschrieben; dagegen sind die von Zeit zu Zeit in der Literatur auftauchenden Angaben über Vergiftungen durch Kartoffelknollen sicher nicht auf den minimalen Gehalt an Solanin zurückzuführen, sondern auf bakteriell verdorbene Kartoffeln. Die Alkaloidkonzentration der Knolle steigt unter gewissen Umständen (Beschädigung, Frost, lange Lagerung, Lagerung bei Licht, Ergrünen, Auskeimen, lange Lagerung geschälter Kartoffeln bei Licht) an. Da der Alkaloidgehalt in der Schale am höchsten ist, besteht nur bei Genuß von Pell- oder Grillkartoffeln eine gewisse Intoxikationsgefahr. Vergiftungen durch *S. lycopersicum* sind nicht bekannt geworden, die Gehalte an Solanin und Tomatin sind zu gering. Die Tomate enthält nur in den grünen Früchten Alkaloide. Vergiftungen sind auf die Solanum-Glykoalkaloide zurückzuführen. Die Symptome sind sehr unterschiedlich und vielfältig. Neben Erbrechen und Durchfall werden Atembeschwerden und Erhöhung der Herzfrequenz ebenso beobachtet wie Nierenreizung. Hinzu kommen zentrale Symptome wie Angstzustände, Krämpfe und Lähmung, aber auch Erhöhung und danach Absinken der Körpertemperatur unter den Normalwert; die Todesursache ist zentrale Atemlähmung.

Die Prognose der Vergiftung ist in der Regel gut, auch ohne Behandlung. Man sollte jedoch auf alle Fälle versuchen, durch Entleerung von Magen und Darm die Gifte möglichst rasch aus dem Körper zu entfernen (dabei hat sich auch Aktivkohle bewährt). Ansonsten wird eine symptomatische Behandlung empfohlen.

In der Veterinärmedizin unterscheidet man drei Symptomkomplexe, die auch kombiniert auftreten können: nerval (Benommenheit, Lähmungen), gastrointestinal (Erbrechen, Diarrhoe, Kolik) und exanthemisch (Ekzeme, Stomatitis, Konjunktivitis).

Die Ekzeme treten meist nach Verfüttern von Kartoffelpülpe oder -schlempe auf („Schlempenmauke").

Die Vergiftungen bei Weidetieren werden z.T. auch auf den hohen Nitratgehalt der Pflanzen zurückgeführt.

Die Milch betroffener Tiere schmeckt bitter.

In neuerer Zeit hat sich herausgestellt, daß Solasodin und Soladulcidin teratogene Wirkung besitzen, was sich dadurch bemerkbar macht, daß Rinder, die während der Trächtigkeit Solanaceen mit dem Futter aufnehmen, Kälber mit mißgebildeten Vordergliedmaßen gebären. Diese teratogenen Alkaloide sind v.a. im Bittersüßen und im Schwarzen Nachtschatten vorhanden. Dagegen ist Tomatin bzw. Tomatidin nicht teratogen.

Die Ursache hierfür liegt in der anderen Stereochemie des Spirosolansystems des Moleküls.

Chemie: Verantwortlich für die Giftwirkung sind die Solanum-Alkaloide bzw. deren Glykoside. Das Solanidin ist das Aglykon des Solanins. Das natürlich vorkommende Solanin läßt sich durch vorsichtige Hydrolyse in Solanidin und ein als Solatriose bezeichnetes Trisaccharid spalten; Solatriose besitzt die Struktur einer 2α-L-Rhamnosido-3β-D-glucosido-D-galactose. Die Aglyka sind Steroide, deren Seitenkette an C-17 zu zwei weiteren Ringen – unter Einfügung eines Stickstoffatoms

– zyklisiert ist. Von diesen Solanum-Alkaloiden unterscheiden sich die sog. Spirosolan-Alkaloide, bei denen die Seitenkette ein Spiransystem bildet; Beispiele hierfür sind das Soladulcidin und das Tomatidin.

Das Hauptalkaloid der Kartoffel ist neben dem Solanin das Chaconin.

Die Wirkung dieser Alkaloide läßt sich z.T. damit erklären, daß sie saponinähnliche Eigenschaften besitzen. Des weiteren wird eine Hemmung der Cholinesterase angenommen. Die Resorption der Alkaloide durch die intakte Darmschleimhaut ist schlecht.

Es sei an dieser Stelle noch auf das Korallenbäumchen (*Solanum pseudocapsicum*), eine sehr beliebte Zimmerpflanze, hingewiesen. Die attraktiven Beeren führen immer wieder bei Kindern und kleinen Haustieren zu Vergiftungen. Inhaltsstoff dieser Pflanze ist u.a. das Solanocapsin, welches eine Verlangsamung der Reizbildung am Herzen bewirkt. An Symptomen machen sich überwiegend gastrointestinale Erscheinungen wie Speicheln, Erbrechen, Diarrhoe und Bauchschmerzen bemerkbar. Aber auch Störungen der Herzfunktion (Bradykardie, AV-Block, supraventrikuläre Extrasystolen) und zentralnervöse Störungen (Krämpfe, Ataxie, Erschöpfung, Hypothermie und Mydriasis) können auftreten. Selten kann es auch zu Nierenfunktionsstörungen kommen.

Solanidin

Soladulcidin

Demissidin

Tomatidin

Atropa bella-donna L., Tollkirsche, Wutbeere, Schafsbinde, Teufelsbinde

Botanik: Der bis zu 1,5 m hoch wachsende Strauch findet sich in Laub- und Mischwäldern, vor allem an Lichtungen, bevorzugt auf Kalkböden; er blüht von Juni bis September. Die Früchte sind etwa kirschgroße Beeren, die unreif grün, in reifem Zustand schwarz und glänzend sind.

Vergiftung: Hier sind zwei Wirkungen zu unterscheiden. Die erste ist eine peripher lähmende Aktivität, die bei niederen Dosen eintritt; ihr folgt eine zentral erregende Wirkung bei hohen Dosen. Die LD_{50} liegt beim Menschen bei 1 mg/kg. Die letale Dosis beträgt beim Kind 2-5 Beeren und beim Erwachsenen 10-20 Beeren. Die Lähmungserscheinungen sind auf die Wirkung des Atropins zurückzuführen, das bereits in geringen Dosen die cholinergisch reagierenden Nervenenden ausschaltet. Die adrenergischen Nerven werden dadurch in ihrer Erregbarkeit gesteigert. Dies hat zur Folge, daß alle sekretorischen Drüsen in ihren Absonderungen eingeschränkt sind; auch der Magen-Darm-Kanal wird ruhiggestellt. Andererseits wird die Herztätigkeit verstärkt (160/min), der Blutdruck steigt erheblich. Bemerkenswert ist im übrigen der mydriatische Effekt des Atropins, der dessen Verwendung in der Augenheilkunde begründet.

Die häufigsten Vergiftungen sind jedoch stärkerer Natur. Dabei tritt relativ rasch ein allgemeiner Erregungszustand ein: Rededrang, Fröhlichkeit, Phantasmen, Halluzinationen werden gefolgt von Tobsuchtsanfällen, Schreien und epileptiformen Krämpfen. Es kommt schließlich zu Sehstörungen, Sprachstörungen, Schluckstörungen und stark erhöhter Körpertemperatur. In einer folgenden Phase tritt ein drastischer Abfall der Körpertemperatur ein, gleichzeitig werden Lähmungserscheinungen beobachtet. Danach kommt es entweder zur Erholung oder zum Tod durch zentrale Atemlähmung. Die 4 charakteristischen Symptome sind: Rötung des Gesichts, Trockenheit der Schleimhäute, Pulsbeschleunigung und Mydriasis. Die Mortalität liegt bei 10%.

Beim Menschen sind besonders Kinder durch die süßlich schmeckenden Beeren gefährdet. Häufig wächst die Pflanze in Gesellschaft von Wildbrombeeren. Intoxikationen durch Vermischung dieser Früchte mit Atropa-Beeren sind zu beklagen. Vergiftungen sind aber auch im Kreis von Drogenkonsumenten beschrieben worden.

In der Veterinärmedizin kommen Vergiftungen durch diese Pflanze selten vor. Am empfindlichsten reagiert die Katze, gefolgt von Pferd und Rind. Vögel, Ziegen, Kaninchen und Meerschweinchen werden als relativ resistent angesehen.

Behandlung: Die Behandlung muß sich auf symptomatische Maßnahmen beschränken: Magenspülungen und Aktivkohle. Es muß vor allem auf Atmung und Kreislauf geachtet werden!

Therapie: Das Antidot ist Physostigmin.

Chemie: Wie erwähnt, ist der Hauptwirkstoff das *Atropin*, ein Alkaloid der Tropan-Reihe. In ihm ist das Tropin mit rac-Tropasäure verestert. Daneben findet sich in geringer Menge *Hyoscyamin*, der Ester des *Tropins* mit (−)-*Tropasäure*. Die Wirkung des Hyoscyamins ist doppelt so stark wie die von Atropin.

Atropin — Scopolamin

Außerdem findet sich in geringer Menge noch Scopolamin.

Die Giftigkeit dieser Substanzen dürfte seit 10- bis 20 000 Jahren bekannt sein. Extrakte aus *Atropa belladonna* dienten in der europäischen Steinzeit als Pfeilgift für die Jagd. Im Mittelalter hat man hyoscyamin- und atropinhaltige Drogen als Narkosemittel verwendet.

Der Grundkörper dieser Alkaloide, das Tropinon, kann aus Acetondicarbonsäure, Methylamin und Succindialdehyd bei pH 5 in wäßriger Lösung leicht dargestellt werden:

Tropinon

Solanaceae, Nachtschattengewächse

Scopolia carniolica JACQ., Tollkraut, Glockenbilsenkraut, Tollrübe

Botanik: 30–60 cm hohes Kraut mit aufrechtem Stengel, das aus Süd- und Südosteuropa nach Deutschland eingeschleppt wurde und verwildert vorzugsweise in Laubwäldern vorkommt. Die Blätter sind gestielt, umgekehrt-eiförmig, die Blüten (April/Mai) glockenförmig, außen rötlich, innen olivfarben.

Vergiftung: Die Vergiftungserscheinungen sind wie bei *Atropa belladonna*.

Chemie: In der gesamten Pflanze finden sich die bei *Atropa belladonna* erwähnten Alkaloide, allerdings ist hier das Hyoscyamin das Hauptalkaloid, während Atropin und (−)-Scopolamin in nur geringer Menge vorkommen.

Hyoscyamus niger L., Bilsenkraut

Botanik: Das bis zu 80 cm hoch werdende Kraut besitzt eine rübenförmige schwarze Wurzel. Es blüht (Juni bis Oktober) mit gelblich/violetten Blüten. Bevorzugte Standorte sind Schuttplätze, Wegränder und Ödland. Die Frucht ist eine Kapsel mit vielen kleinen dunkelbraunen Samen. Die Pflanze riecht unangenehm und ist klebrig.

Vergiftung: Vergiftungen können durch Verwechslung der Wurzeln mit der Garten-Schwarzwurzel auftreten; ebenso durch Verwechslung der Samen mit Mohnsamen. Die Symptomatik ist der einer Stechapfelvergiftung ähnlich.

Chemie: Als Alkaloide kommen in der Pflanze Hyoscyamin, Atropin und Scopolamin vor (s. *A. belladonna*). Auch hier ist die Giftigkeit seit Jahrhunderten oder Jahrtausenden bekannt. Die Pflanze hat sogar Eingang in die Weltliteratur gefunden. So finden sich bei Shakespeare, Hamlet, 1. Akt, 5. Szene, die Verse

> Da ich im Garten schlief
> Wie immer meine Sitte nachmittags,
> Beschlich Dein Oheim meine sichre Stunde
> Mit Saft verfluchten Bilsenkrauts im Fläschchen
> Und träufelt in den Eingang meines Ohrs
> Das schwärende Getränk; ...

Die Pflanze bzw. ihre Extrakte wurden offenbar zu Giftmorden benutzt. Aber auch zur Schmerzbekämpfung und als Rauschmittel wurde sie früher eingesetzt. Man hat sie ebenfalls zur „Potenzierung" von Bier verwendet.

Datura stramonium L., Stechapfel, Tollkraut, Asthmakraut

Botanik: Das bis zu 1,20 m hoch werdende Kraut besitzt gabelästige, kahle Stengel. Die Blätter sind gestielt und eiförmig, die Blüten (April bis Oktober) stehen einzeln in den Astgabeln; sie sind weiß oder blauviolett. Die Früchte sind eiförmige, mit Stacheln besetzte braune Kapseln, die zahlreiche schwarze Samen enthalten. Bevorzugte Standorte sind Ödland, Wegränder, Schutthalden.

Vergiftung: Die Symptome sind wie die bei *Atropa belladonna*. Vergiftungen kommen heute eigentlich nur noch bei Kindern vor, die von den Samen essen. In früheren Zeiten wurde die Pflanze zu Heilzwecken bei Asthma verwendet, und es kam durch Überdosierungen gelegentlich zu Vergiftungen. Die Giftwirkung der Alkaloide Hyoscyamin, Atropin und Scopolamin ist seit dem Altertum bekannt, besonders die halluzinogene Wirkung, die auf der zentral-erregenden Aktivität beruht. Zu diesen Empfindungen gehört die Vorstellung der Schwerelosigkeit, des Schwebens und Fliegens, ebenso die Vorstellung von Geistern und eine stark erotisierende Wirkung. Letztere Wirkung fand ihren Niederschlag in der Bereitung von Liebestränken, schließlich auch von Hexensalben, die vaginal oder rektal angewandt wurden, um größtmögliche Wirkung zu erzielen. So sind die mittelalterlichen Berichte über den Ritt der Hexen auf den Blocksberg leicht als Atropin-Vergiftung zu diagnostizieren. Auch die Verzauberung der Gefährten des Odysseus in Schweine mag darauf zurückzuführen sein, zumal im Garten der Circe die hier aufgeführten Solanaceen wie auch die *Alraune* wuchsen, die übrigens Hyoscyamin, Atropin und Scopolamin enthält.

In der Veterinärmedizin sind Vergiftungen mit dieser Pflanze sehr selten. Es sind allerdings Fälle von Intoxikationen durch mit Datura-Samen verunreinigtes Futter bekannt. Auch Kleintiere sind durch als Zierpflanzen gehaltene Datura-Spezies gefährdet.

Die Toxine stehen auch im Verdacht, einen teratogenen Effekt bei Schweinen zu haben. Schwere Vergiftungen äußern sich durch Tachykardie, Tachypnoe, Mydriasis, Hyperthermie, Erregung oder Dämpfung des ZNS, Krämpfe, Zittern, Aggressivität, Tympanie, Pansenatonie, Polyurie, Trockenheit von Maul und Nase, verminderte Schweißproduktion, Ataxie, Festliegen, Koma und Tod.

Chemie: Auch diese Pflanze enthält ein Gemisch von Hyoscyamin, Atropin und (-)-Scopolamin, wobei der Gehalt in dieser Reihenfolge abnimmt. Hyoscyamin und Scopolamin wirken parasympatholytisch. Die Tachykardie ist auf eine Hemmung der vagalen Einflüsse zurückzuführen. In hohen Dosen wirken die Toxine an den motorischen Endplatten der Skelettmuskulatur curareartig. Die Mydriasis entsteht durch die Lähmung des Irissphinkters. Hyoscyamin und Scopolamin wirken entgegengesetzt auf das ZNS: Hyoscyamin wirkt erregend, Scopolamin dämpfend. Durch zentrale Störung der Wärmeregulation kommt es zu Hyperthermie.

Therapie: Als Antidot wirkt Physostigmin. Antipyretika sind kontraindiziert.

Nicotiana tabacum L., Tabak

Botanik: Bis 2 m hohes Kraut mit aufrechtem Stengel. Blätter groß und lanzettförmig. Blütenrispe am Stempelende. Blütezeit: Juli bis September.

Vergiftung: Durch akute Nikotinvergiftung sind besonders Kinder nach Aufnahme von Zigaretten gefährdet. Früher kam es öfters zu Vergiftungen bei Erwachsenen, da das Toxin als Pestizid Verwendung fand. Vergiftungen sollen aber auch möglich sein, wenn bei Verletzungen im Mundbereich geraucht wird. Nikotin wird sehr leicht über die Haut resorbiert. Im Organismus wird es nur teilweise zur ungiftigen Nikotinsäure umgewandelt, ansonsten über Harn bzw. Milch ausgeschieden. So sind Vergiftungen bei Säuglingen aufgetreten. Normales Rauchen kann kaum zur Vergiftung führen, jedoch sind Todesfälle als Folge sehr starken Rauchens, durch Verschlucken von Kautabak oder durch mangelnde Sorgfalt beim Umgang mit nikotinhaltigen Präparaten bekannt geworden. In der Veterinärmedizin sind v.a. Weidetiere durch die Aufnahme frischer Blätter gefährdet. Bei den Kleintieren sind besonders Hunde betroffen; es kommt häufig vor, daß Zigaretten von ihnen gefressen werden. Früher wurde Nikotin auch als Antiparasitikum verwendet und führte auf diesem Wege zu Intoxikationen. Viele Tiere, wie Ziegen und Schafe, tolerieren hohe Mengen an Nikotin, so daß es durchaus zu giftiger Milch kommen kann, wenn solche Tiere Tabak fressen. An Symptomen zeigen sich bei Tieren Erschöpfung, Hypothermie, Muskelzittern, Stolpern, Niederstürzen, Obstipation oder Diarrhoe, Tympanie und Herzarrhythmie. Der Tod tritt durch Atemlähmung ein. Die Prognose ist von der genossenen Menge Nikotin abhängig; die tödliche Dosis liegt für den Menschen bei ca. 1 mg/kg Körpergewicht. Die Symptome entsprechen den unterschiedlichen Aktivitäten. Zunächst ist die örtliche Reizung als lokale Reaktion zu erwähnen. Dann als leichtere allgemeine Symptome blasse Haut, kalter Schweiß, Zittern, Kopfschmerzen, Benommenheit, Erbrechen, Übelkeit. Bei schwerer Vergiftung folgen kolikartige Krämpfe, Durchfälle, Atembeschwerden, Erhöhung der Herzfrequenz; Todesursache ist eine Atemlähmung. Die Behandlung kann nur symptomatisch erfolgen durch Unterstützung der Atem-, Herz- und Kreislauffunktionen.

Bei vernünftigem Rauchen sind *akute Vergiftungen* relativ selten; Vergiftungen mit tödlichem Ausgang werden allenfalls bei unmäßigem Gebrauch beobachtet. Dagegen sind chronische Schäden ziemlich häufig. Infolge der negativen Wirkung des Nikotins auf den kreislaufschonenden Depressorreflex und die dauernde Reizung der Sympathicus-Ganglien werden Herz- und Kreislaufstörungen beobachtet, wie Herzrhythmusstörungen, Gefäßspasmen, Herzinfarkt, Hypertonie und Arteriosklerose. Für die Kreislaufschäden dürfte wohl auch der im Blut von Rauchern festgestellte relativ hohe Histamingehalt verantwortlich sein. Neben diesen physischen Schäden, zu denen bekanntermaßen auch Katarrhe der oberen Luftwege gehören, werden aber auch psychische Schäden, wie depressive Verstimmung und Gereiztheit, gelegentlich auch Herrschsucht, beobachtet.

Bemerkenswert für Passivraucher ist, daß der Rauch, der an der Spitze der Zigarette entweicht und nicht inhaliert wird, wesentlich toxischer und kanzerogener ist, als der Rauch, der vom Raucher selbst inhaliert wird.

Chemie: Die Hauptinhaltsstoffe des Tabaks sind Pyridin-Alkaloide, wie das Nikotin, Nor-nikotin, Myosmin, Anabasin und Anatabin. Von diesen ist weitaus am wichtigsten das Nikotin, das mengenmäßig vorherrscht und für die physiologischen Eigenschaften des Tabaks verantwortlich ist.

(-)-Nikotin ist in reinem Zustand ein farbloses, fast geruchloses, flüchtiges Öl. Beim Stehen an der Luft tritt unter Braunfärbung Zersetzung ein; man bemerkt dann auch den typischen Tabakslaugengeruch. Das Nikotin wird in der Wurzel der Pflanze gebildet; es kommt am reichlichsten in den Blättern vor; der Gehalt schwankt zwischen 0,5 und 9 %. Tabak mit weniger als 0,2 % Nikotin wird als *nikotinarm*, mit weniger als 0,08 % als *nikotinfrei* bezeichnet.

Die beim Rauchen aufgenommenen Nikotinmengen betragen zwischen 30 und 90 % des gesamten Nikotingehalts. Dabei spielt die Rauchgeschwindigkeit eine erhebliche Rolle; bei langsamem Rauchen wird wesentlich weniger Nikotin aufgenommen als bei schnellem Rauchen. Da der Organismus je Zeiteinheit nur eine bestimmte Menge Nikotin abbauen kann, steht das Rauchtempo in Zusammenhang mit der toxischen Wirkung; eine Gewöhnung tritt nur in begrenztem Umfang ein. Auch beim Kauen und Schnupfen von Tabak können die aufgenommenen Nikotinmengen erheblich sein und wie bei starkem Zigarettenrauchen 20–80 mg/Tag erreichen.

Nicotin

Nor–nicotin

Myosmin

Anatabin

Anabasin

Abteilung Samenpflanzen, Unterabteilung Bedecktsamer

Brunfelsia pauciflora (Syn. Calycina), Brunfelsie

Botanik: Der Name „Brunfelsia" geht auf den deutschen Botaniker Brunfels zurück, der im 16. Jh. gelebt hat. Im englischsprachigen Raum wird die Pflanze auch „Brasil raintree" oder „Yesterday, Today and Tomorrow" genannt.

Zur Zeit sind über 40 Brunfelsia-Arten bekannt, die aus Mittel- und Südamerika und den Westindischen Inseln stammen. Ursprünglich wurde diese Pflanze von indianischen Medizinmännern der Amazonas-Region zu Heilzwecken benutzt. Besonders *Brunfelsia uniflorus*, auch als „Manaca" bekannt, wird heute weltweit für medizinische Zwecke verwendet. Unter anderem sollen die Brunfelsia-Spezies Wirkstoffe enthalten, die gegen Syphilis, Rheumatismus und Schlangenbisse helfen. Es werden dieser Pflanze auch halluzinogene und narkotisierende Eigenschaften zugeschrieben. Außerdem diente sie als Fischgift.

Die Brunfelsia-Arten wachsen in natura buschförmig oder als kleine Bäume. In Deutschland ist sie als wertvolle Zimmer- und Kübelpflanze im Handel. Charakteristisch bei diesen Pflanzen ist die Blütenfarbe. Bei gerade sich öffnenden Blüten ist sie violett-pupur und mit zunehmendem Alter wird sie immer heller, bis sie schließlich ganz weiß ist. Der Blütendurchmesser beträgt ca. 7 cm. Die fünf Blütenblätter haben einen leicht gewellten Rand und münden in einer langen Kronröhre. Die wechselständig stehenden Laubblätter sind dunkelgrün und lanzettförmig. Nach der Blüte bildet die Pflanze schwarze Beeren aus.

Die beliebteste Topfpflanze ist in Deutschland *Brunfelsia pauciflora* syn. *calycina* aus Brasilien. Des weiteren sind noch bekannt *B. uniflora, B. latifolia, B. undulata und B. americana*, wobei die letztgenannten nur weiße Blüten ausbilden.

Vergiftung: Die Toxine greifen am Rückenmark an, wo sie zuerst die motorischen Zentren aktivieren und später hemmen. Außerdem bewirken sie eine Stimulation der Nieren und der Drüsen allgemein. Das Scopoletin soll entzündungshemmend wirken.

In der Literatur sind einige Vergiftungsfälle bei Hunden durch Aufnahme von Samen der Brunfelsia-Arten bekannt. Folgende Symptome wurden dabei beobachtet:

Starkes Speicheln, Irritationen der Maulschleimhaut, Husten, Erbrechen, Polyurie, Diarrhoe, Konstipation, tonischklonische Krämpfe (auch auslösbar durch Geräusche und

Berührung), Mydriasis oder Miosis, Verlust des Drohreflexes, horizontaler Nystagmus, Anisokorie, Dyspnoe, Opisthotonus, Versteifung der Extensor-Muskulatur und Tod.

Die Symptome können mehrere Tage bis Wochen andauern.

Das Krankheitsbild ähnelt bei Hunden einer Strychnin- oder Metaldehyd-Vergiftung sowie einer Staupe-Infektion.

Chemie: Als Toxine sind u.a. die Alkaloide Manacin, Manacein, Hopeanin, Mandragorin, Scopoletin (ein Furocumarin) und Äsculetin isoliert worden.

Eine konvulsiv wirkende Substanz wurde als Pyrrol-3-carboxamid identifiziert.

Scrophulariaceae, Rachenblütler

Gratiola officinalis L., Gnadenkraut

Botanik: Das bis 40 cm hohe Kraut findet sich vor allem im Feuchtbiotop. Es besitzt ein fleischiges Rhizom. Die langgestielten weißen, rot geäderten Blüten erscheinen von Juni bis August.

Vergiftung: Die gesamte Pflanze ist als giftig bekannt. Vergiftungen sind bei Mensch und Tier aufgetreten, beim Menschen besonders durch falsche Anwendung der in der Homöopathie verwendeten Droge. Als Symptome werden beschrieben: Speichelfluß, Erbrechen, blutige Durchfälle, Verlängerung der Menstruation, Nymphomanie, Krämpfe, Störungen der Atmung und der Herztätigkeit; auch Todesfälle sind beschrieben.

Chemie: Die aktive Komponente der Pflanze ist das Gratiolin, in welchem das Aglykon Gratiogenin mit zwei Molekülen Glukose verknüpft ist. Das Gratiogenin gehört zu den im Pflanzenbereich weit verbreiteten Triterpenen.

Abteilung Samenpflanzen, Unterabteilung Bedecktsamer

Digitalis purpurea

Digitalis purpurea L., Roter Fingerhut
Digitalis grandiflora Mill., Großblütiger Fingerhut
Digitalis lutea L., Gelber Fingerhut
Digitalis lanata Ehrh., Wolliger Fingerhut

Botanik: Der *Rote Fingerhut* ist ein zweijähriges Kraut, das purpurrot blüht. Die Blütezeit ist in der Regel Juni/Juli, jedoch kann sie sich (insbesondere in höheren Lagen) bis September ausdehnen. Die Pflanze ist in West- und Mitteleuropa verbreitet, mit Ausnahme der kalkreichen Gegenden Süddeutschlands. Sie fällt in Kahlschlägen durch ihren hohen Wuchs (bis zu 2 m) und ihre großen, langgestielten, länglichen Blätter auf, die auf der Unterseite filzig behaart sind.

Der *Großblütige Fingerhut* ist dem Roten Fingerhut sehr ähnlich, jedoch wird er nur ca. 1 m hoch; die Blüten sind blaßgelb und können bis zu 4 cm lang werden. Die Blätter sind an der Unterseite und am Rande flaumig behaart. Die Pflanze ist in Deutschland ebenfalls weit verbreitet; sie bevorzugt jedoch lichte Hänge und Bergwälder und fehlt in Nordwestdeutschland fast völlig. Die Blütezeit ist von Juni bis September.

Der *Gelbe Fingerhut* unterscheidet sich vom Großblütigen Fingerhut durch einen kleineren Wuchs (ca. 70 cm) und durch zahlreiche kleine zitronengelbe Blüten (Juni bis September). In Deutschland findet sich die Pflanze vorzugsweise im Süden und Südwesten.

D. lanata, der *Wollige Fingerhut*, ist in Südost-Europa heimisch, wird aber in Deutschland seit langem kultiviert. Die Pflanze ähnelt den anderen Digitalis-Arten und wird ca. 1 m hoch. Die Blätter sind kahl bzw. nur am Rand behaart, dagegen sind die Blütenstände wollig behaart. Die Pflanze blüht weiß in den Monaten Juni/Juli.

Vergiftung: *Digitalis* ist seit Jahrhunderten in der Volksmedizin bekannt und wird zur Behandlung des Altersherzens verwendet. Es ist eines jener Beispiele, daß ein Naturstoffgemisch je nach Dosis einen heilenden oder auch tödlichen Effekt besitzt. Unter dem Einfluß therapeutischer Gaben wird die Herzmuskeltätigkeit verbessert, die Förderleistung, die Regularisierung und die Ernährung des Herzmuskels werden positiv beeinflußt, so daß Digitalispräparate heute aus der Herztherapie nicht mehr wegzudenken sind. So ist auch die Pharmakologie eingehend untersucht worden, so intensiv wie bei nur wenigen anderen natürlichen Heilmitteln.

Zu Vergiftungen kann es auf unterschiedliche Weise kommen. Zum ersten spielen die Überdosierungen des Medikaments eine gewisse Rolle. Da die Substanzen bereits in sehr hoher Verdünnung wirksam sind und nach einem bestimmten, vom Arzt verordneten Plan eingenommen werden müssen, kommt es gelegentlich bei Patienten vor, daß sie mehrere Dosen auf einmal einnehmen oder auch homöopathische Präparate eigenmächtig überdosieren. Die zweite Möglichkeit ist die Vergiftung durch die Pflanze selbst; derartige Fälle sind jedoch wegen des extrem bitteren Geschmacks aller Pflanzenteile sehr selten. Immerhin kann es auch bei Tieren zu Vergiftungen kommen, wenn Digitalispflanzen durch Unachtsamkeit ins frische Futter oder auch ins Heu geraten. Als letale Dosis wird beim Schwein mit 1 g frischem Pflanzenmaterial pro kg Körpergewicht gerechnet. Bemerkenswert ist die synergistische Wirkung von Digitalis mit Kalziumionen. So kann es bei Patienten, die ständig Digitalisextrakte nehmen, zu schweren Vergiftungserscheinungen, ja sogar zum Tode führen, wenn sie ein Kalziumpräparat injiziert bekommen.

Ist die letale Dosis aufgenommen, so ist jede Behandlung sinnlos, da bereits resorbierte Digitalisglykoside sich weder ausscheiden lassen noch ihre Wirkung in irgendeiner Weise aufzuheben ist. Erste Anzeichen sind das Abfallen der Herzfrequenz auf Werte unter 40 bzw. ein plötzliches Ansteigen auf Werte über 100/min. Bei subletalen Dosen ist das erste Anzeichen ebenfalls ein Abfallen der Herzfrequenz; gewöhnlich werden Werte von 50–60 erreicht. Weiter werden Übelkeit und Erbrechen, dann auch auch Magen-Darm-Koliken, Sehstörungen (insbesondere Farbuntüchtigkeit), Lähmungen und Krämpfe beobachtet. Die entscheidende Wirkung ist jedoch eine fortschreitende Herzmuskelschädigung, die nach Vorhofflimmern in eine völlig ungeordnete Tätigkeit der einzelnen Bezirke und schließlich zum völligen Herzstillstand führt. Bei Aufnahme letaler Dosen kann der Tod innerhalb weniger Minuten eintreten.

Als letale Dosis kann der Extrakt aus zwei bis drei Digitalisblättern angesehen werden. Die Empfindlichkeit eines Patienten gegenüber Digitalis ist aber immer abhängig vom Zustand seines Herzens. Ein krankes Herz ist nicht nur empfindlich für die Heilwirkung, sondern auch gegen die Toxizität. Auch Thyroxin steigert die Empfindlichkeit gegenüber Digitalis. Daher ist bei Patienten mit Schilddrüsenüberfunktion besondere Aufmerksamkeit bei der Behandlung mit Digitalispräparaten geboten.

Zur Behandlung von Vergiftungen durch Digitalis wird die möglichst rasche und vollständige Entleerung des Magen-Darm-Kanals empfohlen, ebenso auch Gaben von Aktivkohle, um die noch nicht resorbierten Glykoside zu adsorbieren. Diese Maßnahmen sind jedoch ohne große Erfolgsaussichten, da zum Zeitpunkt des Auftretens der ersten Symptome der größte Teil der Glykoside bereits im Körper ist. Die wichtigste Maßnahme ist zweifellos die völlige körperliche wie nervliche Ruhigstellung des Patienten, um dem Herzen optimale Schonung zu geben. Im übrigen sollten die auftretenden Herzbeschwerden (Arrhythmien, Angina-pectoris-Anfälle, Tachykardie, Kammerflimmern und Veränderungen des Blutdrucks) symptomatisch behandelt werden.

Chemie: Bedingt durch die interessante pharmakologische Wirkung dieser Substanz und ihre medizinische Anwendung, begannen die Arbeiten zur Chemie bereits Anfang des 19. Jahrhunderts. Neben dem Vorkommen der Digitalisglykoside in *Digitalis spp.* waren zu diesem Zeitpunkt Substanzen mit vergleichbarer Wirkung auch aus *Scilla maritima* (Meerzwiebel) und aus *Helleborus niger* (Christrose, s.d.) bekannt. Die aus Digitalis isolierten Glykoside nannte man wegen ihrer Herzwirkung *Cardenolide*, die anderen – weil sie zuerst aus dem Hautsekret der Kröten isoliert und in reiner Form erhalten worden waren – *Bufadienolide*. Beide unterscheiden sich im wesentlichen durch die Größe des Lacton-Rings, der sich an C-17 des Steroidgerüstes befindet. Im Falle der Cardenolide ist dieser fünfgliedrig, bei den Bufadienoliden sechsgliedrig. Dieser ungesättige Lacton-Ring ist auch wegen seines charakteristischen UV-Spektrums ein empfindlicher Nachweis für diese Substanzklasse. So besitzen die Cardenolide ein Absorptionsmaximum bei 217 nm (logε: 4,72), die Bufadienolide bei 273 nm (logε: 3,74). Hierdurch ist ein quantitativer Nachweis in rohen Pflanzensäften möglich.

Cardenolide und Bufadienolide bilden besonders gute Beispiele für den Zusammenhang zwischen Struktur und Aktivität, da gerade hier wegen der Nebenwirkungen mancher Digitalisglykoside eingehende Untersuchungen durchgeführt wurden. So besteht bei einer 5,6-Doppelbindung die gleiche Aktivität wie bei der cis-Verknüpfung der Ringe A und B der natürlich vorkommenden Glykoside. Dagegen tritt Verlust der Aktivität ein bei 5α-Konfiguration, 17α-Konfiguration des Lacton-Rings und bei Hydrierung desselben. Tritt anstelle der 14-Hydroxy-Gruppe ein 14,15-Epoxid, so geht die Herzwirkung verloren, und statt dessen tritt die Aktivität eines Krampfgiftes auf. Auch die Länge der Zuckerkette ist von Einfluß, obwohl die pharmakologische Wirkung ausschließlich auf das Aglykon zurückzuführen ist. So liegt das Optimum der Wirksamkeit bei zwei bzw. drei Zucker-Resten; mehr oder weniger schwächen die Wirkung ab, wenn sie auch nicht verändert wird. Auch die Aglyka selbst behalten noch ihre Aktivität; von daher ist auch die Verwendung der Krötengifte als Therapeutika verständlich; hier liegen naturgemäß keine Glykoside vor. Substanzen mit dem 6-Ring-Lacton sind aktiver als solche mit dem 5-Ring-Lacton. So spielen heute Scilla-Extrakte neben den Digitalispräparaten eine wichtige Rolle in der Behandlung des Altersherzens.

Abteilung Samenpflanzen, Unterabteilung Bedecktsamer

Digitoxin = Digitoxigenin + 3 Mol D—Digitoxose

Digoxin = Digoxigenin + 3 Mol D—Digitoxose

Hellebrigenin

Melampyrum silvaticum L., Wald-Wachtelweizen
Melampyrum pratense L., Wiesen-Wachtelweizen
Melampyrum cristatum L., Kamm-Wachtelweizen
Melampyrum arvense L., Acker-Wachtelweizen
Melampyrum nemorosum L., Hain-Wachtelweizen
Rhinanthus alecterolophus (Scop.) Poll., Großer Klappertopf
Rhinanthus minor L., Kleiner Klappertopf

Vergiftung: Diese Pflanzen enthalten als Wirkstoff das Aucubin. Vergiftungen treten beim Menschen heute praktisch nicht mehr auf. In früheren Zeiten war mit den Samen dieser Pflanzen verunreinigtes Getreide eine Vergiftungsquelle, eine andere die Verwendung von *Rhinanthus* als Antiparasitikum, insbesondere gegen Läuse; Symptome waren Kopfschmerzen, Schwindel und Durchfall. Bei Schafen und Pferden sind die Symptome Gastroenteritis, Hämaturie, Hyperämie und Gehirnblutungen.

Chemie: Verantwortlich für die Giftwirkung ist das Aucubin = Aucubigenin-Glykosid. Für die Struktur werden unterschiedliche Formeln angegeben:

Caprifoliaceae, Geißblattgewächse

Lonicera xylosteum L., Heckenkirsche, Geißblatt

Botanik: Die bis zu 2 m hohe Staude findet sich verbreitet, sowohl angepflanzt als auch verwildert. Die gelblich-weißen Blüten (Mai–Juli) sind wohlriechend. Bevorzugte Standorte sind Hecken und Gebüsche, vor allem auf kalkreichen Böden. Die Früchte sind paarige, z.T. miteinander verwachsene Beeren.

Vergiftung: Zu Vergiftungen kommt es vor allem bei Kindern, die die roten Beeren essen. Sie schmecken zwar bitter, werden aber dennoch gelegentlich verzehrt. Erbrechen, Leibschmerzen und Durchfall sind die Folge, in schweren Fällen folgen Sehstörungen, Herzrhythmus- und Kreislaufstörungen, Krämpfe und Atembeschwerden; auch über Todesfälle berichtet die Literatur.
  Eine tödliche Vergiftung einer Katze durch Jelängerjelieber (*Lonicera caprifolium*) ist bekannt. Bei der Sektion zeigten sich Blut- und Leberzersetzung.

Chemie: Für die Vergiftung sind mehrere Glykoside verantwortlich. Hierzu zählen das Loganin und das Swerosid sowie eine weitere Gruppe von Glyko-Alkaloiden, die durch das Xylostosidin repräsentiert wird.

Xylostosidin

Asteraceae (Compositae), Korb-, Köpfchenblütler

Artemisia absinthium L., Wermut

Botanik: Der krautige Strauch ist in Asien beheimatet und über den Mittelmeerraum nach Mitteleuropa gekommen. Die Pflanze blüht von Juli bis September mit gelben Rispen. Die Blätter sind länglich, silbrig und filzig. Als Heilpflanze spielte der Wermut in früheren Jahrhunderten eine wichtige Rolle; heute wird er nur noch in der Homöopathie und ausschließlich zur Behandlung von Verdauungsstörungen verwandt.

Vergiftung: Vergiftungen sind heute selten geworden und kommen eigentlich nur noch bei unsachgemäßer Anwendung homöopathischer Präparate vor. Die akute Vergiftung, die auf diese Weise zustandekommt, ist auf Thujon und Phellandren zurückzuführen, die zunächst zentrale Erregung mit klonischen Krämpfen, später Lähmung verursachen. Bei kleineren Dosen müssen zumindest Nierenschäden in Rechnung gestellt werden.

Neben der akuten Vergiftung war früher die chronische Vergiftung (Absinthismus) verbreitet. Hierbei handelt es sich um eine spezielle Form des Alkoholismus, der durch etherische Öle mit den Hauptkomponenten Thujon und Phellandren hervorgerufen wird. Er trat nach regelmäßigem Genuß von

Absinth auf, einem Likör, der durch Destillation von Weinbrand über Wermut, Fechel und Anis erhalten wurde. Die Herstellung und der Handel von Absinth sind in Europa heute verboten. (Vom Absinth zu unterscheiden sind die Wermutweine, z.B. Vermouth, bei denen nur die harmlosen Bitterstoffe zugesetzt werden, und bei denen daher keine Vergiftungen auftreten.) Der Absinthismus macht sich durch starke physische Störungen bemerkbar; insbesondere sind dies irreversible Degenerationserscheinungen im Gehirn, die schließlich zu einem totalen geistigen, körperlichen und seelischen Verfall führen.

Vergiftungen sind in der Veterinärmedizin nicht bekannt.

Chemie: Die Pflanze enthält eine Fülle verschiedener Substanzen, die zu den Terpenen bzw. zu den Flavonen gehören. Für die Wirkung dürften die Terpene verantwortlich sein, und hier vor allem das Thujon und das Phellandren. Das Thujon wirkt lokalreizend und nach Resorption zentralerregend und psychomimetisch. Die einzelnen Komponenten sind nachstehend wiedergegeben:

Thujon   α—Phellandren   Artemitin

Pro—chamazulenogen   α—   β—
                       Caryophyllen

Senecio spp.

Hierzu zählen vor allem:

Senecio vulgaris L., gewöhnliches Kreuzkraut (Wegränder, Ackerunkraut), Greiskraut
Senecio jacobaea L., Jakobs-Kreuzkraut (Wegränder, Bahndämme, Wälder, Weiden)
Senecio aquaticus HUDS., Wasser-Kreuzkraut (Moorwiesen, Bachufer)

Botanik: Zur Gattung *Senecio* zählen weltweit rund 1200 Spezies; in Deutschland gibt es 24 Arten, von denen die o.g. die wichtigsten sind. Es handelt sich dabei um bis zu 1 m hohe Kräuter, die von März–Oktober blühen.

Vergiftung: Vergiftungen durch *Senecio spp.* spielen nicht nur in Europa, sondern weltweit, besonders in Nord- und Südamerika, eine bedeutende Rolle. Lange Zeit waren Vergiftungen beim Menschen kaum bekannt geworden; in neuerer Zeit häufen sich jedoch solche Fälle; Ursache hierfür sind Aufgüsse aus Kräutertees, die besonders gesund sein sollen, indes aber Pflanzen enthalten, die zwar seit langem in der Naturheilkunde eine Rolle spielen, jedoch ebenfalls die für die Vergiftungen verantwortlichen Alkaloide enthalten.

Bei Weidetieren kommt es häufiger zu Vergiftungen; die Erkrankung ist auch als „Schweinsberger-Krankheit" in die Literatur eingegangen. Ziege und Schaf gelten, ebenso wie Kaninchen, als wenig empfindlich; bei Schweinen konnte nur experimentell eine Vergiftung ausgelöst werden. Dagegen sind akute Vergiftungen bei Pferd und Rind beschrieben. Während beim Pferd zentralnervöse Symptome im Vordergrund stehen, zeigen sich beim Rind zuerst Störungen des Gastrointestinaltraktes, zentralnervöse Störungen treten erst später auf. Auch Geflügel ist gegen die Toxine empfindlich.

Das Sektionsbild ist gekennzeichnet durch Leberfibrose, Gallengangshyperplasie, Gallenblasenwandödem und Megalozytose der Leberzellen. Leberveränderungen spielen auch beim Menschen die entscheidende Rolle.

Weidetiere meiden zwar die Pflanzen, doch bleiben die für die Giftwirkung verantwortlichen Senecio-Alkaloide beim Trocknen und Silieren erhalten, so daß es über Heu und Silage zu Intoxikationen kommt. Vergiftungen zeigen sich nicht nur akut, sondern können auch chronisch durch Aufnahme kleine-

Asteraceae (Compositae), Korb-, Köpfchenblütler

rer Mengen über Monate auftreten. Symptome sind zunächst Absonderung von der Herde, teilweise auch Unruhe, im-Kreis-Gehen und regelrechte tobsüchtige Erregung und Angriffslust; später zunehmende Schwäche mit stumpfer Niedergeschlagenheit und herabgesetzten Reflexen, unsicher-schwankender Gang und schleppendes Vorführen der Hintergliedmaßen, vermindertes Sehvermögen und völlige Blindheit (Anrennen und Drängen gegen Hindernisse). Der Appetit ist lustlos, der Durst vermehrt; nach anfänglicher Obstipation setzt unter Leibschmerzen und starken, nicht selten zu Vorstülpung oder Vorfall des Mastdarmes führendem Pressen hartnäckiger Durchfall ein. Das Flotzmaul ist trocken-schuppig, die sichtbaren Schleimhäute sind blaß und deutlich ikterisch; im Serum ist der Bilirubingehalt krankhaft erhöht (bis zu 20 mg%); im Harn lassen sich Gallenfarbstoffe nachweisen. Die Körpertemperatur ist meist normal. Bei protrahiert verlaufenden Fällen treten ödematöse Anschwellungen der Haut auf (Photosensibilitätsreaktion"), die zum Teil mit serösen Ausschwitzungen oder Epithel-Abschilferungen verbunden sind, und – ebenso wie die Milch – einen eigentümlichen Geruch aufweisen.

Akut erkrankte Tiere verenden innerhalb weniger Tage im Leberkoma; chronisch erkrankte Patienten können noch nach Wochen an Entkräftung sterben. Eine Behandlung ist erfahrungsgemäß aussichtslos. Die einzige Möglichkeit zur Vermeidung ist das Ausjäten der Pflanzen.

Chemie: Die Toxine dieser Pflanzen sind Pyrrolizidinalkaloide, wie z.B. das Senecionin (aus *Senecio vulgaris*) oder das Jacolin (aus *S. jacobaea*). Zur Blütezeit sind die Pflanzen am giftigsten. Die Pyrrolizidinalkaloide sind nur toxisch, wenn sie folgende Bedingungen erfüllen:
1. Eine Doppelbindung muß in 1.2-Stellung des Grundkörpers Necin enthalten sein.
2. An Position 9 muß eine Veresterung mit einer verzweigten Carbonsäure von mindestens 5 C-Atomen vorliegen.

Erst durch Metabolisierung im Körper werden die eigentlichen Toxine gebildet. Es handelt sich dabei um antimitotisch wirkende Pyrrolderivate, die mit Pyrimidin- und Purinbasen der DNS bzw. RNS reagieren. Da die Alkaloide in der Leber metabolisiert werden, ist hier die Schädigung am größten. Für die Metabolisierung verantwortlich ist die mischfunktionelle Oxidase (MFO).

Abteilung Samenpflanzen, Unterabteilung Bedecktsamer

Senecionin

Jacolin

Pilze und Algen

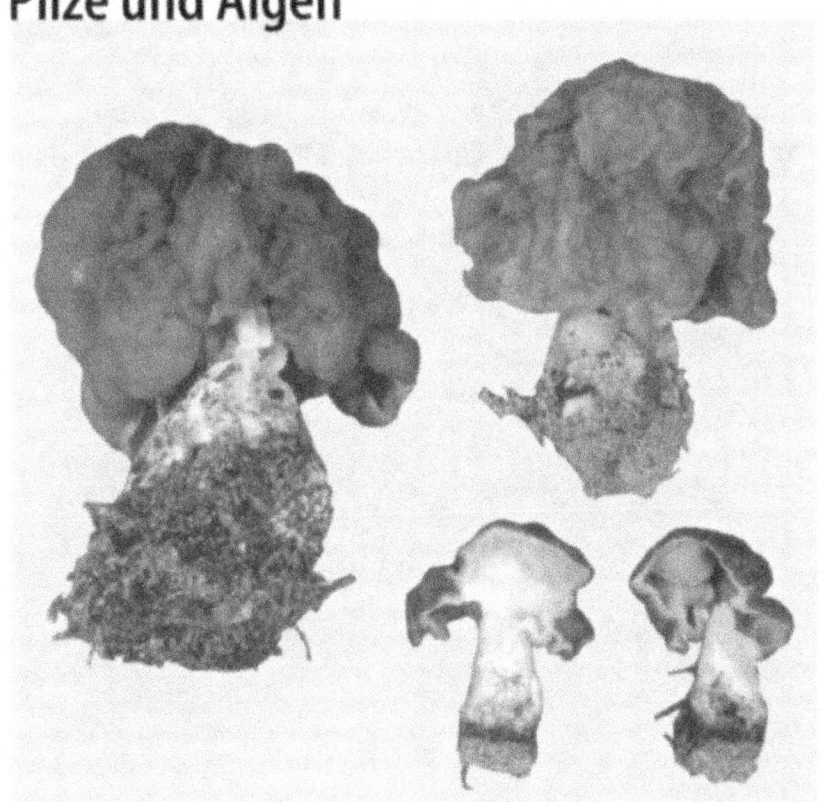

Fungi (Pilze)

Fliegenpilz

Agaricinea, Freiblättler

Amanita muscaria, Fliegenpilz

Klassifizierung: Klasse: *Basidiomycetes*; Ordnung: *Agaricales*; Familie: *Agaricaceae*; Unterfamilie: *Agaricineae*; Tribus: *Amaniteae*; Gattung: *Amanita*.

Der Fliegenpilz ist so bekannt, daß auf eine Beschreibung verzichtet werden kann. Eigentümlich ist, daß er seit langem, vielleicht seit Jahrhunderten, als Glückssymbol gilt. Wahrscheinlich ist der Grund hierfür, daß der Genuß von Fliegenpilzen zur Erzeugung von Rauschzuständen früher weit verbreitet war. Andererseits gilt der Fliegenpilz als der Inbegriff des Giftpilzes, obwohl andere Giftpilze weitaus gefährlicher sind.

Vor allem in Nordostasien und Sibirien wird der Fliegenpilz wegen seiner rauscherzeugenden Wirkung genutzt. Auch der Urin der Fliegenpilzkonsumenten wurde zu diesem Zwecke genutzt, da er eine stärkere Wirkung als der Pilz selber hat. Man nimmt heute an, daß es sich auch bei dem berühmten indischen Rauschmittel „Soma" um einen Extrakt aus Fliegenpilzen handelt.

Vergiftung: Nach einer Phase leichter Anregung tritt eine dämpfende Wirkung ein, die sich durch Ataxie, aber auch Müdigkeit bemerkbar macht, ohne allerdings zu Schlaf, Narkose oder

Bewußtseinstrübung zu führen. Psychisch machen sich eine Konzentrationsabnahme und eine Erhöhung emotioneller Spannungen bemerkbar. Distanz zur Umwelt, psychotische Indifferenz, Derealisiations- und Depersonalisations-Phänomene und eine Veränderung des Zeitgefühls sind charakteristisch. Es treten jedoch keine Halluzinationen auf. Die Symptome treten unterschiedlich rasch innerhalb von 1–3 Stunden ein. Sie sind relativ lange andauernd; im allgemeinen klingen sie innerhalb eines Tages ab.

Bei Hund und Katze sind beschrieben worden: Anorexie, Erbrechen, Krämpfe, Benommenheit, Erregung, Aggressivität, Schläfrigkeit, Lähmungen, Opisthotonus, Speicheln, Pupillenverengung, Dyspnoe und ein schwacher Puls. Todesfälle sind selten.

Behandlung: Zur Behandlung empfiehlt sich – falls dies noch möglich ist – eine möglichst rasche Entleerung des Magens, bevor die aktiven Substanzen in die Blutbahn übergetreten sind. Danach ist nur noch symptomatische Behandlung möglich. Behandlung mit Aktivkohle, die sonst immer wieder empfohlen wird, ist hier sinnlos.

Nur wenn das Vergiftungsbild überwiegend von muscarinergen Erscheinungen geprägt ist (Erbrechen, Diarrhoe, Speicheln), ist eine Atropinbehandlung angezeigt. Da dieses aber nur gegen das in ganz geringen Konzentrationen vorkommende Muscarin wirkt und außerdem die ZNS-Symptome bei dieser Vergiftung potenziert, ist es in der Regel kontraindiziert! Des weiteren ist eine potenzierende Wirkung von Diazepam und Phenobarbital bekannt. Da Krampf- und Depressionsphasen abwechseln können, ist auch von Stimulanzien während der Depression Abstand zu nehmen. Die Symptome dauern meist nicht länger als 8 Stunden an (mit Ausnahme von psychotischen Symptomen) und es ist eine komplette Heilung zu erwarten.

Chemie: In älteren Arbeiten wird die Giftwirkung des Fliegenpilzes dem Muscarin zugeschrieben, das ähnliche pharmakologische Eigenschaften besitzt wie das Acetylcholin. Es kommt hier allerdings in so geringen Mengen (0,0002–0,0003 % in der Frischmasse) vor, daß es nicht für die Giftwirkung verantwortlich gemacht werden kann. Neuere Arbeiten zeigten aber, daß für die oben beschriebenen Wirkungen das Muscimol und die Ibotensäure im wesentlichen verantwortlich sind. Das ebenfalls aus dem Fliegenpilz isolierte Muscazon ist an der Giftwirkung offenbar nicht oder nur in untergeordnetem Maße beteiligt.

$$\text{Muscimol} \xleftarrow{-CO_2} \text{Ibotensäure} \qquad \text{Muscazon}$$

Muscarin

Muscazon, Ibotensäure und Muscimol wirken dämpfend auf das Mittelhirn und anregend auf das Großhirn. Das Muscimol ist der Gamma-Aminobuttersäure (GABA) sehr ähnlich und wirkt als Agonist dieses hemmenden Neurotransmitters. Die ca. 5- bis 10-mal schwächer wirksame Ibotensäure wirkt als Agonist an glutaminergen Rezeptoren. Man nimmt an, daß nur die Ibotensäure im nativen Pilz vorkommt und daß das viel stärker wirksame Muscimol erst durch Kochen bzw. durch Metabolisierung (Decarboxylierung) im Körper entsteht. Dies erklärt auch das oben beschriebene Phänomen, daß der Urin berauschter Menschen eine stärkere Wirkung besitzt.

Amanita pantherina, Pantherpilz

Klassifizierung: Familie: *Agaricaceae*; Unterfamilie: *Agaricineae*; Tribus: *Amaniteae*; Gattung: *Amanita*.

Der Pantherpilz tritt von Juli bis Oktober auf; dabei ist sein Vorkommen eher vom Wetter als vom Standort abhängig: Man findet ihn sowohl in Laub- als auch in Nadelwäldern. Er ist dem Fliegenpilz ähnlich. Wie dieser besitzt er zunächst einen glockigen Hut, der sich später zu einem flachen Trichter von 4–10 cm Durchmesser aufbiegt. Der Unterschied ist die Farbe, die beim Pantherpilz hell- bis dunkelbraun (seltener weiß) ist. Man findet auch weiße Pusteln auf dem Hut. Die Huthaut ist im Anfang feucht, später trocken und glänzend;

sie läßt sich leicht abziehen. Das Fleisch ist weiß und riecht nach alten Kartoffeln. Der Stiel ist weiß, bis zu 2 cm dick und bis zu 12 cm lang, innen hohl. Er trägt im oberen Drittel die für die *Amaniteae* typische Manschette; am Stiel selbst können gürtelähnlich verlaufende Muster auftreten.

Vergiftung: Vergiftungen kommen häufiger vor als durch den Fliegenpilz, da der Pantherpilz mit anderen, eßbaren Pilzen verwechselt wird. Die Symptome sind dieselben wie beim Fliegenpilz, ebenso wie die Behandlung. Todesfälle sind sehr selten.

Amanita phalloides, Grüner Knollenblätterpilz
Amanita virosa, Weißer Knollenblätterpilz
Amanita verna, Frühlings-Knollenblätterpilz
Amanita citrina, Gelber Knollenblätterpilz

Klassifizierung: Familie: *Agariaceae*; Tribus: *Amaniteae*; Gattung: *Amanita*.

Der *Grüne Knollenblätterpilz* ist wohl der giftigste aller Pilze. Er entwickelt sich z.T. unterirdisch in einer Hülle, die bei weiterem Wachstum des Stengels aufplatzt und an der knolligen Stielbasis zurückbleibt. Der Hut ist zunächst weiß, wird aber bald olivgrün oder braungrün; er ist erst kugelig, später ausgebreitet, der Durchmesser kann bis zu 12 cm betragen. Der Stiel ist am unteren Ende knollig, er wird 8–10 cm hoch

Fliegenpilz

und ist in der Regel weiß. Bei älteren Pilzen bildet sich ein charakteristisches, grünliches Muster aus. Typisch ist ebenfalls eine Manschette am oberen Drittel des Stieles. Das Fleisch ist weiß, riecht nußartig bis honig-ähnlich und soll nach Aussagen von Überlebenden einer Vergiftung wohlschmeckend sein. Er tritt von Juli bis Oktober auf und findet sich vorzugsweise in Eichenwäldern, jedoch auch in der Nähe von Buchen. Gelegentlich findet er sich in Gesellschaft von Champignons, mit denen er, zumal im jungen Zustand, oft verwechselt wird.

Der *Weiße Knollenblätterpilz* ist in der Entwicklung und im Erscheinungsbild dem Grünen Knollenblätterpilz sehr ähnlich. Er ist wenig kleiner, der Stiel wird etwa 10 cm lang, der Hut bleibt glockig gewölbt und erreicht einen Durchmesser von 6–10 cm. Die Farbe des ganzen Pilzes ist weiß; erst bei alten Pilzen beobachtet man eine Gelbfärbung des Hutes. Er tritt selten einzeln, meist in Gruppen auf, und zwar ebenfalls von Juli bis Oktober. Als Standort bevorzugt er jedoch Fichtenwälder, auf jeden Fall aber sandige Böden. Das Fleisch riecht unangenehm.

Der *Gelbe Knollenblätterpilz* ist dem Grünen noch ähnlicher als der Weiße, insbesondere deshalb, weil sich hier der Hut ebenfalls ausbreitet. Er ist allerdings kleiner und erreicht maximal einen Durchmesser von 8 cm. Charakteristisch ist der grüngelbe Hut. Auch bei ihm ist eine Verwechslung mit dem Champignon möglich; eine gute Unterscheidungsmöglichkeit liegt jedoch in der Farbe der Lamellen. Sie sind bei den Knollenblätterpilzen rein weiß, beim Champignon dagegen rötlich/grau/braun. Der Gelbe Knollenblätterpilz findet sich von Juli bis in den November hinein vorzugsweise auf sauren Böden, in Heidelandschaften, unter Fichten, Kiefern und Birken. Er ist zwar weniger giftig als die beiden o.g. Arten, jedoch sollte man auch ihn meiden. Sein Fleisch riecht nach keimenden Kartoffeln.

Der *Frühlings-Knollenblätterpilz* ähnelt außerordentlich dem Weißen Knollenblätterpilz, allerdings wird der Hut später flach. Er kommt auf Kalkböden vor, ist aber seltener als die anderen Knollenblätterpilze. In Deutschland findet er sich vorzugsweise im Süden. Seine Giftigkeit ist ebenso groß wie die des Grünen Knollenblätterpilzes, so daß auch hier vor der Verwechslung mit Champignons gewarnt werden muß; wieder können als Unterscheidungsmerkmal die weißen Lamellen dienen, jedoch kommt es, besonders bei jungen Pilzen, immer wieder zu Verwechslungen. Er tritt von April bis Oktober auf.

Pilze und Algen

Vergiftung: Für die Vergiftung sind zwei Inhaltsstoffe verantwortlich: *Phalloidin* und *Amanitin* (s.u.), wobei die Giftwirkung im wesentlichen von dem etwa zehnmal toxischeren Amanitin bestimmt wird. Die LD_{50} beträgt bei der Maus 0,2 mg/kg (p.o.). Bei beiden Verbindungen handelt es sich um Zellgifte, die schwerste Schädigungen von Leber, Nieren, Herz und Skelettmuskulatur erzeugen. Dabei steht die Leberschädigung im Vordergrund. Bemerkenswert ist die unterschiedliche Wirksamkeit bei verschiedenen Tierarten. So sind niedere Tiere (z.B. Schnecken) oder Nagetiere relativ unempfindlich im Vergleich zu Carnivoren (z.B. Katzen) und auch dem Menschen. Schweine und Kaninchen sollen ebenfalls unempfindlich sein gegen *A. phalloides*, genau wie Mäuse und Ratten, die das Gift peroral nicht resorbieren können. All diese Fakten deuten darauf hin, daß nicht die nativen Substanzen, sondern vom Körper enzymatisch erzeugte Umwandlungsprodukte die eigentlichen Toxine darstellen.

Dafür spricht auch die lange Zeit, nach der die ersten Symptome auftreten: Selten ist dies schon nach wenigen Stunden der Fall; in der Regel werden sie nach 10–12 Stunden, manchmal aber auch erst nach zwei Tagen beobachtet. Dann treten sehr plötzlich starke Leibschmerzen, Übelkeit und Erbrechen auf, das von heftigen Durchfällen (die mit Blut durchsetzt sein können) begleitet wird. Durch letztere tritt eine regelrechte Austrocknung des Körpers ein, die sich durch starken Durst, Versiegen der Harnproduktion, Krämpfe, Absinken des Blutdrucks und kompensativ hohe Herzfrequenz bemerkbar macht. Der Tod in dieser gastrointestinalen Phase der Vergiftung ist nicht selten, er tritt innerhalb eines Tages nach Auftreten der ersten Symptome ein. Übersteht der Patient diese Phase, so tritt eine Zeit der Besserung ein, die aber nicht zu trügerischen Hoffnungen verführen darf, denn nach weiteren ca. 24 Stunden tritt die dritte Phase der Vergiftung ein, die (in 70 % aller Fälle) nach zwei bis drei Tagen, selten später, zum Tod führt. Allerdings sind auch nach zehn Tagen noch Todesfälle aufgetreten! Dieses Stadium der Organschädigung macht sich bemerkbar durch niedrigen Blutdruck (Werte von 40/30), schwachen Puls, Bewußtlosigkeit. Die Leber ist geschwollen und druckempfindlich. Der Blutzuckerspiegel steigt zunächst auf extreme Werte und fällt dann unter den Normalwert von 100 mg %. Im Blut findet sich Milchsäure, im Harn Eiweiß, Milchsäure, Blut sowie Leucin und Tyrosin. Leukopenie, Eosinopenie, Gelbsucht, psychomotorische

Unruhe sind sehr ungünstige Anzeichen, denen in der Regel Krämpfe und Tod durch Kreislaufkollaps folgen.

Ohne Behandlung liegt die Mortalität bei über 50 %; mit Behandlung liegt die Überlebensrate bei ca. 95 %.

Wichtig ist absolute Bettruhe. Durch Tropfinfusionen kann die Austrocknung des Körpers in der ersten Phase, wie auch die später auftretende Hyperglykämie und Hypoglykämie, gesteuert werden. Bei der Tropfinfusion ist darauf zu achten, daß nicht nur Kochsalz, sondern auch Kaliumchlorid in ausreichender Menge zugeführt wird. Auch der Kreislaufkollaps ist nur medikamentös zu behandeln. Vor dem Auftreten von Symptomen sind Aktivkohle und Magenspülungen angezeigt. Zeigen sich die ersten Symptome, so kann nur noch symptomatisch behandelt werden.

Dialyse bei Nierenversagen und Unterbrechung des enterohepatischen Kreislaufs durch Darmlavage oder Anlegen einer bilären Fistel sind anzuraten.

Des weiteren die Gabe von hohen Dosen Penicillin, Colestyramin, Rifampicin, Sulfonamide und Thioctansäure. Auf dem Markt ist das Fertigarzneimittel Legalon®, welches den Wirkstoff Silibinin enthält. Für Hunde wird eine Dosis von 50 mg/kg angegeben. Unterschiedlich ist die Beurteilung der Anwendung von hohen Vitamingaben, insbesondere Vitamin C und B-Komplex.

Chemie: Wie erwähnt, sind es im wesentlichen zwei Substanzen, die die Vergiftung erzeugen, das Amanitin und das Phalloidin. Beides sind kompliziert gebaute Cyclopeptide, die bei Berührung mit der Haut Allergien, Entzündungen und Nekrosen hervorrufen. Interessant ist, daß für die Giftwirkung die Schwefelbrücke im Zentrum des Moleküls wichtig ist. Spaltet man dieses Atom durch eine einfache chemische Reaktion heraus, so kommt man zu einem völlig ungefährlichen Produkt, dem seco-Perhydro-desthio-amanitin bzw. dem Desthiophalloidin.

$$H_3C-\underset{\underset{CO}{\underset{|}{NH}}}{\overset{H}{\underset{|}{C}}}-CO-NH-\underset{\underset{}{\underset{|}{H_2C}}}{CH}-CO-NH-\underset{\underset{CO}{\underset{|}{}}}{\overset{H}{\underset{|}{C}}}-CH_2-\underset{\underset{OH}{\underset{|}{}}}{\overset{H_2CR_1}{\underset{|}{C}}}-CH_2R_2$$

(a) Phalloidin.
(b) Phalloin.
(c) Phallacidin.
(d) Phallisin.

a: R_1 = OH, R_2 = H, R_3 = CH_3, R_4 = CH_3
b: H   H CH_3 CH_3
c: OH   H $CH(CH_3)_2$ CO_2H
d: OH   OH CH_3 CH_3

Amanitine hemmen die RNA-Polymerase II im Zellkern und unterbinden somit die Proteinbiosynthese auf der Stufe der Elongation. Besonders betroffen werden dabei Niere und Leber, da hier die Proteinbiosynthese besonders intensiv abläuft. Zu bedenken ist, daß das Amanitin aufgrund des Aufnahmemechanismus in die Leberzellen im enterohepatischen Kreislauf zirkuliert. Amanitine werden hauptsächlich über die Nieren ausgeschieden. *Phallotoxine* hingegen sind bizyklische Heptapeptide. Da sie bei peroraler Zufuhr kaum resorbiert werden, spielen sie nur experimentell eine Rolle. Das bekannteste Toxin dieser Gruppe ist das Phalloidin. Wenn es in den Blutkreislauf gelangt, wird es ausschließlich von Hepatozyten aufgenommen. Es schädigt diese, indem es an F-Actin bindet, dadurch die Zellmembran verändert und somit einen Ionenverlust herbeiführt. Im Gegensatz zum langsam wirkenden Amanitin kann Phalloidin parenteral innerhalb von 1–4 Stunden töten. *A. virosa* enthält noch zusätzlich *Virotoxine*. Hierbei handelt es sich um monozyklische Peptide mit allerdings dem gleichen Wirkungsmechanismus wie die Phallotoxine. Weiterhin enthalten sind hitzelabile *Phallolysine*, sie wirken nur bei parenteraler Aufnahme zytolytisch und hämolytisch, spielen somit für die orale Pilzvergiftung keine Rolle.

α–Amanitin, R_1 = OH, R_2 = NH_2
β–Amanitin, R_1 = OH, R_2 = OH
γ–Amanitin, R_1 = H, R_2 = NH_2

Cortinariinae, Schleierblättler

Inocybe lateraria, Ziegelroter Rißpilz
Inocybe geophylla, Seidenrißpilz
Inocybe fastigiata, Geschweifter Rißpilz

Beschreibung: Die drei Rißpilzarten gehören zur Gattung Inocybe (Ordnung: *Agaricales*, Klasse: *Basidiomyceten*). Bei ihnen handelt es sich um kleine bis mittelgroße Pilze. Der Hut ist gebuckelt, radialfaserig und häufig eingerissen. Beim Ziegelroten Rißpilz ist der Hut weiß mit bis zu 7 cm Durchmesser, die Lamellen sind blaßoliv, die Sporen olivbraun. An Druck- und Rißstellen läuft der Pilz streifen- oder fleckenförmig rot an. Er besitzt einen aromatischen, obst-artigen Geruch. Der Seidenrißpilz ist im Aussehen sehr ähnlich, der Hut ist meist glänzend weiß, gelegentlich auch violett oder gelblich. Die Lamellen sind beim jungen Pilz gräulich-weiß, beim älteren olivbraun. Das Fleisch riecht unangenehm amin-artig („Inocybe-Geruch"). Beim Geschweiften Rißpilz ist der Hut gelb, braun oder ockerfarben. Der Stiel ist in jungem Zustand weiß und wird mit zunehmendem Alter dunkler, bis er einen Braunton erreicht. Die Lamellen sind grünoliv. Auch hier besitzt das Fleisch den typischen unangenehmen Inocybe-Geruch.

Pilze und Algen

Vergiftung: Die Vergiftung kann bei allen drei Pilzen auf Muscarin zurückgeführt werden. Die Symptome machen sich etwa 15 Min. nach Aufnahme der Pilze bemerkbar. Neben einem Wärmegefühl treten zunächst Kopfschmerzen, Schwindel und Übelkeit (meist ohne Erbrechen) auf. Es kommt dann zu Schweißausbrüchen mit Kältegefühl und Sehstörungen. Typisch für die Muscarin-Vergiftungen sind auch heftige Durchfälle, Blasenentleerung und erhöhte Aktivität der innersekretorischen Drüsen. In ernsteren Fällen tritt Bradykardie mit Herzfrequenzen bis zu 30 sowie Blutdruckabfall auf. Auch Atemstörungen werden beobachtet. Die kritische Zeit ist etwa 8-9 Stunden nach Aufnahme des Giftes, danach tritt Erholung innerhalb etwa 24 Stunden ein.

Zur Behandlung empfiehlt sich auch hier möglichst rasche Entleerung des Magen-Darmkanals, um die Aufnahme des Giftes gering zu halten. Ansonsten kann auch hier nur symptomatisch behandelt werden; Injektionen von Atropin (0,5-1 mg s.c. oder 0,25 mg i.v.) werden – besonders in ernsten Fällen – empfohlen. Die Letalität beträgt nach einer älteren Statistik rund 5 %.

Chemie: Das für die Vergiftung verantwortliche Muscarin wurde bereits bei *Amanita muscaria* erwähnt. Es kommt allerdings bei den Inocybe-Arten in wesentlich höherer Konzentration vor.

Tricholomaceae, Ritterpilze

Clitocybe rivulosa, Rinnigbereifter Trichterling
Clitocybe dealbata, Feldtrichterling

Bei den Trichterlingen handelt es sich um mittelgroße, elfenbeinfarbene Pilze mit im Alter trichterförmig eingesenktem Hut. Typisch sind auch am Stiel herunterlaufende Lamellen.

Vergiftung und *Chemie* sind identisch mit *Inocybe*.

Bemerkenswert ist, daß diese Gattung einen für Hunde attraktiven Duftstoff enthält, so daß es hier durchaus zu Vergiftungen kommen kann. Die Symptomatik ist die gleiche wie beim Menschen.

Russulaceae, Sprödblättler

Russula emetica, Speitäubling

Klassifizierung: Ordnung: *Agaricales* (Blätterpilze); Familie: *Russulaceae* (Sprödblättler); Gattung: *Russula*. Der Speitäubling kommt vorzugsweise in Laubwäldern und auf moorigen Böden Nordwestdeutschlands vor, wo er von Juli bis Oktober zu finden ist. Er ist auch aus anderen Erdteilen bekannt (Nordamerika, Südostasien und Australien). Der Stiel ist weiß und keulenförmig, mit welliger Oberfläche. Der Hut ist leuchtend rot, bei jungen Pilzen kugelig, bei älteren ausgebreitet. Die rote Farbe blaßt im Laufe der Zeit aus. Charakteristisch ist, daß man die klebrige Huthaut leicht vom Rande her abziehen kann.

Vergiftung: Vergiftungen treten häufig durch Verwechslung mit eßbaren Russula-Arten auf. In manchen Pilzbüchern wird angegeben, daß der Speitäubling eßbar sei, wenn das Kochwasser weggeschüttet wird. Da trotz alledem immer wieder Vergiftungen auftreten, kann diese Angabe nicht richtig sein. Von dem eßbaren Speisetäubling (*Russula vesca*) ist der Speitäubling leicht zu unterscheiden, weil er auf der Zunge ein heftiges Brennen erzeugt, während der Speisetäubling einen milden Geschmack besitzt. Die Vergiftungssymptome sind Schwäche, Übelkeit, kalter Schweiß, heftiges Erbrechen (Name!) und Durchfall. In schweren Fällen treten Bewußtlosigkeit, Vergrößerung und Druckempfindlichkeit der Leber sowie Gelbsucht ein. Die Körpertemperatur steigt, die Herzfrequenz ist erhöht. Im Harn finden sich Eiweiß und freie Aminosäuren (Tyrosin, Leucin) sowie Milchsäure. Der Tod tritt nach mehreren Tagen ein. Als Obduktionsbefunde fallen vor allem Leberverfettung, Blutungen und Nierenschädigungen auf. Da neben *Russula emetica* noch viele andere Täubling-Arten giftig sind und leicht eine Verwechslung mit den wenigen eßbaren Arten möglich ist, sollte man diese Pilze am besten völlig meiden. Eine Behandlung der Vergiftung ist nur symptomatisch möglich, wobei völlige Bettruhe, Tropfinfusion mit Glukose, Insulin, Natriumchlorid und Kaliumchlorid empfohlen werden. Zur Stützung des Kreislaufs werden Cardiazol, Coramin und Coffein in hohen Dosen angegeben. Nach überstandener Vergiftung dauert es längere Zeit, bis sich der Patient völlig erholt hat.

Chemie: Für die Vergiftung wird eine Substanz verantwortlich gemacht, die die Leberzellen schädigt und die möglicherweise identisch ist mit der Substanz, die das starke Brennen auf der Zunge verursacht. Ihre Struktur ist nicht bekannt.

Lactarius torminosus, Birkenreizker

Klassifizierung: Ordnung: Agaricales (Blätterpilze); Familie: Russulaceae (Sprödblättler); Gattung: Lactarius (Reizker, Milchling). Wie der Name sagt, kommt der Pilz mit Birken vergesellschaftet vor; in reinen birkenfreien Laub- oder Mischwäldern wird er nie gefunden. Er tritt von September bis Oktober auf. Der Hut ist beim jungen Pilz zunächst gewölbt und wird später trichterförmig, wobei er einen Durchmesser von bis zu 10 cm erreichen kann; die Farbe ist blaß- oder bräunlichrot, seltener gelb oder weiß. Die Lamellen sind weiß, der Stiel farbig wie der Hut. Der Stiel ist kurz, zylindrisch und innen hohl. Charakteristisch ist (worauf der lateinische Name *Lactarius* hinweist) der weiße Milchsaft, der beim Verletzen des Fleisches austritt und der brennend scharf schmeckt.

Vergiftung: Da der Pilz äußerlich dem Echten Reizker (eßbar) sehr ähnlich ist, kommt es häufig zu Verwechslungen. Wie bei anderen Pilzen, so wird auch hier angegeben, daß der Pilz nach längerem Kochen und Verwerfen des Kochwassers eßbar sei. Offenbar ist die Zubereitung doch nicht ganz unproblematisch. Die Symptome, Durst, Kopf- und Leibschmerzen sowie Übelkeit, die in heftige Brechdurchfälle übergehen, treten nach 4–5 Stunden auf. Die Leber ist vergrößert und druckempfindlich. Der Blutdruck steigt zunächst und fällt dann ab, dementsprechend verändert sich auch die Herzfrequenz. In den ernsten Fällen, die tödlich enden, kommt es zu Delirium, Krämpfen und Kreislaufzusammenbruch. Die Obduktion ergibt Verfettung von Leber, Herzmuskel und Nierenrinde sowie Hämorrhagien im Magen-Darm-Kanal. Die Behandlung geschieht wie bei *Russula emetica* beschrieben.

Chemie: Sie ist unbekannt. Dagegen ist der scharf schmeckende Stoff des ebenfalls sehr giftigen *Lactarius vellereus* untersucht und in seiner Struktur aufgeklärt worden. Es handelt sich um zwei nahe verwandte Substanzen, Velleral und iso-Velleral, die sich biogenetisch von dem Sesquiterpen Farnesol ableiten lassen.

iso—Velleral

Boletaceae, Röhrlinge

Boletus satanas, Satanspilz

Botanik: Der Satanspilz gehört zur Familie der *Boletaceae* (Röhrlinge), Gattung: *Boletus*. Er kommt vorzugsweise in Laubwäldern auf kalkhaltigen Böden vor. Der bis zu 30 cm breit werdende Hut ist weiß, graulila oder blaßgrün und dick. Die Röhren sind grüngelb, der Stengel blutrosa und knollig-rundlich. Das Fleisch ist blaß und wird an der Luft blau. Der widerliche, aasartige Geruch hindert den Verzehr.

Vergiftung: Auch hier handelt es sich in erster Linie um eine Muscarin-Vergiftung, wenngleich in der Literatur auf weitere, nicht näher charakterisierte Gifte hingewiesen wird.

Helvellaceae, Lorchelpilze

Helvella esculenta, Speiselorchel

Neuere Bezeichnungen: **Gyromitra esculenta, Gyromitra vernalis**

Klassifizierung: Klasse: *Ascomycetes*; Ordnung: *Discales*; Familie: *Helvellaceae*; Gattung: *Helvella*. Der 3–6 cm lange und 1–3 cm dicke Stiel ist ungleichmäßig, in jungem Zustand ausgefüllt, später hohl und von grauer, weißer oder rötlicher Färbung. Der Hut ist braun und lappig gefaltet und besitzt einen Durchmesser von maximal 10 cm. Das Fleisch riecht angenehm. Man findet die Lorcheln auf Sandböden, in Kiefernwäldern. Von den meisten anderen Pilzen unterscheidet ihn sein frühes Auftreten von März bis Mai.

Vergiftung: Es mag auf den ersten Blick erstaunen, daß sich unter den Giftpilzen eine Art befindet, deren Name die Eßbarkeit betont. Wir haben es hier mit einem jener Fälle zu tun, bei denen die Sorgfalt der Zubereitung über den Ausgang des Genusses entscheidet. Eßbar sind die getrockneten Pilze, und angeblich genügt auch das Verwerfen des Kochwassers von frischen Pilzen, um eine Vergiftung zu vermeiden. In letzterem Fall ist jedoch Vorsicht geboten, da es nach der Literatur auch bei angeblich sachgerecht zubereiteten Pilzgerichten zu Vergiftungen kam. In Deutschland ist er als Markt- und Konservenpilz daher nicht mehr zugelassen; in anderen europäischen Ländern, insbesondere in Finnland wird er jedoch in großen Mengen gesammelt und angeboten; er gilt dort als Delikatesse und wird auch zur Verfeinerung und zum Würzen von Speisen verwendet. Das Gift verflüchtigt sich beim Trocknen bzw. beim Kochen; das Einatmen der Kochdämpfe bewirkt Hustenreiz, Erbrechen und Keratitis. Die letale Dosis ist stark speziesabhängig. Während für Ratten 320 mg/kg Körpergewicht und für Hühner ca. 400 mg/kg angegeben werden, liegen die entsprechenden Werte für den Menschen bei 50 mg/kg; für den Hund noch darunter. Bei der Autopsie findet man eine fettige Degeneration von Leber, Nieren und Myokard. Die ersten Symptome treten frühestens nach zwei Stunden, meist erst nach 7–8 Stunden und in manchen Fällen auch erst nach 24 Stunden, also mit erheblicher Verzögerung ein. Zu diesem Zeitpunkt ist praktisch die gesamte Giftmenge resorbiert, so daß Magenspülungen oder Darmentleerungen völlig zwecklos sind. Die Vergiftung beginnt mit Müdigkeit, Durst, Kopf- und Leibschmerzen. Übelkeit und Erbrechen, ebenso Durchfälle, können zwei Tage anhalten. Die Körpertemperatur steigt in dieser Zeit auf Werte über 39 °C. Am dritten Tag tritt Gelbsucht auf, wobei die Leber stark vergrößert und druckempfindlich ist. Allgemeine Schwäche, Schwindel, Angstgefühl gehen dem *Coma hepaticum* voraus, ebenso wie schwere zentrale Störungen, die sich in Schreikrämpfen äußern. Kreislaufkollaps und Atemstörungen sind die Todesursache am dritten oder vierten Tag. Weitere mögliche Symptome sind Vergrößerung der Milz und das Auftreten hoher Eiweißwerte im Harn. Das Serumbilirubin liegt als Folge der Leberschädigung oberhalb 3 mg%. Die Prognose der Vergiftung ist schlecht; die Letalität liegt zwischen 10 und 50%. Da eine Behandlung praktisch unmöglich ist, hilft nur die Prophylaxe, diesen Pilz trotz seines Namens, der irreführend ist, zu meiden. Es ist allenfalls eine Leberschutztherapie (Vitamin-B-Komplex) möglich.

Chemie: Die seit 1885 in der Literatur immer wieder erwähnte Helvellasäure gibt es nicht. Neuere Untersuchungen haben gezeigt, daß für die Giftwirkung eine vergleichsweise einfach gebaute Verbindung, das N-Methyl-N-formylacetaldehydhydrazon, verantwortlich ist, das nach dem neueren Namen des Pilzes, *Gyromitra esculenta* oder *G. vernalis*, Gyromitrin genannt wurde.

$$CH_3-CH=N-N{\overset{\displaystyle CH_3}{\underset{\displaystyle CHO}{}}}$$

Hydrazinderivate wirken hemmend auf die pyridoxalabhängige Enzymsynthese, in deren Folge die Synthese von GABA und der Abbau von biogenen Aminen gehemmt wird. Hydrazinderivate vermögen darüber hinaus Nukleinsäuren zu alkylieren; das Gyromitrin ist somit als potentiell kanzerogen und teratogen einzustufen.

Stophariaceae, Schuppenpilze

Psilocybe spp., Kahlkopf

Beschreibung: Berühmt geworden ist diese Pilzgattung durch die Azteken Mittelamerikas, die Zubereitungen dieser Pilze als Rauschdroge für religiöse Zwecke nutzten. Hier war der Pilz unter dem Namen Teonanacatl („Fleisch der Götter") bekannt.
Pilze dieser Gattung kommen weltweit vor. In Mitteleuropa sind davon bekannt: Der Spitzkegelige Kahlkopf (*Psilocybe semilanceata*), auch als „magic mushroom" und „liberty cap" bekannt, der Blaufleckende Kahlkopf (*P. cyanescens*) und der Gezonte Düngerling (*Panaeolus subbalteatus*). Weiterhin ist der gleiche Inhaltsstoff in *Inocybe aeruginascens*, welcher ebenfalls in Mitteleuropa wächst, nachgewiesen worden.
Der Spitzkegelige Kahlkopf (*Psilocybe semilanceata*) wächst auf Weiden und Waldwiesen. Der Hut ist ca. 1,5–2 cm hoch und 0,5–1 cm breit; er ist zugespitzt kegelförmig, braungelb bis olivgelb und schleimig. Die Lamellen sind olivgrau und werden später schwärzlichbraun. Der hellbraune dünne Stiel ist sehr lang und kann auch gebogen sein.
Kennzeichnend ist, daß sich diese Pilze bei Druck und Verletzung blau verfärben. Verwechslungen mit eßbaren Pilzen

sind selten, jedoch werden sie von Drogenkonsumenten als Rauschmittel wegen ihrer LSD-ähnlichen Wirkung verwendet.

Vergiftung: Beim Menschen zeigen sich 15–30 Minuten nach Einnahme Mydriasis, Schwindel, Übelkeit und Parästhesien. Danach werden Halluzinationen mit intensiver Farbwahrnehmung, Veränderung von Raum und Zeit mit Euphorie und Dysphorie wahrgenommen. Bei Abklingen der Wirkung können sich Kopfschmerzen, Panikattacken und Depressionen einstellen. Todesfälle durch die reine Giftwirkung treten in der Regel nicht auf. Die Erscheinungen halten 4–6 Stunden an.

Bei Hunden werden Symptome beschrieben, die mitunter drei Tage andauern. Darunter sind gesteigerte Aggressivität, Ataxie, Nystagmus, Speicheln, Hyperthermie (42,2 °C) und Schreien.

Bei Pferden ist bekannt, daß sie mit Exzitationen, Muskelzittern, Fieber, Tenesmus, Zähneknirschen, Tachykardie, Herzgeräuschen, Mydriasis und Festliegen reagieren können.

Chlorpromazin und Diazepam sollten bei Panikreaktionen und starker Unruhe gegeben werden. Meist ist eine Behandlung jedoch nicht notwendig. Die Vergiftung kann über den Nachweis im Urin diagnostiziert werden.

Chemie: Pilze dieser Gattung enthalten die Indolderivate *Psilocybin* und *Psilocin*.

Psilocybin

Psilocin

Psilocybin ist eine sehr stabile Substanz, die auch noch im getrockneten Material vorhanden ist. Es hat sich herausgestellt, daß Psilocybin in vivo zu Psilocin hydrolisiert wird. Da Psilocin lipophiler ist, nimmt man an, daß es eine größere ZNS-Aktivität besitzt. Psilocybin wird durch die alkalische Phosphatase gespalten.

Beide Substanzen wirken wie die Lysergsäureamide (LSD) auf Serotonin-Rezeptoren im Mittelhirn: Strukturell besteht eine große Ähnlichkeit zu Serotonin. Sie ahmen in niedrigen Dosen das Serotonin nach, in höheren Dosen wirken sie hemmend. Psilocybin hat allerdings eine viel geringere Wirkungsdauer und eine viel schwächere Wirkung als LSD.

Mykotoxikosen

Als Mykotoxikosen bezeichnet man Vergiftungen, akuter wie chronischer Art, die durch niedere Pilze, meist Schimmelpilze, hervorgerufen werden. Eine Übersicht über die Arten und ihre pharmakologische Wirksamkeit gibt die Tabelle 1. Streng genommen gehören diese niederen Pilze nicht zu den Giftpflanzen; da sie jedoch auf Pflanzen leben und in den letzten Jahrzehnten in zunehmendem Maße für Vergiftungen beim Menschen wie auch beim Tier verantwortlich zu machen sind, sollen sie der Vollständigkeit halber hier in einem eigenen Abschnitt behandelt werden.

Eines der bekanntesten Beispiele ist der Mutterkornpilz, *Claviceps purpurea*, der vor allem im Mittelalter die als St.-Antonius-Feuer bekannte Krankheit erzeugte, und dem wir dadurch eines der großartigsten Werke mittelalterlicher Malerei, den Isenheimer Altar, verdanken; auf ihm ist die Krankheit und ihre damalige Behandlung dargestellt. Bestimmt war der Altar für das Antoniter-Kloster in Isenheim/Elsaß, da sich der Antoniter-Orden besonders der Pflege dieser Kranken angenommen hat. Allein daraus erhellt schon der Umfang, den diese Krankheit damals hatte. Inzwischen ist durch moderne Saatschutzmittel der Befall durch Mutterkorn relativ selten geworden; immerhin war die letzte Epidemie in Europa erst 1952 in der Provence.

Weitere Mykotoxikosen, die Schlagzeilen machten, sind die *Aflatoxikosen*, verursacht durch *Aspergillus flavus*, bei der Anfang der 60er Jahre in England mehr als 10.000 Puten- und Entenküken infolge Verfütterung von Kraftfutter, das aus pilzbefallenen Erdnüssen hergestellt war, starben. Zu nennen ist auch die Stachybotryo-Toxikose; Verursacher: *Stachybotrys alternatus*. In der Ukraine starben daran Anfang der 30er Jahre Tausende von Pferden. Doch sind nicht nur Tiere die Opfer solcher Mykotoxikosen, auch beim Menschen führen sie in bestimmten Gegenden in hohen Prozentsätzen zu Krankheit und Tod. Hierauf wird bei den einzelnen Toxinen näher eingegangen.

Befall durch die infragekommenden Pilze ist praktisch überall und jederzeit möglich. Erforderlich sind Feuchtigkeitsgrade von 15–95% und Temperaturen zwischen –7 °C und 35 °C. Hat erst einmal eine Infektion stattgefunden und der Pilz sein Mycel ausgebildet, so sorgt er auch für sein dem Wachstum optimales Mikroklima. Meist sind die aufgenommenen Mengen an Toxin sehr gering, und so überwiegen die chronischen Vergiftungen, während akute Intoxikationen relativ selten sind.

Dies erschwert den statistischen Nachweis von Todesursachen und Todesraten, doch haben sich in den vergangenen 30 Jahren so viele Arbeitsgruppen mit diesem Problem beschäftigt, daß dennoch zuverlässige Daten existieren.

Tabelle 1

Toxin	Pilz	Vorkommen	Wirkung
Mutterkorn-Alkaloide	Claviceps pupurea	Getreide	Neurotoxin
Aflatoxin	Aspergillus flavus Aspergillus parasiticus	Mais Erdnüsse Baumwollsamen Roggen Gerste	Hepatotoxin Carcinogen Mutagen Embryotoxin Teratogen
Citreoviridin Ochratoxin	Penicillium citreoviride Aspergillus ochracaeus Penicillium viridicatum Penicillium cyclopium	Fleisch Weizen Hafer Reis	Neurotoxin Nephrotoxin Embryotoxin Teratogen
Citrinin	Penicillium citrinum Penicillium viridicatum	Weizen Gerste Erdnüsse	Nephrotoxin Mutagen Embryotoxin
Sterigmatocystin	Aspergillus versicolor Aspergillus flavus Aspergillus nidulans Aspergillus ruber Aspergillus luteum	Weizen Reis Erdnüsse	Hepatotoxin Carcinogen Mutagen
Zearalenon	Fusarium roseum Fusarium moniliforme Fusarium nivale Fusarium oxysporum	Mais Weizen Sorghum	Genitotoxin Östrogen Embryotoxin

Da für die Krankheitsbilder die Toxine verantwortlich sind, andererseits das gleiche Toxin von mehreren Pilzen gebildet wird, soll die Besprechung der Vergiftungen hier einem anderen Schema folgen als im ersten Teil des Buches: Die Gliederung erfolgt nach den einzelnen Toxinen bzw. Krankheiten.

Claviceps purpurea, Mutterkorn

Bei den Giftstoffen des Mutterkorns handelt es sich um Alkaloide, die der Schlauchpilz *Claviceps purpurea* auf den Getreidekörnern erzeugt. Vor Einführung von entsprechenden Pflanzenschutzmitteln ist es in früheren Zeiten nach feuchten Sommern häufig zu Massenvergiftungen beim Menschen gekommen. Heute ist diese Vergiftungsgefahr praktisch beseitigt. In Deutschland ereignete sich die letzte Massenvergiftung in den 80er Jahren des letzten Jahrhunderts im Kreis Frankenberg in Nordhessen, und in Rußland sind noch 1926/27 11.000 Fälle aufgetreten.

Allerdings stellt das sog. „Öko-Getreide" in zunehmendem Maße wieder eine Gefährdung dar; so ist es in Südfrankreich auch schon wieder zu Todesfällen gekommen.

Für den Tierarzt ist es wichtig zu wissen, daß nicht nur Roggen von diesem Pilz befallen wird, sondern daß auch Wildgräser infiziert sein können.

Die Vergiftungen lassen sich nach ihren Symptomen in zwei Krankheitsformen unterteilen: Den *Ergotismus gangränosus* und den *Ergotismus convulsivus*. Der *E. gangränosus* beginnt mit Kribbeln, Pelzigkeit und Taubheit in den Fingern und Zehen, in die Hände und Füße fortschreitend. Im weiteren Verlauf treten Blasenbildung und Gangräne mit Abfallen der brandigen Körperteile auf. Die damit verbundenen, heftig brennenden Schmerzen führten im Mittelalter zu der Bezeichnung *Sankt-Antonius-Feuer*. Beim *E. convulsivus* werden die anfänglichen Parästhesien ebenfalls beobachtet, daneben treten aber auch allgemeine Beschwerden auf, wie Kopfschmerzen, Übelkeit, Schwindel, Durst und Hunger. In einem späteren Stadium stellen sich dann auch psychotische Zustände, bisweilen auch Krämpfe, ein, die im Mittelalter vielfach wohl der Anlaß dazu waren, Männer und Frauen als „Hexen" oder „Besessene" zu bezeichnen. Verblödung, Verkrüppelung, Rückenmarksdegeneration und Tod charakterisieren den weiteren Verlauf der Krankheit.

Chemisch handelt es sich bei den Mutterkornalkaloiden um Abkömmlinge der Lysergsäure. Medizinisch haben sie lange Zeit eine wichtige Rolle in der Geburtshilfe und als Sympatholytika gespielt.

Im gynäkologischen Bereich findet sich auch die Symptomatik bei Tieren: Schwein: Bei einer Konzentration, die höher als 1% im Futter ist, muß man bei Schweinen mit MMA-

Ergotamin : R = H, R' = CH$_2$Ph
Ergocristin : R = CH$_3$, R' = CH$_2$Ph
Ergosin   : R = H, R' = CH$_2$–CH(CH$_3$)$_2$
Ergokryptin : R = CH$_3$, R' = CH$_2$–CH(CH$_3$)$_2$
Ergocornin : R = CH$_3$, R' = CH(CH$_3$)$_2$

Komplex und unzureichender Gewichtszunahme rechnen. Nach Fütterung im ersten Drittel der Trächtigkeit kommt es zu einer reduzierten Wurfstärke, nach Fütterung im letzten Drittel zu fehlender Gesäugeentwicklung, verkürzter Trächtigkeit und zur Geburt lebensschwacher Ferkel.

Rind: Bei Rindern können Nekrosen von Ohren, Klauen, Zitzen, Euterviertel und Schwanzspitze auftreten. Unter der Geburt kommt es zu sehr starken Wehen, die einen Uterusvorfall provozieren können. Häufig abortieren die betroffenen Tiere.

Geflügel: Hier ist das Auftreten von Nekrosen typisch. Diese können an den Kämmen, Kehllappen, Krallen und Zungenspitzen auftreten. Außerdem fällt eine geringe Gewichtszunahme, eine schlechte Befiederung und Ataxie auf.

Pferd: Auch beim Pferd sind Symptome wie Anöstrus, fehlende Euteranbildung, Agalaktie, Abort oder verlängerte Gravidität, verdickte Eihäute, Dystokie, zu geringe Wehenstärke und Zervixdilatation unter der Geburt, Uterusruptur und embryonaler Tod möglich.

Bei den Fohlen löst die Intoxikation Schwäche, Unfähigkeit zu Stehen, fehlenden Saugreflex und leichten Ikterus aus.

Aflatoxikose

Aflatoxikose, Aspergillus flavus, Aflatoxin

Die Aflatoxine werden von dem grünlich-goldgelben Schimmelpilz *Aspergillus flavus* gebildet und wurden aus diesem zuerst isoliert. Später hat man gefunden, daß auch *A. parasiticus* und *A. oryzae* Aflatoxine produzieren können. Nach der

chemischen Struktur unterscheidet man Aflatoxine B und
Aflatoxine G (vgl. Tabelle 2). Die Toxine unterscheiden sich
trotz der geringen strukturellen Abweichungen in ihrer Toxizität; so sind die LD_{50}-Werte beim Entenküken:

Tabelle 2

B_1	18,2 µg	B_2	84,8 µg
G_1	39,2 µg	G_2	172,5 µg

Am häufigsten finden sich die Aflatoxine in Erdnüssen, Mais, Soja, Pistazien, Copra und Sonnenblumenkernen. Das Herkunftsland ist immer tropisch oder subtropisch. An Pflanzen aus gemäßigten Klimazonen wurden Aflatoxine bisher nie gefunden.

Aflatoxine wirken teratogen, mutagen und karzinogen; unter den Naturstoffen ist das Aflatoxin B1 das stärkste Leberkarzinogen. Angriffspunkt der Aflatoxine ist die DNA, an deren Guaninreste eine irreversible Bindung stattfindet.

In der Natur entsteht ausgerechnet das giftigste Aflatoxin in der größten Menge. Bei Kühen, Schafen und Ziegen werden die Aflatoxine im Körper in die Aflatoxine M umgewandelt und erscheinen in dieser Form in der Milch. Die wichtigste und unangenehmste Eigenschaft der Aflatoxine ist ihre *krebserregende Wirkung*. Pathologische Veränderungen der Leber, die zu primärem Leberkrebs führen, sind zunächst bei Tieren beobachtet worden. Inzwischen zeigen aber sichere statistische Daten, daß auch beim Menschen eine entsprechende karzinogene Wirkung vorliegt. So kommt unter den Bantu-Negern, bei denen der Konsum von Erdnüssen (die wohl meist als infiziert gelten dürfen) verbreitet ist, das Leberkarzinom auffallend häufig vor. Primärer Leberkrebs, verursacht durch Ernährungsgewohnheiten sind außerdem in Swaziland, Kenya, Mozambique und Uganda beobachtet worden. In Indien erkrankten einmal 397 Personen an einer Hepatitis nach dem Genuß von Aflatoxin-haltigem Mais, davon starben 106. Neben den Leberschäden muß in Betracht gezogen werden, daß Aflatoxine auch für andere Erkrankungen, wie z.B. Reye's Syndrom, verantwortlich sind.

Geflügel: Aflatoxine wirken bei Geflügel überwiegend hepatotoxisch, hämatotoxisch und hämangiotoxisch. Seltener beobachtet man eine nephro- und neurotoxische Wirkung.

Eine akute Intoxikation ist ab einer Konzentration von 5–10 ppm zu erwarten. Es treten dann Störungen der Hämatopoese, petechiale Blutungen, Anämie, vorzeitige Rückbildung des Thymus und die bei Säugetieren auftretenden Leberveränderungen in Erscheinung.

Die chronische Vergiftung bei Konzentrationen von weniger als 5 ppm geht mit geringer Gewichtszunahme, Abnahme der Legeleistung, erhöhter Blutungsneigung, Immunschwäche und fibrös-zirrhotischer Leberveränderung einher.

Unter den Haustieren ist das Geflügel, und hier wieder die Entenküken am empfindlichsten.

Rind: Rinder sind vergleichsweise unempfindlich, doch ist hier die Umwandlung der Aflatoxine in die M-Form und deren Ausscheidung über die Milch zu beachten, da Gefahren für die Milchkonsumenten auftreten können.

Die krankmachende Konzentration wird bei Rindern mit 100–300 ppb angegeben. Vor allem Jungtiere sind gefährdet. Die chronische Aflatoxikose äußert sich in verminderter Milch- und Mastleistung, stumpfem Fell, geminderter Freßlust und gelegentlicher Diarrhoe. Bei der akuten Intoxikation hingegen findet man Depression, Appetitlosigkeit und gelegentliches Fieber. Pathologisch-anatomisch erkennt man in der Leber Gallengangsproliferation, Glykogenverlust der Leberzellen, fettige Degeneration, fibroplastische Proliferation und perivaskuläre Ödeme.

Schwein: Akute Intoxikationserscheinungen zeigen sich beim Schwein ab einer Konzentration von 0,4 mg Aflatoxin B_1 pro kg Futtermittel, chronische Schäden schon ab 0,2 mg/kg. Bei Schweinen sind durch Aflatoxine Kümmern, Ikterus, Ataxie und plötzliche Todesfälle vorgekommen. Die Sektionsergebnisse entsprechen denen des Rindes.

Aflatoxin	R_1	R_2	R_3
G_1	H	H	H
G_2	H_2	H_2	H

Aflatoxin	R_1	R_2	R_3	R_4	R_5	R_6
B_1	H	H	H	=O	H	OCH_3
B_2	H_2	H_2	H	=O	H	OCH_3

B₁

M₁

Aspergillus flavus, Aspergillus versicolor, Sterigmatocystin
Aspergillus nidulans, Aspergillus ruber
Aspergillus luteum, Aspergillus rugulosus

Das Sterigmatocystin steht chemisch den Aflatoxinen nahe; auch der Mechanismus, nach dem das Toxin in den Stoffwechsel eingreift, ist der gleiche. Die Sterigmatocystine besitzen qualitativ die gleiche Wirkung wie die Aflatoxine, sind jedoch als Lebergifte weniger wirksam als diese. Zusätzlich sind Nierenschädigungen gefunden worden.

Sterigmatocystin

Citreoviridin

Herz-Beri-Beri

Penicillium citreoviride, Citreoviridin

Citreoviridin besitzt neurotoxische Aktivität, die sich durch Lähmungserscheinungen, Krämpfe, Atem- und Herzversagen manifestiert. Es beeinflußt den Energiestoffwechsel und hemmt die ATPase-Aktivität. Die in Ostasien bekannte „Cardiac beri-beri" stellt nach neueren Untersuchungen eine durch *P. citreoviride* verursache Mykotoxikose dar. Sie ist im übrigen charakterisiert durch periphere Gefäßerweiterung, biventrikulares Myokardversagen sowie die Retention von Natrium und Wasser, was zu Ödemen führt.

Fusariotoxikosen

Wie bereits der Plural in der Überschrift andeutet, handelt es sich hier um die Zusammenfassung von Krankheitsbildern, die durch *Fusarium spp.* hervorgerufen werden. Sie stellen weder ätiologisch noch klinisch ein einheitliches Krankheitsbild dar. Dies ist, wie wir heute wissen, bedingt durch sehr unterschiedliche Substanzen, die von den einzelnen Pilzarten erzeugt werden; insofern ist der Begriff „Fusario-Toxikose" eigentlich nur noch historisch erlaubt. Das Krankheitsbild richtet sich vielmehr nach dem jeweils verantwortlichen Toxin. Überdies hat sich herausgestellt, daß auch eine Reihe anderer Pilzgattungen an ähnlichen Symptomen beteiligt ist.

Fusarium moniliforme, Fumonisin B_1

Das von *Fusarium moniliforme* synthetisierte Toxin ist das Fumonisin B_1, welches die Sphingolipid-Biosynthese inhibiert.
Pferd: Dieser Schimmelpilz ist bei Pferden für die Leukoenzephalomalazie (moldy corn poisoning) verantwortlich. Ursache sind meist verschimmelte Maiskörner.
Es handelt sich um eine Erkrankung, die mit Nekrosen der weißen Substanz im Großhirn begleitet von Blutungen einhergeht. In einigen Fällen tritt die Vergiftung auch als Hepatopathie in Erscheinung. Symptome sieht man 3–4 Wochen nach regelmäßiger Toxinaufnahme. Die Pferde zeigen

zuerst Appetitminderung, allgemeine Körperschwäche und verstärkte Erregbarkeit, später dann Apathie, Lethargie, Ataxie, Schluckbeschwerden, Lähmung der Unterlippe und Blindheit. Plötzliche Todesfälle sind selten.

Schwein: Bei Schweinen verursacht Fumonisin B_1 ab einer Konzentration von > 100 ppm Lungenödeme (porcine pulmonary edema). Wie beim Pferd kann auch hier eine Leberschädigung aus der Vergiftung resultieren. Diese ist schon ab einer Toxinkonzentration von 23 ppm möglich.

Trichothecene

Trichothecene sind als sekundäre Stoffwechselprodukte von Pilzen weit verbreitet, was die verschiedenen Pilzgattungen angeht. So gibt es auch eine Reihe von *Fusarium spp.*, die diese Substanzen produzieren. Die Trichothecene sind außerordentlich giftig für sich teilende eukaryotische Zellen; sie hemmen die Proteinbiosynthese. Andere wiederum sind starke Enzymhemmer.

Sie wirken dermatotoxisch, neurotoxisch, hämorrhagisch, kardiotoxisch, entero- und gastrotoxisch, immunsupprimierend und teratogen.

Das bekannteste Toxin dieser Gruppe ist das Desoxynivalenol, auch als Vomitoxin bekannt.
An Symptomen können dabei auftreten:
Erbrechen, Diarrhoe, Anorexie, Hämorrhagien in der gastrointestinalen Schleimhaut, Hautnekrosen, Ödeme, Behinderung der Hämatopoese, ZNS-Störungen, Aborte und Totgeburten.

Bei *Rindern* zeigen sich Veränderungen an den Schleimhäuten des Verdauungstraktes. Hieraus resultiert eine verminderte Futteraufnahme und allgemeine Schwäche, aber auch blutige Diarrhoen werden beschrieben. Eine akute Vergiftung äußert sich nicht selten mit Schwäche, extremer Somnolenz, Abort, Rückgang der Milchleistung und kardiovaskulärem Schock. Das weiteren werden aufgrund der zytotoxischen Wirkung Veränderungen an Flotzmaul, Lippen, Zunge und Pharynx gesehen.

Schwein: Schweine reagieren auf die Trichothecen-Toxine mit Abwehrschwäche, Speicheln, Erbrechen, Diarrhoe (auch blutig), Anorexie und Hinterhandschwäche („hundesitzige Stellung"). Trächtige Tiere können abortieren.

Bei Ferkeln hat man Hautepithelisierungsdefekte und Nekrosen an Ohrspitze und Schwanz in den ersten Lebensstunden beobachtet. Bei Feten wurden darüber hinaus Hämorrhagien gesehen.

Da die Fusarientoxine die Bioverfügbarkeit von Vitaminen behindern, kann es zu Skelettdeformationen und Demineralisierungen kommen.

Pathologisch sieht man Blutstauung in den meningealen Gefäßen und der Mukosa von Jejunum und Ileum, des weiteren Kernuntergang in den Zellen des lymphatischen Gewebes.

Pferd: Beim Pferd äußert sich die Vergiftung neben Anorexie überwiegend in zentralnervösen Symptomen (veränderte Reflexe, Meningismus, Hyperästhesie usw.).

Geflügel: Beim Geflügel können durch Trichothecen-Toxine folgende Erscheinungen auftreten: hämorrhagisches Syndrom (Mangel an Vitamin K), Nekrosen von gastrointestinaler Schleimhaut und der Haut, ZNS-Ausfälle, dystrophische Organveränderungen und Muskelschäden, Störungen der Skelettentwicklung und eine vorzeitige Rückbildung der lymphatischen Organe.

Deg-Nala-Krankheit: Bei der Deg-Nala-Krankheit handelt es sich um eine Fusariotoxikose, die durch Parali (Reisstroh) in Vorderindien auftritt. Betroffen sind v.a. Rinder und Büffel. An Symptomen treten dabei Nekrosen an Schwanzspitze, Ohren und Zungenspitze auf. Des weiteren kommt es zu Ulzera an Fessel, Krone und Klauenspalt (ulzeröse Ungulitis) und an Flotzmaul und Nasenlöchern. Die Haut verdickt sich an den betroffenen Stellen, und es kann sogar zur Sequsterbildung kommen.

Die wichtigste, hierher gehörende Krankheit ist die *Stachybotryotoxikose*, die verursacht wird durch die Sekundärmetaboliten von *Stachybotrys alternatus*. An ihr erkranken vorzugsweise Pferde, und zwar durch die Aufnahme infizierter Nahrung; dazu zählt einmal natürlich das Heu, aber auch in unsachgemäß gelagertem Kraftfutter kann sich der Pilz ansiedeln. In der Regel tritt die chronische Form der Vergiftung auf, bei der sich drei Phasen unterscheiden lassen. Die erste Phase tritt 2 bis 3 Tage nach der Vergiftung auf und kann bis zu einem Monat dauern. Während dieser Zeit kommt es in der Mund- und Nasenregion zu Nekrosen und Einrissen der Haut mit Verkrustung. Die Schleimhäute sind gerötet, und am Kopf, insbesondere der Mundregion kommt es zu Ödembildung, die

als „Nilpferdkopf" bekannt ist. Die zweite Phase dauert etwa
5 bis 10 Tage und ist charakterisiert durch Störung der Blutbildung. Die Leukozytenzahl nimmt stark ab (1000–4000/mm^3);
Granulozyten werden kaum gefunden. Auch die Zahl der
Thrombozyten nimmt stark ab, was zu inneren Blutungen
führt. In der dritten Phase, die maximal sechs Tage dauert und
in der Regel tödlich endet, steigt die Körpertemperatur auf
40 °C–41,5 °C. Die Leukozytenzahl geht auf Werte bis 200
zurück, heftiger Durchfall und Herzschwäche mit schwachem
und raschem Puls treten auf. Vielfach kommen an dieser Stelle
noch Sekundärinfektionen hinzu, die aber für den tödlichen
Ausgang nicht entscheidend sind.

Bei der akuten Vergiftung, die durch Aufnahme großer
Mengen an Toxin entsteht, werden die beiden ersten Phasen
übersprungen. Die dritte Phase tritt innerhalb von 72 Stunden
ein und führt binnen kurzem zum Tod.

Beim Rind lassen sich die o.g. drei Phasen nicht abgrenzen. Die Vergiftung tritt vielmehr plötzlich und in schwerer
Form auf. Mattigkeit, Freßunlust, Durchfall (der Blutgerinnsel
enthält), Nasenausfluß (bisweilen blutig-eitrig) und starker
Speichelfluß sind typische Anzeichen. Hinzu kommt eine
langsame Erhöhung der Körpertemperatur bis auf 42 °C,
verbunden mit Schüttelfrost; es tritt Tachykardie auf. Der Tod
tritt innerhalb von 2–12 Tagen ein; eine Erholung wird kaum
beobachtet.

Trichothecene

Typ A	R1	R2	R3	R5
T-2-Toxin	OH	OAc	OAc	$(CH_3)_2CHCH_2OCO$
HT-2-Toxin	OH	OH	OAv	$(CH_3)_2CHCH_2OCO$
Diacetoxy-scirpenol	OH	OAc	OAc	H
Neosolaniol	OH	OAc	OAc	OH

Typ B	R1	R2	R3	R5
Nivalenol	OH	OH	OH	OH
Fusarenon-X	OH	OAc	OH	OH
Diacetyl-nivalenol	OH	OAc	OAc	OH
Tetraacetyl-nivalenol	OAc	OAc	OAc	OAc
Dehydronivalenol	OH	H	OH	OH
Dehydro-nivalenol-monoacetat	OAc	H	OH	OH
Trichothecin	H	CH$_3$CH=CHOCO	H	H
Trichothecolon	H	OH	H	H

Die Stachybotryotoxikose verursacht beim Ferkel Hautnekrosen, Krustenbildung am Planum nasolabiale und an der Unterlippe mit Verstopfung der Nasenlöcher. Die Überlebensrate ist relativ hoch: nur 10–30 % der Tiere sterben.

Auch Hühner können an Stachybotryotoxikose erkranken. Als Symptome werden im wesentlichen entzündlich-nekrotische Herde auf der Zunge beobachtet. Eine Verwechslung mit Geflügelpocken ist leicht möglich. Küken gehen innerhalb von ein bis zwei Wochen ein, ältere Hühner sind relativ resistent.

Stachybotryotoxikose tritt auch beim Menschen auf, und zwar nach Kontakt mit pilzverseuchtem Stroh. Die in der Literatur angegebenen Symptome waren Haut- und Schleimhautentzündungen und Fieber sowie im Blut eine deutliche Leukopenie.

Eine beim Menschen und auch bei Tieren beobachtete Krankheit, die als *Alimentäre toxische Aleukie* bezeichnet wird, ist ebenfalls auf ein Trichothecen, das T-2-Toxin, zurückzuführen, das von *Fusarium sporotrichoides, F. poae* und *Cladosporium ssp.* gebildet wird. Das klinische Bild zeigt eine Agranulozytose, Leukopenie, Septikämie und Anämie. Die Gerinnungsfähigkeit des Blutes ist herabgesetzt.

Ochratoxin

Aspergillus ochraceus, Penicillium viridicatum, Penicillium cyclopium

Ochratoxin ist ein nephrotoxisches Mykotoxin. Dabei sind drei Ochratoxine A, B und C zu unterscheiden, die qualitativ in der gleichen Richtung wirken. Ochratoxine beeinflussen die Funktion der Mitochondrien, die Proteinsynthese und die Peroxidation von Lipiden. Außerdem greifen sie in den Kohlenhydratstoffwechsel ein (hemmen besonders die Glukoneogenese in der Leber). Die Toxine wirken sekundär nephrotoxisch, hämatotoxisch, hämangiotoxisch, immunsuppressiv und in hohen Dosen hepato- und neurotoxisch. Die charakteristischen Symptome sind ein übersteigertes Durstgefühl, Glukosurie und eine Degeneration der Nierentubuli. Eingehende Untersuchungen wurden in Bezug auf die Wirkung von Ochratoxin A gemacht. Dabei zeigte es sich, daß es innerhalb der Zelle eine große Zahl von enzymatischen Reaktionen zu stören vermag. Von daher ist auch seine teratogene Wirkung zu verstehen.

An Symptomen zeigen sich bei Schwein und Rind Depression, verminderte Gewichts-Zunahme, Polydypsie, Polyurie, niedriges spezifisches Harngewicht und Dehydration. Pathologisch-anatomisch fallen eine Schwellung der Nieren mit grau-brauner Verfärbung und fibrinösen Einlagerungen auf. Histologisch findet sich eine tubuläre Degeneration mit beträchtlicher Proteineinlagerung, eine interstitielle Fibrose und Nekrosen des Epithels der proximalen Tubuli.

Ab einer Konzentration von 0,3 ppm sind beim Geflügel Schadwirkungen zu erwarten. Bei höheren Konzentrationen (2-4 ppm) sieht man Wachstumsdepression, Kachexie, Enteritis, Anämie, verminderte Legeleistung, dünnschalige Eier und eine erhöhte Mortalität bei Jungtieren (Blutungen, Rückbildung von Thymus und Bursa Fabricii). Die Niere weist ähnliche dystrophische Veränderungen wie bei den Säugetieren auf.

	R_1	R_2	R_3
Ochratoxin A	Cl	H	H
Ochratoxin B	H	H	H
Ochratoxin C	H	H	C_2H_5

Ochratoxin

Citrinin

Penicillium citrinum, Penicillium viridicatum

Aufgrund der vielen Angriffspunkte wirkt das Citrinin nephrotoxisch, hepatotoxisch, karzinogen, embryotoxisch und teratogen. Symptomatisch ist ein stark verdünnter Urin, der in reichlichen Mengen ausgeschieden wird, zugleich aber auch Glukosurie und Proteinurie. Dies deutet auf eine akute Tubularnekrose hin, deren Mechanismus allerdings nicht bekannt ist.

Im Veterinärbereich ist die Schweine-Nephropathie ein beträchtliches Problem. Für den Menschen wird angenommen, daß ein Zusammenwirken von Citrinin und Ochratoxin verantwortlich ist für die *„Balkan-Nephropathie"*. Dies ist eine Krankheit, die in einer begrenzten Region, dem Donaudelta, besonders bei Bauern auftritt; in manchen Gegenden sind bis zu 30 % der Bevölkerung davon betroffen. Das klinische Bild ist das einer Niereninsuffizienz, die schließlich zu einem chronischen Nierenversagen führt. Tubuläre Proteinurie ist eine der ersten Manifestationen, und hier wird insbesondere β_2-Mikroglobulin in deutlich erhöhten Mengen ausgeschieden. Da dieses leicht nachweisbar ist, hat man so einen zuverlässigen Test auf das Vorliegen dieser Krankheit. Häufig wird in einem späten Stadium ein Karzinom im Nierenbecken oder im oberen Ureter beobachtet. Die renalen Laesionen beginnen mit einer tubulären Atrophie und führen schließlich zu beidseitig geschrumpften, atrophischen Nieren. Diese Krankheit wurde im Hinblick auf ihre Ätiologie sehr eingehend untersucht; so hat man Spurenelemente, Bakterien, Viren und auch Ernährungsgewohnheiten in die Untersuchungen einbezogen, ohne jedoch fündig zu werden. Erst in jüngster Zeit konnten diese beiden Pilzgifte als die wahrscheinlichsten Verursacher aufgefunden werden. Die Balkan-Nephropathie besitzt eine große Ähnlichkeit mit der Schweine-Nephropathie; möglicherweise spielt dabei ein Synergismus zwischen Ochratoxin A und Citrinin eine wichtige Rolle.

Bei Rindern stellt Citrinin eine mögliche Ursache für das Juckreiz-Fieber-Hämorrhagiesyndrom dar.

Citrinin

Zearalenon, F–2–Toxin

Zearalenon

Fusarium roseum, Fusarium moniliforme
Fusarium. nivale, Fusarium. oxysporum, Fusarium graminearum

Die durch das Zearalenon verursachte Form der Fusariotoxikose unterscheidet sich deutlich von den durch Trichothecene verursachten Krankheitsbildern. Wegen der Symptome der Krankheit wird sie auch als „Östrogenismus" oder „Hyperöstrogenismus" bezeichnet. Obwohl das Zearalenon kein Steroid ist, besitzt es dennoch östrogene Eigenschaften. Bei weiblichen Tieren kommt es zu einem Vulvaödem, bei männlichen zur Hodenatrophie. Beim Menschen ist die Mitwirkung von Zearalenon bei der Entstehung von Tumoren der Gonaden nicht auszuschließen.

Das Schwein reagiert von allen Haustieren am empfindlichsten. Beim Schwein zeigt sich die Intoxikation ca. 5–7 Tage nach der ersten Aufnahme durch Schwellung und Entzündung der Vulva, Vergrößerung des Gesäuges, Vorfall von Vagina und Rektum und der Geburt mumifizierter Früchte. An den Ovarien sieht man Follikelatresie, vorzeitige Follikelreifung und großzystische Entartung. Da das Toxin in die Milch übergeht, erkennt man auch bei Saugferkeln die Erscheinungen des Hyperöstrogenismus.

Wird kontaminiertes Futter an tragende Säue verfüttert, so ist mit lebensschwachen Ferkeln von sehr unterschiedlichem Geburtsgewicht zu rechnen.

Bei Ebern hört das Hodenwachstum auf. Zitzen und Präputium schwellen an.

Für diese Erscheinungen reicht eine Zearalenon-Konzentration von 0,25 mg/kg Futter aus.

Geflügel ist relativ unempfindlich, Symptome treten nur bei höheren Konzentrationen auf (> 300 ppm). Beim Geflügel zeigen sich Schwellung der Kloake, Kloakenvorfälle und

Zunahme von Kamm- und Eileitergewicht. Gänse sollen mit verminderter Libido und Spermatogenese reagieren.

Rinder reagieren nicht so empfindlich auf dieses Toxin wie Schweine. Es werden aber dennoch bei Kalbinnen ein verlängerter Östrus und eine verminderte Konzeptionsrate beobachtet. Bei Milchkühen kann man Vaginitiden, verlängerte Brunst, Freßunlust und verminderte Milchleistung registrieren.

Penitrem

Penicillium crustosum

In der älteren Literatur werden eine Reihe von *Penicillium spp.* als Produzenten der Penitreme angegeben, wie *P. crustosum, P. verrucosum, P. cyclopium* und *P. palitans*. Durch eine Reklassifikation wurden jedoch alle dieser Spezies zu *Penicillium crustosum* p.A. zusammengefaßt.

Die Toxine aus diesen Arten bezeichnet man als Penitreme; sie wachsen nicht nur auf verschimmeltem Getreide und auf Silofutter, sondern auch auf verdorbenem Fleisch, Käse und Nüssen. Die Penitreme gehören zu den Tremorgenen, d.h. Substanzen, die in subletalen Dosen Tremor auslösen. Neben Zittern zeigen sich Übererregbarkeit, Stolpern, die Unfähigkeit aufzustehen, bei höheren Dosen Krämpfe und Tod. Im englischen Sprachraum werden befallene Großtiere als „staggers" bezeichnet.

	R^1	R^2	R^3	
A	Cl	OH	H	23a,24a-epoxide
B	H	H	H	23a,24a-epoxide
C	Cl	H	H	
D	H	H	H	
E	H	OH	H	23a,24a-epoxide
F	Cl	H	H	23a,24a-epoxide

Die Penitreme wirken hemmend auf den Glycinspiegel im Gehirn; sie wirken als Agonisten auf GABA-Rezeptoren.

Zur symptomatischen Therapie werden bei Schaf und Schwein Barbiturate empfohlen.

Algen

Cyanophyceae, Cyanobakterien, Blaualgen

Blaualgen (Cyanobakterien) werden zu den ältesten Organismen der Erde gerechnet. Sie sind zur Photosynthese befähigt, da sie Chlorophyll a und andere Farbstoffe enthalten. Ihre Farbe schwankt zwischen blau, blaugrün, olivgrün, gelblich, rötlich und violett. Wegen des Vorhandenseins von Gasvakuolen können sie an der Wasseroberfläche schwimmen. Zur Zeit sind etwa 2000 Blaualgen-Arten bekannt. Ihr Lebensraum erstreckt sich auf Süß- und Salzwasser; man findet sie aber auch an Felsen, Bäumen und in heißen Quellen.

Medizinisch interessant sind wegen ihres Toxingehaltes ca. 40 Blaualgen-Spezies. Am bekanntesten sind die Süßwasserarten *Anabaena flos-aquae, A. circinalis, Aphanizomenon flos-aquae, Microcystis aeruginosa, M. toxica, Nodularia spumigena, Oscillatoria agardhii* und *O. rubescens.* Jedoch nicht alle Stämme bilden die Toxine.

Vergiftungen wurden bis heute aus Kanada, den USA, Australien, Südafrika, Asien und einigen Ländern Europas (z.B. Großbritannien, Schottland, Norwegen, Schweiz, Deutschland und Ungarn) gemeldet.

Über die erste Vergiftung bei Haustieren wurde bereits 1878 berichtet.

Für Mensch und Tier gefährlich werden diese Algen erst bei Auftreten der sog. „Wasserblüte", d.h. unter bestimmten Umweltfaktoren (lange Hitzeperioden, Absinken des Wasserstandes, günstiger Wind und Strömung) kommt es zu einer starken Vermehrung dieser Algen. Meist konzentrieren sich die Algen dann in Ufernähe.

Nicht nur die Ingestion der Algen führt zu Vergiftungen, sondern auch das Schwimmen in einem kontaminierten Gewässer kann gefährlich werden. Bei Hunden wird vermutet, daß sie durch den eigenwilligen Geruch und Geschmack der Algen angezogen werden.

Inhaltsstoffe: Bei den Blaualgen hat man neben Lipopolysaccharid-Endotoxinen verschiedene Toxinarten gefunden, die bei Absterben der Algen ins Wasser abgegeben werden.
Man unterscheidet: Neurotoxine: Das *Anatoxin A*, auch VFDF = very fast death factor genannt, wird von *Anabaena spp.* und *Oscillatoria spp.* gebildet.

Es handelt sich um ein sekundäres Amin (2-Acetyl-9-azabicyclo(4,2,1)non-2-en), welches die neuromuskuläre Erregungsübertragung an den nicotinergen und muscarinergen Acetylcholinrezeptoren prä- und postsynaptisch hemmt.

Das gut untersuchte Anatoxin A(s) ist ein Guanidinmethylphosphatester. Es ist ca. 10mal toxischer als Anatoxin A und wirkt durch eine irreversible Acetylcholinesterase-Hemmung. Der Tod tritt bei beiden Toxinen durch Atemlähmung ein.

Hepatotoxin: *Microcystine* (FDF = fast death factor) werden von *Microcystis spp.* gebildet. Es handelt sich dabei um zyklische Peptide, die spezifisch die Leber schädigen und auch als Tumorpromotoren wirken. Der Tod wird durch hypovolämischen Schock, Leberversagen und Lungenembolie verursacht.

Die Gefährlichkeit von Microcystin macht der Vergleich mit anderen Toxinen deutlich:

Die LD_{50} für Mäuse liegt für Microcystin zwischen 30 und 600 µg/kg KM, für Curare und Strychnin bei 500 µg/kg KM und für Natriumzyanid bei 10 000 µg/kg KM.

Ein weiteres Hepatotoxin ist das *Nodularin,* das von *Nodularia spp.* gebildet wird. Es handelt sich dabei um ein zyklischen Pentapeptid.

Außerdem ist bei *Aphanizomenon flos-aquae* und *Anabaena circinalis* ein dem *PSP ähnliches Toxin* (paralytic shellfish poison) gefunden worden.

Die Gruppe der PSPs setzt sich aus den weniger giftigen C-Toxinen, den stärker giftigen Gonyautoxinen und dem stark giftigen Saxitoxin zusammen. Bemerkenswert ist, daß die C-Toxine durch enzymatische Umwandlung im Verdauungskanal in die gefährlicheren Gonyautoxine transferiert werden können. Der Wirkungsmechanismus von PSP beruht auf einer Blockierung der Natriumkanäle mit nachfolgender Störung der Erregungsübertragung. Der Tod tritt durch Atemlähmung ein.

Anatoxin A(s)

Cyanophyceae, Cyanobakterien, Blaualgen

Microcystin LR

Nodularin

PSPs

Toxin	R1	R2	R3	R4
C1	H	H	OSO_3^-	$CONHSO_3^-$
Gonyautoxin V	H	H	H	$CONHSO_3^-$
Saxitoxin	H	H	H	$CONH_2$

Für *Microcystis aeruginosa* gilt, daß bei Schafen ab einer Dosis von 990 mg getrockneter Algen/kg KM leichte Symptome und ab einer Dosis von 1040 mg/kg KM Todesfälle auftreten.

Für *Anabaena flos-aquae* NRC-44-1 liegt die orale minimale letale Dosis an lyophilisierten und getrockneten Blaualgen bei Ratten und Mäusen zwischen 1500 und 1800 mg/kg Körpermasse und bei Kälbern bei 420 mg/kg Körpermasse.

Vergiftung: Mensch: Beim Menschen wurden Hautreaktionen, Konjunktivitis, Rhinitis, Erbrechen, Diarrhoe, Halluzinationen, Thrombozytopenie, atypische Pneumonie und Hepatitis beschrieben.

Tier: Hepatotoxin (Microcystin, Nodularin):
Experimentelle Hepatotoxizität ist beschrieben worden bei Schweinen, Schafen, Mäusen, Ratten, Meerschweinchen, Kaninchen, Hühnern, Enten und Kälbern.

Bei Hunden zeigt sich Lethargie, Erbrechen, Diarrhoe, Anurie, erhöhte Blutungsneigung, Krämpfe und Tod.

Bezüglich der Laborwerte zeigt sich eine Erhöhung von Harnstoff, Kreatinin, ALT, alkalische Phosphatase und eine Verlängerung der Prothrombinzeit.

Bei Schafen und Rindern sieht man Appetitlosigkeit, Abnahme der Pansenmotilität bis hin zur Atonie, Diarrhoe, Kolik, Muskelzucken, Opisthotonus, Krämpfe, Blutgerinnungsstörungen, Ikterus, Festliegen, Ataxie, Tachykardie, Dyspnoe, Tod.

Im Serum werden ein Anstieg von AST, GLDH, γGT, LDH, Bilirubin und alkalischer Phosphatase registriert. Bei überlebenden Tieren kann sich eine Photodermatitis ausbilden.

Neurotoxin (Anatoxin A): Bei Hunden, Rindern und Schweinen zeigen sich Hypersalivation, Erbrechen, Diarrhoe, Zuckungen, Krämpfe, Bradykardie, Dyspnoe und perakute Todesfälle. Bei Geflügel wird außerdem Opisthotonus beobachtet.

Pathologie: Hepatotoxin (Microcystin): Bei Hunden, Schafen und Rindern beobachtet man Ikterus, Erguß in Bauch- und Brusthöhle, Leberstauung mit Koagulationsnekrosen, generalisierte Petechien, Hämorrhagien mit Blutung in Darm und Bauchhöhle. Auch Nierenparenchymdegenerationen, eine interstitielle Pneumonie und eine nekrotisierende Arteritis sind möglich.

Neurotoxin (Anatoxin A): Bei Hunden und Schweinen sieht man Zyanose, Hämorrhagien, Lungenstauung und Pleuraerguß

Anhang

Hauptangriffspunkte der Pflanzengifte

Magen-Darmtrakt
Aconitum napellus, Aethusa cynapium, Agrostemma githago, Allium cepa, Amanita spp., Amaryllidaceae, Andromeda polifolia, Anemone pulsatilla, Araceae, Aristolochia clematitis, Boletus satanas, Brassica nigra, Brunfelsia, Bryonia spp., Buxaceae, Cannabis, Chaerophyllum temulum, Chelidonium maius, Clitocybe, Colchicum autumnale, Conium maculatum, Convallaria majalis, Coronilla varia, Cycadales spp., Cyclamen, Daphne mezereum, Digitalis spp., Dracaena, Dryopteris filix-mas, Euphorbiaceae, Evonymus europaeus, Fagus silvaticus, Ficus, Fusarium spp., Gratiola officinalis, Gyromitra, Hedera spp., Helleborus niger, Hydrangea, Laburnum, Lactarius torminosus, Liliaceae, Lonicera xylosteum, Melampyrum spp., Mercurialis spp., Nerium oleander, Nicotiana tabacum, Oenanthe spp., Paris quadrifolia, Phaseolus vulgaris, Philodendron, Quercus spp., Ranunculus spp., Rhododendron + Azaleen, Ricinus communis, Rosaceae, Russula emetica, Sansevieria, Schefflera, Solanaceae, Taxaceae, Theobroma cacao, Toxicodendron spp., Tulipa, Urtica spp., Veratrum album, Viscum album, Yucca

Leber
Agrostemma githago, Amanita phalloides, Aristolochia clematis, Aspergillus flavus, Colchicum autumnale, Cycadales, Fusarium moniliforme, Gyromitra, Lactarius torminosus, Lupinus luterus, Mercurialis spp., Microcystis spp., Nodularia spp., Penicillium citrinum, Ricinus communis, Russula emetica, Senecio spp.

Niere
bei Katzen: Araceae, Ficus, Philodendron
    Amanita phalloides, Anemone pulsatilla, Aristolochia clematitis, Aspergillus ochraceus, Bryonia spp., Colchicum autumnale, Conium maculatum, Cycadales, Daphne mezereum, Lactarius torminosus, Mercurialis spp., Penicillium citrinum, Quercus spp., Ricinus communis. Russula emetica, Toxicodendron spp.

Herz-Kreislauf, Lunge
Aconitum napellus, Atropa belladonna, Clitocybe, Convallaria majalis, Cyclamen, Delphinium consolida, Digitalis spp., Euphorbia pulcherrima, Evonymus europaeus, Fusarium monöliforme, Gralaega officinalis, Gratiola officinalis, Helleborus niger, Lactarius torminosus, Lonicera xylosteum, Nerium oleander Nicotiana tabacum, Penicillium citreoviride, Persea americana, Rhododendron, Rosaceae, Scopolia carniolica, Taxaceae, Theobroma cacao, Veratrum album, Viscum album

ZNS
Aconitum napellus, Aethusa cynapium, Agrostemma githago, Amanita spp., Amaryllidaceae, Anabaena spp., Andromeda polifolia, Aphanizomenon flos-aquae, Aristolochia clematitis, Artemisia absinthium, Atropa belladonna, Brassica nigra, Brunfelsia, Bryonia spp., Buxaceae, Cannabis, Chaerophyllum temulum, Cicuta virosa, Claviceps pupurea, Colchicum autumnale, Conium maculatum, Convallaria majalis, Cycadales, Cyclamen, Cytisus scoparius, Daphne mezereum, Datura stramonium, Delphinium consolida, Digitalis spp., Dryopteris filix-mas, Equisetum spp., Fagus silvaticus, Ficus, Fusarium moniliforme, Galega officinalis, Hyoscyamus niger, Hydrangea, Laburnum, Ledum palustre, Lolium temulentum, Lonicera xylosteum, Lupinus luteus, Nerium oleander, Nicotiana tabacum, Oenanthe spp., Oscillatoria spp., Papaver somniferum + rhoeas, Penicillium crustosum, Philodendron (Katze), Psilocybe spp., Pteridium aquilinum, Ranunculus spp., Rhododendron, Schefflera, Scopolia carniolica, Senecio spp., Solanaceae, Taxaceae, Theobroma cacao, Trisetum flavescens, Urtica spp., Veratrum album, Viscum album, Yucca

Blut
Allium cepa, Brassica nigra + oleracea, Buxaceae, Colchicum autumnale, Cyclamen, Fusarium spp., Pteridium aquilinum, Ricinus communis

Haut
Amaryllidaceae, Anemone pulsatilla, Araceae, Daphne mezereum, Euphorbiaceae, Ficus, Fusarium spp., Hedera spp., Heracleum mantegazzianum, Hydrangea, Hypericum perforatum, Philodendron, Primulaceae, Ranunculus spp., Rosaceae, Solanaceae, Toxicodendron spp., Urtica spp., Veratrum album

Milchdrüse
Fusarium spp., Persea americana

Knochen
Conium maculatum, Lupinus luteus, Trisetum flavescens

Therapie für Kleintiere, Schnellübersicht

Anmerkung.
Hier werden *nur* die Besonderheiten bei der Therapie der einzelnen Vergiftungen aufgelistet. Siehe zur Therapie auch immer das spezielle Kapitel bzw. das Kapitel „Allgemeine Therapie".

Noxe	Besonderheiten der Therapie
Blaualgen	gründliche Reinigung, Nieren- und Leberfunktion sowie Atmung kontrollieren
Knollenblätterpilze	Silibinin (Legalon®), Leber- und Nierenfunktion kontrollieren
Fliegen- und Pantherpilz	symptomatisch, Atropin nur in Ausnahmefällen, Vorsicht auch bei Diazepam, Phenobarbital und zentralen Stimulantien
Frühjahrslorchel	„Leberschutz", Pyridoxinhydrochlorid
Rißpilze und Trichterlinge	Atropin
Maiglöckchen	Atropin, Kontrolle der Herz-Kreislauffunktion
Dieffenbachia, Philodendron, Monstera, u.a. Aronstabgewächse	Milch, Kalziumglukonat oral, Kortison, Antihistaminika, bei Augenverletzungen Di-Na-EDTA, bei Katzen auf Nierenfunktion achten
Rizinus-Baum	wenn vorhanden, Antiserum (anderes Tier), Atropin
Gummibaum, Birkenfeige	symptomatisch bei Katzen auf Nierenfunktion achten
Oleander	Digitalis-Antitoxin, Atropin + Propanolol, EKG-Kontrolle
Palmfarne	„Leberschutz"
Herkulesstaude	gründliche Reinigung, Sonnenbestrahlung vermeiden, Entzündungshemmung
Efeu, Schefflera u.a. Araliaceae	symptomatisch Schefflera: bei Katzen Kontrolle der Nierenfunktion
Avocado	symptomatisch, Herzfunktion und laktierende Milchdrüsen kontrollieren
Schokolade, Kakao	symptomatisch, Kontrolle der Herz-Kreislauffunktion

Allgemeine Therapievorschläge für Kleintiere bei Vergiftungen durch Pflanzen

- **Spülung des Maules** bei irritierenden Pflanzen mit Natriumglukonat.

- **Giftentfernung aus dem Magen** (nur höchstens 2 Stunden bis maximal 8 Stunden nach Giftaufnahme sinnvoll):
  Emetikum: Wenn das Tier bei Bewußtsein ist und wenn die aufgenommene Substanz nicht schleimhautreizend ist. Auch vom Tierhalter anwendbar: 1 Eßlöffel Kochsalz auf 1 Glas warmes Wasser.
  Nur beim Hund: Apomorphinum hydrochloricum, Apomorphin® (0,01–0,04 mg/kg s.c. oder i.m., jedoch nicht bei ZNS-Depression, Krämpfen und Kreislaufinsuffizienz).
  Bei Hund und Katze: Ipecacuanhasirup 10%ig 1–2 ml/kg.
  Bei Katzen: Xylazin (Rompun® 0,2–0,5 mg/kg s.c.) oder Brechklysma mit warmer physiologischer Kochsalzlösung.
  Magenlavage (immer mit Endotrachealtubus durchführen): Kann auch beim bewußtlosen Tier durchgeführt werden:
  5–10 ml/kg isotonische Lösung mit Aktivkohleaufschwemmung.

- **Verhinderung der Giftabsorption:** Aktivkohle (1–1,5 g/kg bis 50 g p.o. in 20–200 ml Wasser aufgeschwemmt, bei der Katze bis 3 g/Tier.
  Bei Alkaloidvergiftungen: Kaliumpermanganat (0,05–0,1%ige wässrige Lösung, 50–300 ml p.o. zur Magenspülung) bzw. Gabe von Tanninalbuminat (Tannalbin® 10–20 mg/kg/2 h).
  Nicht so empfehlenswert ist „Antidotum universale" (Aktivkohle, Magnesiumoxid und Gerbsäure).

- **Abführende Maßnahmen:** Natriumsulfat (Glaubersalz, 0,5–1 g/kg). Diese Maßnahme ist allerdings nicht empfehlenswert, wenn aufgrund des aufgenommenen Toxins mit einer Entzündung des Gastrointestinaltraktes zu rechnen ist. Besser ist dann die Durchführung eines Massenklistiers mit lauwarmer physiologischer Kochsalzlösung (Brechklysma) oder Gabe von Paraffinöl (bis zu 3 ml/kg p.o.).

- **Kontrolle der Körpertemperatur** und ggf. Korrektur.

- **Kontrolle und Unterstützung der Atmung:** Doxapram (Dopram® 5-10 mg/kg i.v.) als Analeptikum, ggf. künstliche Beatmung über Endotrachealtubus bzw. Tracheotomie.

- **Kontrolle und Unterstützung der Herz-Kreislauffunktion:** Volumensubstitution zur Schockphrophylaxe: z.B. Ringerlaktat, Plasmaexpander (Dextrane, 10 ml/kg).
  Bei allgemeiner Kreislaufschwäche: Etilefrin (Effortin® –1 mg/kg i.m., s.c.).
  Bei Herzarrhythmien, Kammerflimmern: Lidocain (Xylocain® 1 mg/kg).
  Bei Tachykardie bzw. Extrasystolie: Propanolol (Dociton® 0,1-1 mg/kg i.v.).
  Bei Bradykardie: Orciprenalin (Alupent® 0,01 mg/kg s.c., i.m., bei **Herzstillstand** 0,5-1 mg/Tier)
  EKG-Kontrolle

- **Kontrolle des Säure-Base-Haushaltes:** Bei Azidose Natriumbikarbonat bis 1 mmol/kg i.v. bzw. -BE x 0,3 x kgKM = mmol HCO_3/Tier bzw. bei 8,4%iger Lsg. 1-2 ml/kg i.v.
  Bei Alkalose Gabe von physiologischer Kochsalzlösung.

- **Kontrolle und Regulation der ZNS-Funktion:** Bei Depression Analeptika, z.B. Doxapram (Dopram®, 1-10 mg/kg i.v.).
  Bei Hyperaktivität Inhalationsanästhetika,
  Diazepam (Valium® 1-10 mg/kg i.v. bis 20 mg/kg i.m.), Chlor-promazin (0,2-0,5 mg/kg i.m.), Phenobarbital (Luminal®, Phenaemal®): Hund 5-6 mg/kg, Katze 3-5 mg/kg p.o.

- **Steigerung der Diurese:** Infusionen bei ungestörter Nieren- und Herz-Kreislauffunktion: Ringerlaktat, Natriumchlorid 0,9%ig und Glukose 5%ig (1:1), 10-20 ml/kg KM/h i.v.
  Furosemid (Lasix®, Furosemid®, Dimazon® 2,5-5 mg/kg i.m., i.v.) als Diuretikum.
  Bei Schock Gabe von Dopamin (1-10 µg/kg bzw. 5 mg in 1 l Infusionslösung, davon 10 ml/kg i.v.).
  Zur Osmotherapie Mannitol 20%ig 0,5-2 g/kg i.v.
  Bei akutem Nierenversagen bzw. bei aufgenommenen Toxinen, die nephrotoxisch wirken: Peritonealdialyse, z.B. Peritosteril® (30-60 ml/kg) + Antibiotikum + Heparin (500,0-1000,0 E/l) oder 0,45%ige Natriumchlorid-Lsg. + 2,5%ige Glukose-Lsg. Die Lösung ist dabei immer anzuwärmen. Das Dialysat sollte nach 45 Minuten ausgetauscht werden. Insgesamt ist die Prozedur achtmal in 24 Stunden zu wiederholen.

- **Bei allergischer Reaktion:** Bei anaphylaktischem Schock Adrenalin (Suprarenin® 0,1–0,2 µg/kg). Cortison (Dexamethason 1–2 mg/kg, Prednisolon 1–5 mg/kg initial, dann 0,5–1,0 mg/kg). Antihistaminika: Diphenhydramin (Benadryl® 1–2 mg/kg i.m., i.v.).

- **Schmerzbekämpfung:** Meperidin (Dolantin®
Hund: 5–10 mg/kg i.m.; Katze: 1–2 mg/kg i.m.).
Nur bei Hunden: Metamizol (Novalgin® 0,25–2 mg/kg i.v., i.m.).

- **Bei Erbrechen:** Antiemetika: Metoclopropramid (Paspertin®, MCP®), – 1 mg/kg i.m., Dimenhydrinat (Vomex A® 4–8 mg/kg).

- **Bei Diarrhoe und Magen-Darm-Spasmen:** Bei Hunden Loperamid (Imodium® 0,1–0,3 mg/kg p.o.) oder Butylscopolaminiumbromid (Buscopan® 5–20 mg/Tier s.c., i.m., p.o.).
Bei Hund und Katze Prifiniumbromid (Prifidar® 0,8–1 mg/kg).
Flüssigkeits- und Elektrolytsubstitution.
Bei schweren parasympathischen Symptomen Atropin 0,2 mg/kg i.v., i.m., s.c., nach Wirkung alle 10 Minuten wiederholen.

- **„Leberschutz":** Eiweißreduktion auf 2,5 g Eiweiß/kg KM, Glukose-Infusion (5–20%ig), Vitamin-B-Komplex, Vitamin C und Vitamin K_1, Korticosteroide und Laktulose.

- **Vorbeugung:** Das Befeuchten und anschließende Bepudern der Pflanzen mit Ingwer-Pulver soll die Haustiere von der Pflanzenaufnahme abhalten.

Giftpflanzen im Internet

Vergiftungen allgemein:

- MEDLINE PubMed (*„Literatursuchmaschine"*)
  http://www.nci.nlm.nih.gov/Entrez/

- Internetressourcen via Giftinfo Mainz
  http://www.giftinfo.uni-mainz.de/internet-link-d1.html

- List of poison information resources
  http://www.pitt.edu/~martint/pages/poisres.htm

- Informationszentren für Vergiftungsfälle
  http://www.medizin-forum.de/forum/gift.html

- PID: PCC database (*Adressen aller Giftzentralen weltweit*)
  http://medweb.nus.sg/PID/PCC/centr.html

- AAPCC Directory of Centers (*alle Giftzentren der USA*)
  http://198.79.220.3/aapcc/aapcclst.htm

- Centre-Anti-Poisons CHU de Grenoble (France)
  http://www-sante.ujf-grenoble.fr/SANTE/paracelse/paracels.html

Pflanzenvergiftungen:

- Giftinfo Mainz Pflanzenberatung
  http://www.giftino.uni-mainz.de/weg-pflanzen/Pflanzen-Index.html

- Pflanzeninformation der Giftzentrale Bonn
  http://www.meb.uni-bonn.de/giftzentrale/pflanidx.html

- Canada: poisonous plant details.
  http://res.agr.ca/brd/poisonpl/ppnomen2.html

- Poisonous plant database (PLANTOX) (*ein Literaturverzeichnis*)
  http://vm.cfsan.fda.gov/~djw/readme.html

Anhang

- SOARING BEAR's Herbal Page
  http://ellington.pharm.arizona.edu/~bear/herb.html
- Poisonous plant databases.
  http://www.inform.umd.edu:8080/PBIO/Medicinals/harmful.html
- Herbs: Use and Abuse.
  http://blackboard.com/getty/text/herbs.txt
- Plants
  http://www.pharm.arizona.edu/centers/poison_center/plants/Plant.html
- Plant toxins: Name your Poison!
  http://www.ednet.ns.ca/educ/museum/poison/pptoxin.htm

Pflanzenvergiftungen in der Veterinärmedizin:

- National animal poison control center (ASPCA/NAPCC)
  http://www.napcc.aspca.org/
- CNITV (*alle veterinärmedizinischen Giftzentren in Frankreich*)
  http://vetonet.crihan.fr/www/CNITV.html
- Plants by the animals affected
  http://www.vet.purdue.edu/depts/addl/toxic/bynaim.htm
- Medousa Boxers - Plants that cripple and poison
  http://portal.autobahn.mb.ca/~cmarko/faq28.html
- Indiana plants poisonous to livestock and pets
  http://www.vet.purdue.edu/depts/addl/toxic/cover1.htm
- Dangers to your dog
  http://www.k9haven.org/poison_plant.html
- Horses and poisons, plants and toxins
  http://www.horseadvice.com/articles/diseases/poisonmenu.html
- ToxHorses
  http://www.ansci.cornell.edu/toxhorses.html
- Plants poisonous to horses
  http://www2.cdepot.net/~sci1/amador/bio97/Bio2nd/umsted.htm
- The Canadian Cat Association
  http://www.isisnet.com/cca-afc/plants.html

- Plants toxic to cats
  http://www.cpi.com/cpihtml/homepages/edwards/toxic_plants.html

- Bird safey guide to branches, plants & poisons
  http://www.keyinfo.com/bird/articles/safe/html

Adressen der wichtigsten deutschen Giftzentralen

Berlin
Landesberatungsstelle für Vergiftungserscheinungen und Embryonaltoxikologie
Spandauer Damm 130, Haus X
D-14050 Berlin
Tel.: +49-30-19240, Fax: +49-30-30686721
Email: berintox@aol.com
WWW: http://members.aol.com/berlintox/infotox.htm

Berlin II
Virchow-Klinikum
Med. Fakultät der Humboldt-Universität zu Berlin
Abt. Innere Medizin mit Schwerpunkt Nephrologie und Intensivmedizin
Augustenburger Platz 1
D-13353 Berlin
Tel.: +49-30-340-53555, -565, Fax: #49-30-53915
Email: martens@ukrv.de

Bonn
Informationszentrale gegen Vergiftungen
Zentrum für Kinderheilkunde der
Rheinischen Friedrich-Wilhelms-Universität Bonn
Adenauerallee 119
D-53113 Bonn
Tel.: +49-228-287 3211, /-3333, Fax: +49-228-2873314
Email: lentze@mailer.meb.uni-bonn.de
WWW: http://www.meb.uni-bonn.de/giftzentrale/

Erfurt
Gemeinsames Giftinformationszentrum der Länder Mecklenburg-Vorpommern, Sachsen, Sachsen-Anhalt und Thüringen
Nordhäuser Str. 74
D-99089 Erfurt
Tel.: +49-361-730730, Fax: +49-7307317
WWW: http://www.thueringen.de/wegweis/89_19.htm

Freiburg
Universitätskinderklinik Freiburg
Informationszentrale für Vergiftungen
Mathildenstr. 1
D-79106 Freiburg
Tel.: +49-761-19240, Fax: +49-761-2704457
Email: jonitz@kkl2oo.ukl.uni-freiburg.de

Göttingen
Giftinformationszentrum-Nord (GIZ-Nord)
Zentrum Pharmakologie und Toxikologie der Universität Göttingen
Robert-Koch-Str. 40
D-37075 Göttingen
Tel.: +49-551-383 180 /-19240, Fax: +49-551-383 18 81
Email: giznord@med.uni-goettingen.de
WWW: http://www.giz-nord.de

Homburg
Universitätskliniken
Klinik für Kinder- und Jugendmedizin
Informations- und Beratungszentrum für Vergiftungsfälle
D-66421 Homburg/Saar
Tel.: +49-6841-19240 /-16 8315, Fax: +49-6841-164017
Email: kiszab@med-rz.uni-sb.de
WWW: http://www.med-rz.uni-sb.de/med_fak/kinderklinik/kikl6a.htm

Mainz
Beratungsstelle für Vergiftungen
II. Medizinische Klinik und Poliklinik der Universität
Langenbeckstr. 1
D-55131 Mainz
Tel.: +49-6131-19 240 /-232466, Fax: +49-6131-176605
Email: sacha@zeus.z-med.klinik.uni-mainz.de
WWW: http://www.giftinfo.uni-mainz.de

München
Giftnotruf München
Toxikologische Abteilung
der II. Medizinischen Klinik rechts der Isar
der Technischen Universität München
Ismaninger Str. 22
D-81675 München
Tel.: +49-89-19240, Fax: +49-41402467
WWW (Mitarbeiter): http://www.ebe-online.baynet.de/home/jkleber/index.htm

Nürnberg
II. Medizinische Klinik
des Städtischen Krankenhauses Nürnberg Nord
Toxikologische Intensivstation
Flurstr. 17
D-90419 Nürnberg
Tel.: +49-911-3982451, Fax: +49-3982999

Wo können Tierärzte Hilfe finden?

Da es in Deutschland keine spezielle Giftzentrale für veterinärmedizinische Belange gibt, liegen die Adressen der 1. Wahl in Frankreich (5 spezielle Giftzentren) und Großbritannien (1 spezielles Giftzentrum).

Erfreulicherweise gibt es aber auch drei deutsche Gifzentralen, die sich zunehmend mit veterinärmedizinischen Fällen auseinandersetzen.

Des weiteren kann Hilfe aus Zürich erwartet werden.

Erfurt
Gemeinsames Giftinformationszentrum der Länder Mecklenburg-Vorpommern, Sachsen, Sachsen-Anhalt und Thüringen
Nordhäuser Str. 74
D-99089 Erfurt
Tel.: +49-361-730730, Fax: +49-7307317
WWW: http://www.thueringen.de/wegweis/89_19.htm

Göttingen
Giftinformationszentrum-Nord (GIZ-Nord)
Zentrum Pharmakologie und Toxikologie der Universität Göttingen
Robert-Koch-Str. 40
D-37075 Göttingen
Tel.: +49-551-383 180 /-19240, Fax: +49-551-383 18 81
Email: giznord@med.uni-goettingen.de
WWW: http://www.giz-nord.de

Mainz
Beratungsstelle für Vergiftungen
II. Medizinische Klinik und Poliklinik der Universität
Langenbeckstr. 1
D-55131 Mainz
Tel.: +49-6131-19 240 /-232466, Fax: +49-6131-176605
Email: sacha@zeus.z-med.klinik.uni-mainz.de
WWW: http://www.giftinfo.uni-mainz.de

Frankreich

CNITV-Lyon
Ecole vétérinaire - BP83
69280 Marcy l'Etoile
Tel. 78 87 10 40, 24h/24 toute l'année

CNITV-Maisons-Alfort
Ecole vétérinaire, 7 avenue du Général de Gaulle
94704 Maisons-Alfort cedex
Tel. (1) 48 93 13 00 (heures et jours ouvrables)

CNITV-Nantes
Ecole vétérinaire, route de Gachet - CP 3013
44087 Nantes cedex
Tel. 40 68 77 40 (heures et jours ouvrables)

CNITV-Toulouse
Ecole vétérinaire, 23 chemin des capelles
31076 Toulouse cedex
Tel. 61 19 39 40 (heures et jours ouvrables)

TOXICOVIGILANCE
Centre Anti-Poison
Hopital Salvator
13009 Marseille
Tel. 91 74 50 75, Notfälle 91 75 25 25
Fax: 91 74 41 68

Großbritannien

Veterinary Poisons Information Service NPIS
Medical toxicology unit
Avonley road
London
SE14 5ER
Tel. 0171 635 9195
Fax 0171 771 5309

Schweiz

Schweizerisches Toxikologisches Informationszentrum
Klosbachstr. 107
CH-6030 Zürich
Tel. Notfall 01 251 51 51, nichtdringliche Anfragen 01 251 66 66
Fax 01 252 88 33
Email stic@access.ch

Literatur

Allium cepa
- Faliu, L. (1991): Les intoxications du chien par les plantes et produits d'origine végétale Pratique Médicale et Chirurgicale de l'Animal de Compagnie, 26 (6), 549-562
- Farkas, M.C., Farkas, J.N. (1974): Hemolytic anemia due to ingestion of onions in a dog, J. o. American Hos. Ass. 10 (1,2), 65-66
- Gault, G., Berny, Ph., Lorgue, G. (1995): Plantes toxiques pour les animaux de compagnie, Recueil de Médecine Vétérinaire 171 (2/3), 171-176
- Gill, P.A. und Sergeant, E.S.G. (1981): Onion poisoning in a bull, Aust. Vet. J. 57, 484
- Harvey, J.W., Rackear, D. (1985): Experimental onion-induced hemolytic anemia in dogs, Vet. Pathol. 22, 387-392
- Kaplan, A.J., Valley, M. (1995): Onion powder in baby food may induce anemia in cats, JAVMA 207 (11), 1405
- Kay, J.M. (1983): Onion toxicity in a dog, Mod. Vet. Prac. 64 (6), 477-478
- Kobayashi, K. (1981): Onion poisoning in the cat, Feline Practice 11 (1), 22-27
- Lincoln, S.D., Howell, M.E., Combs, J.J., Hinman, D.D. (1992): Hematologic effects and feeding performance in cattle fed cull domestic onions (Allium cepa), JAVMA 200 (8), 1090-1094
- Ogawa, E., Akahori, F., Kobayashi, K. (1985): In vitro studies on the breakdown of canine erythrocytes exposed to the onion extract, Jap. J. vet. Sci. 47, 719-729
- Ogawa, E., Akahori, F., Kobayashi, K. (1985): Effects of the onion ingestion on anti-oxidizing agents in dog eryhtrozytes, Jap. J. vet. Sci. 48, 685-691
- Pierce, K.R., Joyce, J.R., England, B.B., Jones, L.P. (1972): Acute hemolytic anemia caused by Wild Onion poisoning in horses, JAVMA 160 (3), 323-327
- van Schouwenburg, S. (1982): Hemolitiese anemie in 'n miniatuur Dachshund veroorsaak deur inname van groot hoeveelhede uie (Allium cepa), Tydskrift van die Suid-Afrikaanse Veterinere Vereiniging 1982/9, 212
- Solter, P., Scott, R. (1987): Onion ingestion and subsequent Heinz body anemia in a dog: a case report, J. o. American Animal Hos. Ass. 23 (9,10), 544-546
- Spice, R.N. (1976): Hemolytic anemia associated with ingestion of onion in a dog, Can. Vet. J. 17 (7), 181-183
- Stallbaumer, M. (1981): Onion poisoning in a dog, Vet. Rec. 108, 523-524
- van Kampen, K.R., James, L.F., Johnson, A.E. (1970): Hemolytic anemia in sheep fed Wild Onion (Allium validum), JAVMA 156 (3), 328-332
- Verhoeff, J., Hajer, R., van den Ingh, T.S.G.A.M. (1985): Onion poisoning of young cattle, Vet. Rec. 117, 497-498

- Yamoto, O., Maede, Y. (1992): Susceptibility to onion-induced hemolysis in dogs with hereditary high erythrocyte reduced glutathione and potassium concentrations, A. J. Vet. Res. *53* (1), 134-137

Amanita
- Cole, F.M. (1993): A puppy death and Amanita phalloides, Australian Veterinary Association *70* (7), 271-272
- Frimmer, M. (1977): 40 Jahre Phalloidin, Tierärztliche Umschau 6/1977, 300-304
- Kallet, A., Sousa, C., Spangler, W. (1988): Mushroom (Amanita phalloides) toxicity in dogs, California Veterinarian, 1988 1/2, 9-11, 22
- Mengs, U., Trost, W. (1981): Acute phalloidin poisoning in dogs, Arch. Toxicol. *48*, 61-67
- Mullenax, C.H., Mullenax, P.B. (1962): Mushroom poisoning in cats - two possible cases, Mod. Vet. Prac. *43* (7), 61
- Vogel, G. et al. (1984): Protection by silibinin against *Amanita phalloides* intoxication in beagles, Toxicol. Appl. Pharmacol. *73* (3), 355-362

Amaryllidaceae
- Atkins, C.E., Johnson, R.K. (1975): Clinical toxicities of cats, Veterinary Clinics of North America *5* (4), 623-652
- Ceriotti, G. (1967): Narciclasine: an antimitotic substance from Narcissus bulbs, Nature, Feb. 11, 595
- Gude, M., Hausen, B.M., Heitsch, H., Konig, W.A. (1988):
An investigation of the irritant and allergenic properties of daffodils (Narcissus pseudonarcissus L., Amaryllidaceae). A review of daffodil dermatitis, Contact Dermatitis *19* (1), 1-10
- Hall, J.O. (1992): Nephrotoxicity of easter lily (Lilium longiflorum) when ingested by the cat, J. Vet. Internal. Med. *3* (2), 121
- Harvey, A.L. (1995): The pharmacological of galanthamine and its analogues, Pharmacol. Ther. *68* (1), 113-128
- Hoffmann, H. (1980): Die Wirkung toxischer Pflanzeninhaltsstoffe auf den Wellensittich im Appetenzversuch und nach Zwangsverabreichung, Dissertation, Hannover
- Ieven, M., Vlietinck, A.J., Vanden Berghe, D.A., Totte, J., Dommisse, R., Esmans, E., Alderweireldt, F. (1982):
Plant antiviral agents. III. Isolation of alkaloids from Clivia miniata Regel (amaryllidaceae), J. Nat. Prod. *45* (5) 564-573
- Jaspersen-Schib, R. (1990): Giftpflanzen als Weihnachtsschmuck, Deutsche Apotheker Zeitung *130* (51/52), 2766-2772
- Jimenez, A., Santos, A., Alonso, G., Vazquez, D. (1976):
Inhibitors of protein synthesis in eukarytic cells. Comparative effects of some amaryllidaceae alkaloids, Biochem. Biophys. Acta *425* (3), 3442-348
- Langer, F. (1968): Die Liliiflorae, Vet. Med. Nachrichten 3, 232-244
- Leroux, V. (1984): Intoxications des animaux de compagnie par les plantes d'appartement, Dissertation, Alfort
- Renard-Nozaki, J., Kim, T., Imakura, Y., Kihara, M., Kobayashi, S. (1989): Effects of alkaloids isolated from Amaryllidaceae on herpes simplex virus, Res. Virol. *140* (2), 115-128
- Santucci, B., Picardo, M., Iavarone, C. (1985): Contact dermatitis to Alstromeria, Contact Dermatitis *12*, 215

- Willemse, T., Vroon, M.A. (1988): Allergic dermatitis in a great Dane due to contact with hippeastrum, Veterinary Record 122, S. 490-491
- Wiezorek, W.D. (1975): The pharmacology of Amaryllidaceae alkaloid tacettin, Pharmazie 30 (9), 618

Araliaceae
- Brömel, J., Zettl, K. (1986): Efeuvergiftungen bei Rehwild. Der praktische Tierarzt 11/9186, 967-968
- Fowler, M.E. (1975): Toxicities in exotic and zoo animals. Vet. Clin. North. Am. 5, 685
- Gasquet, J.J., Maillard, M., Balansard, G., Timon-David, P. (1985): Extracts of the ivy plant, Hedera helix, and their anthelminthic activity on the liver flukes, Planta Med. 51, 205
- Hansen, L., Hammershoy, O., Boll, P.M. (1986): Allergic contact dermatitis from falcarinol isolated from Schefflera arboricola, Contact Dermatitis 14, 91
- Hausen, B.M., Brohan, J., Konig, W.A., Faasch, H., Hahn, H., Bruhn, G. (1987): Allergic and irritant contact dermatitis from falcarinol and Didehydrofalcarinol in common ivy (Hedera helix), Contact Dermatitis 17, 1
- Jaspersen-Schib, R. (1984): Giftpflanzen aktuell, Deutsche Apotheker Zeitung 124 (4), 2321-2327
- Jaspersen-Schib, R. (1990): Giftpflanzen als Weihnachtsschmuck, Deutsche Apotheker Zeitung 130 (51/52), 2766-2722
- Mahran, G.H., Hilal, S.H., el-Alfy, T.S. (1975): The isolation and characterisation of emetine alkaloid from Hedera helix, Planta Med. 27, 127
- Stowe, C.M., Fangmann, G., Trampel, D. (1975): Schefflera toxicosis in a dog, JAVMA 167 (1), 74

Avocado
- Buoro, I.B.J., Nyamwange, S.B., Chai, D., Munyua, S.M. (1994): Putative Avocado toxicity in two dogs, Onderstepoort J. o. Vet. Res. 61, 107-109
- Burger, W.P., Naude, T.W., van Rensbirg, I.B., Botha, C.J., Pienaar A.C. (1994): Cardiomyopathy in ostriches (Struthio camelus) due to avocado (Persea americana var. guatemalensis) intoxication, J. S. Afr. Vet. Assoc. 65 (3), 113-118
- Craigmill, A.L., Seawright, A.A., Mattila, T., Frost, A.J. (1989): Pathological changes in the mammary gland and biochemical changes in milk of the goat following oral dosing with leaf of the Avocado (Persea americana), Aust. Vet. J. 66 (7) 206-211
- Gault, G. (1993): Epidemiologie des intoxications vegetales chez les animaux domestiques et sauvages a partir des donnees du CNTV-Lyon de 1990 à 1992. Etude de la toxicologie de quelques plantes, These, Lyon
- Grant, R., Basson, P.A., Booker, H.H., Hofherr, J.B., Anthonissen, M. (1991): Cardiomyopathy caused by Avocado (Persea americana) leaves, Tydskr. S. Afr. Vet. Ver. 62 (1), 21-22
- Hargis, A.M., Stauber, E., Casteel, S., Eitner, D. (1989): Avocado (Persea americana) intoxication in caged birds, JAVMA 194 (1) 64-66
- McKenzie, R.A., Brown, O.P. (1991): Avocado (Persea americana) poisoning of horses, Aust. Veet. J. 68 (2), 77-78

- Sani, Y., Atwell, R.B., Seawright, A.A. (1991): The cardiotoxicity of Avocado leaves, Aust Vet. J. *68* (4), 150–151
- Stadler, P., van Rensburg, I.B., Naude, T.W. (1991): Suspected avocado (Persea americana) poisoning in goats, J. S. Afr. Vet. Ass. *62* (4), 186–188
- Yaakobovich, A., Neeman, I. (1983): Partial isolation and characterisation of a hemagglutinating factor from Avocado seed, Arch. Toxicol. Suppl. *6*, 52–57

Brunfelsia
- Banton, M.I., enegar, K.R., Nicholson, S.S. (1989): Brunfelsia pauciflora poisoning in a dog, Vet. Hum. Tox. *31* (5) 496
- McBarron, E.J., Rodd, A.N. (1975): Brunfelsia fruits poisonous to dogs, Agricultur Gazette of North South Wales, *86* (2), 36
- Neilson, J., Burren, V. (1983): Intoxication of two dogs by fruits of Brunfelsia australis, Australian Vet. J. *60* (12), 379–380

Bryonia
- Whur, P. (1986): White bryony poisoning in a dog, Vet. Rec. (10), 411

Buxaceae
- Atta-ur-Rahmen, A.D., Ahmed, D., Choudhary, M.I., Turkoz, S., Sener, B. (1988): Chemical constituents of *Buxus sempervirens*, Planta Med. *54*, 173
- De Sloovere, J., Debackere, M., Hoorens, J. (1971): Intoxicaties bij huisdieren, Vlaams Diergeneeskundig Tijdschift *40* (1), 8–29
- Jaspersen-Schib, R. (1990): Giftpflanzen als Weihnachtsschmuck, Deutsche Apotheker Zeitung *130* (51/52), 2766–2772
- Perdue, R.E., Hartwell, J.L. (1976): Plants and Cancer, Cancer Treat. Rep. *60*, 973
- Puyt, J.-D., Faliu, L., Godfrain, J.C. (1981): Le diagnostic des intoxications d'origine végétale, partie 1., Le Point Vétérinaire *12* (57), 11–17

Colchicum
- Kamphues, J., Meyer, H. (1990): Meadow saffron in hay and colic in horses, Tierärztl. Prax. 18 (3), 273–275
- Panariti, E. (1996): Tissue distribution and milk transfer of colchicine in a lactating sheep following a single dose intake, Dtsch. Tierärztl. Wochenschr. *103* (4), 128–129

Conium
- Hannam, D.A.R. (1985): Hemlock poisoning in the pig, Vet. Rec. *116*, 322

Convallaria
- Costaz, A. (1993): Intoxications d'origine vegetale chez les carnivores domestiques, These, Lyon
- Hoffmann, H. (1980): Die Wirkung toxischer Pflanzeninhaltsstoffe auf den Wellensittich im Appetenzversuch und nach Zwangsverabreichung, Dissertation, Hannover
- Moxley, R.A., Schneider, N.R., Steinegger, D.H., Carlson, M.P. (1989): Apparent toxicosis associated with lily-of-the-valley (Convallaria majalis) ingestion in a dog., JAVMA *195* (4), 485–487

Cyanophyceae
- Beasley, V.R., Coppock, R.W., Simon, J., Ely, R., Buck, W.B., Corley, R.A., Carlson, D.M., Gorham, P.R. (1983): Apparent blue-green algae poisoning in swine subsequent to ingestion of a bloom dominated by Anabaena spiroides, JAVMA 182 (4), 413-414
- Beasley, V.R., Cook, W.O., Dahlem, A.M., Hooser, S.B., Lovell, R.A., Valentine, W.M. (1989): Algae intoxication in livestock and waterfowl, Vet. Clin. North Am. Food Anim. Pract. 5 (2), 345-361
- Berg, K., Carmichael, W.W., Skulberg, O.M., Benestad, C., Underdal, B. (1987): Investigation of a toxic water-bloom of Microcystis aeruginosa in Lake Akersvatn, Norway, Hydrobiologica 144, 97-103
- Carbis, C.R., Simons, J.A., Mitchel, G.F., Anderson, J.W., McCauley, I. (1994): A biochemical profile for predictin the chronic exposure of sheep to Microcystis aeruginosa, an hepatotoxin species of blue-green alga, Rest. Vet. Sci. 57 (3), 310-316
- Carmichael, W.W., Gorham, P.R., Biggs, D.F. (1977): Two laboratory case studies on the oral toxicity to calves of the freshwater cyanophyte (blue-green alga) Anabaena flos-aquae NRC-44-1, Can. Vet. J. 18 (3), 71-75
- Chengappa, M.M., Pace, L.W., McLaughlin, B.G. (1989): Blue-green algae (Anabaena spiroides) toxicosis in pigs, JAVMA 194 (12), 1724-1725
- Codd, G.A. (1983): Cyanobacterial poisoning hazard in British freshwaters, Vete. Rec. 113 (10), 223-224
- Codd, G.A., Edwards, C., Beattle, K.A., Barr, W.M., Gunn, G.J. (1992): Fatal attraction to cyanobacteria?, Nature 359 (6391), 110-11
- Corkill, N., Smith, R., Seckington, M., Pontefract, R. (1989): Poisoning at Rutland water, Vet. Rec. 125 (13), 356
- DeVries, S.E., Galey, F.D., Namikoshi, M., Woo, J.C. (1993): Clinical and pathologic findings of blue-green algae (Microcystis aeruginosa) intoxication in an dog, J. Vet. Diagn. Invest. 5 (3), 403-408
- Done, S.H., Bain, M. (1993): Hepatic necrosis in sheep associated with ingestion of blue-green algae, Vet. Rec. 133 (24), 600
- Edney, A.T.B. (1990): Toxic algae, Vet. Rec. 127, 434
- Edwards, C., Beattie, K.A., Scrimgeaour, C.M., Codd, G.A. (1992): Identification of anatoxin-A in benthic cyanobacteria (blue-green algae) and in associated dog poisoning at Loch in SH, Scotland, Toxicon 30 (10), 1165-1175
- Elder, G.H., Hunter, P.R., Codd, G.A. (1993): Hazardous freshwater cyanobacteria (blue-green algae), The Lancet 341 (8859), 1519-1520
- Falconer, I.R., Beresford, A.M., Runnegar, M.T. (1983): Evidence of liver damage by toxin from a bloom of the blue-green alga, Microcystis aeruginosa, Med. J. Aust. 1 (11), 511-514
- Francis. G. (1878): Poisonous Australian lake, Nature 18, 11-12
- Galey, F.D., Beasley, V.R., Carmichael, W.W., Kleppe, G., Hooser, S.B., Haschek, W.M. (1987): Blue-green algae (Microcystis aeruginosa) hepatotoxicosis in dairy cows, Am. J. Vet. Res. 48 (9), 1415-1420
- Gunn, G.J., Rafferty, A.G., Rafferty, G.C., Cockburn, N., Edwards, C., Beattie, K.A., Codd, G.A. (1991): Additional algal toxicosis hazard, Vet. Rec. 129 (17), 391
- Gunn, G.J., Rafferty, A.G., Rafferty, G.C., Cockburn, N., Edwards, C., Beattie, K.A., Codd, G.A. (1991): Fatal canine neurotoxicosis attributed to blue-green algae (cyanobacteria), Vet. Rec. 130 (14), 301-302

- Gunn, G.J. (1992): Poison Cyanobacteria (blue-green algae), In Practice 5, 132–133
- Harding, W.R., Rowe, N., Wessels, J.C., Beattie, K.A., Codd, G.A. (1995): Death of a dog attributed to the cyanobacterial (blue-green algae) hepatotoxin nodularin in South Africa, J. S. Afr. Vet. Assoc. 66 (4), 256–259
- Hooser, S.B., Beasley, V.R., Lovell, R.A., Carmichael, W.W., Haschek, W.M. (1989): Toxicity of Microcystin LR, a cyclic heptapeptide hepatotoxin from Microcystis aeruginosa, to rats and mice, Vet. Pathol. 26, 246–252
- Hoover, J.P., Smith, T.A. (1995): Investigation a case of suspected cyanobacteria (blue-green algae) intoxication in a dog, Vet. Med. 11/1995, 1028–1032
- Hyde, E.G., Carmichael, W.W. (1991): Anatoxin-a(s), a naturally occuring organophosphate, is an irreversible active site-directed inhibitor of acetylcholinesterase (EC 3.1.1.7), J. Biochem. Toxicol. 6 (3), 195–201
- Jackson, A.R.B., McInnes, A., Falconer, I.R., Runnegar, M.T.C. (1984): Clinical and pathological changes in sheep experimentally poisoned by the blue-green alga Microcystis aeruginosa, Vet. Pathol. 21 (1), 102–113
- Kelly, D.F. und Pontefract, R. (1990): Hepatorenal toxicity in a dog following immersion in Rutland Water, Vet. Rec. 127, 453
- Kerr, L.A., McCoy, C.P., Eaves, D. (1987): Blue-green algae toxicosis in five dairy cows, JAVMA 191 (7), 829–830
- Lehmann, H. (1978): Gasvakuolen enthaltende Blaualgen und ihre Toxizität für Tiere, Dtsch. Tierärztl. Wschr. 84, 202–205
- Mahmood, N.A., Carmichael, W.W., Pfahler, Dr. (1988): Anticholinesterase poisonings in dogs from a cyanobacterial (blue-green algae) bloom dominated by Anabaena flos-auqae, Am. J. Vet. Res. 49 (4), 500–503
- Main, D.C., Berry, P.H., Peet, R.L., Robertson, J.P. (1977): Sheep mortalities associated with the blue-green alga Nodularia spumigena, Aust. Vet. J. 53, 578–581
- Mez, K., Hanselmann, K., Hauser, B., Braun, U., Schmidt, J., Nägeli, H. (1994): Aufruf zur Mitteilung von Beobachtungen: Sind Cyanobakterien (Blaualgen) verantwortlich für Todesfälle von Alpenrindern?, Schweiz. Archiv f. Tierheilkunde 136 (9), 313–314
- Negri, A.P., Jones, G.J., Hindmarsh, M. (1995): Sheep mortality associated with paralytic shellfish poisons from the cyanobacterium Anabaena circinalis, Toxicon 33 (10), 1321–1329
- Nehring, S. (1993): Mortality of dogs associated with a mass development of Nodularis spumigena (Cyanophyceae) in a brackish lake at the German North Sea coast, Journal of Plankton Research 15, 867–872
- Ordiozola, E., Ballabene, N., Salamanco, A. (1984): Poisoning in cattle caused by blue-green algae, Rev. Argent. Microbiol. 16 (4), 219–224
- Sahin, A., Tencalla, F.G., Dietrich, Dr.R., Mez, K., Naegli, H. (1995): Enzymatic analysis of liver samples from rainbow trout for diagnosis of blue-green algae-induced toxicosis, Am. J. Vet. Res. 56 (8), 110–1115
- Soll, M.D., Williams, M.C. (1985): Mortality of a white rhinoceros (Ceratotherium simum) suspected to be associated with the blue-green alga Microcystis aeruginosa, J. S. Afr. Vet. Assoc. 56 (1), 49–51
- Soong, F.S., Maynard, E., Kirke, K., Luke, C. (1992): Illness associated with blue-green algae, Med. J. Aust. 156, 67
- Turner, P.C., Gammie, A.J., Hollinrake, K., Codd, G.A. (1990): Pneumonia associated with contact with cyanobacteria, B.M.J. 300, 1440–1441

- Van Halderen, A., Harding, W.R., Wessels, J.C., Schneider, D.J., Heine,. E.W., Van der Merwe, J., Fourie, J.M. (1995):
Cyanobacterial (blue-green algae) poisoning of livestock in the western Cape Province of South Africa, J. S. Afr. Vet. Assoc. 66 (4), 260-264

Cycadales

- Botha, C.J., Naudé, T.W., Swan, G.E., Ashton, M.M., Van der Wateren, J.F. (1991): Suspected cycad (Cycas revoluta) intoxication in dogs, J. South African Vet. Ass. 62 (4), 189-190
- Duncan, M.W., Kopin, I.J., Garruto, R.M., Lavine, L., Markey, S.P. (1988): 2-amino-3(methylamino)-propionic acid in cycad-derived foods is an unlikely cause of amyotrophic lateral sclerosis/parkinsonism, Lancet 2, 631
- Hall, W.T. (1987): Cycad (Zamia) poisoning in Australia, Aust. Vet. J. 64 (5), 149-151
- Hirono, I., Kachi, H., Kato, T.A. (1970): A survey of acute toxicity of cycads and mortality rate from cancer in the Miyako islands, Okinawa, Acta Pathol. Jpn. 20, 327
- Kurland, L.T. (1972): An appraisal of the neurotoxicity of cycad and the etiology of amyotrophic lateral sclerosis on Guam, Fed. Proc. 31, 1540
- Mills, J.N., Lawley, M.J., Thomas, J. (1996): Macrozamia toxicosis in a dog, Aust. Vet. J. 73 (2), 69-72
- Morton, J.F. (1967): Some notes on cycad uses and hazards
Proc. 5th Conf. Cycad Toxicity, Miami, FL, April 24-25
- Senior, D.F., Sundlof, S.F., Buergelt, C.D., Hines, S.A., O'Neil-Foil, C.S., Meyer, D.J. (1985): Cycad intoxication in the dog, J. American Animal Hosp. Ass. 21, Jan./Feb., 103-109
- Sieber, S.M., Correa, P., Dalgard, D.W., McIntire, K.R., Adamson, R.H. (1980: Carcinogenicity and hepatotoxicity of cycasin and its aglycone methylazoxymethanol acetat in non-human primates, J. Natl. Cancer Inst. 65, 177
- Spencer, P.S. (1987): Guam ALS/Parkinsonism-dementia: a long-latency neurotoxic disorder caused by "slow toxins" in food, Can. J. neurol. Sci. 14, 347
- Spencer, P.S., Nunn, P.B., Hugon, J., Ludolph, A.C., Ross, S.M., Roy, D.N., Robertson, R.C. (1987): Guam amyotrophic lateral slerosis-parkinsonism-dementia linked to a plant excitant neurotoxin, Science 237, 517

Datura

- Oladosu, L.A., Case, A.A. (1979): Large animal hepatotoxic and nephrotoxic plants, Vet. Hum. Tox. 21 (5), 363-365
- Worthington, T.R., Nelson, E.P., Bryant, M.J. (1981): Toxicity of thornapple seeds to the pig, Vet. Rec. 108, 208-211

Dieffenbachia

- Arai, M., Stauber, E., Shropshire, C.M. (1992): Evaluation of selected plants for their toxic effects in canaries, JAVMA 200 (9), 1329-1331
- Costaz, A. (1993): Intoxications d'origine vegetale chez les carnivores domestique, These, Lyon
- Faliu, L. (1991): Les intoxications du chien par les plantes et produits d'origine végétale, Pratiqe Médicale et Chirurgicale de l'Animal de Compagnie, 26 (6), 549-562
- Gault, G., Berny, Ph., Lorgue, G. (1995): Plantes toxiques pour les animaux de compagnie, Recueil de Médecine Vétérinaire 171 (2/3), 171-176

- Gilleron, I., Dissard, F. (1981): Intoxications par les plantes d'appartement et de parc, Notes de Tox. Vet. *4* (1), 30-38
- Jean-Blain, C. (1979): Toxicité des plantes d'appartement pour les animaux de compagnie, L'animal de compagnie *14* (1), 157-163
- Keck, G., Jaussaud, Ph. (1981): Observations toxicologiques: Un cas d'intoxication par le Dieffenbachia, Notes de Tox. Vet. *4* (1), 88
- Ladeira, A.M., Andrade, S., Sawaya, P. (1975): Studies on *Dieffenbachia picta* Schott: Toxic effects in guinea pigs, Toxicology and appllied pharmacology *34*, 363-373
- Leroux, V. (1984): Intoxication des animaux de compagnie par les plantes d'appartement, These, Alfort
- Schmith, S.E., Carson, T.L. (1987): Houseplant poisoning in small animals, Iowa State University Veterinarian *49* (1), 22-25
- Shropshire, C.M., Stauber, E., Arai, M. (1992): Evaluation of selected plants for acute toxicosis in budgerigars, JAVMA *200* (7), 936-9393
- Wilsdorf, G., Werner, E. (1988): Vergiftungsrisiken für Haus- und Heimtiere durch Zimmer- und Zierpflanzen., Mh.-Vet. Med. *43*, 798-802

Fagus
- Hayes, M.J., Turner, M. (1990): Beechmast poisoning, Vet. Rec. (11), 508

Ficus
- Brehler, R., Theissen, U. (1996): Ficus benjamina Allergie, Hautarzt *47*, 780-782
- Costaz, A. (1993): Intoxications d'origine vegetale chez les carnivores domestiques, These, Lyon
- Faliu, L. (1991): Les intoxications du chien par les plantes et produits d'origine végétale, Pratique médicale et Chirurgicale de l'Animal de Compagnie, *26* (6), 549-562
- Gilleron, I., Dissard, F. (1981): Intoxications par les plantes d'appartement et de parc, Notes de Tox. Vet. *4* (1), 30-38
- Jean-Blain, Cl. (1979): Toxicité des plantes d'appartement pour les animaux de compagnie, L'animal de compagnie *14* (1), 157-163

Fliegenpilz
- Eugster, C. (1968): Wirkstoffe aus dem Fliegenpilz, Naturwissenschaften *55*, 305-313
- Greatorex, J.C. (1966): Some unusual cases of plant poisoning in animals, Vet. Rec. *78*, 725-727
- Hunt, R.S. und Funk, A. (1977): Mushrooms fatal to dogs, Mycologia *69*, 432-433
- Ridgway, R.L. (1978): Mushroom (Amanita pantherina) poisoning, JAVMA *172* (6), 681-682
- Rylands, J.M. (1963): Fly agaric (Amanita muscaria) intoxication in the cat, Vet. Rec. *75*, 762

Gyromitra
- Andary, C. et al. (1985): Mycologia *77*, 259
- Bernard, M.A. (1979): Mushroom poisoning in a dog, Can. Vet. J. *20*, 82-83
- Franke, S., Freimuth, U., List, P. (1967): Über die Giftigkeit der Frühjahrslorchel Gyromitra (Helvella) esculenta, Arch. Toxicol. *22*, 293-332
- Herms, H. (1950): Berl. Münch. Tierärztl. Woch. (8), 161 ff
- Mack, R.B. (1986): Un fleur du mal - gyromitrin poisoning, N C Med. J. *47*, 535-536

Hanf

- Cardassis, J. (1951): Intoxicatiaon des équidés par Cannabis indica, Rec. Méd. Vét. 127, 971-973
- Clarke, E.G.C., Greatorex, J.C. (1971): Cannabis poisoning in the dog, Vet. Rec. 88, 694
- Costaz, A. (1993): Intoxications d'origine vegetale chez les carnivores domestiques, These, Lyon
- Crow, S.E. (1979): Marijuana intoxication, JAVMA 176 (5), 388
- Evans, A.G. (1989): Allergic inhalant dermatitis attributalbe to marijuana exposure in a dog, JAVMA 195 (11), 1588-1590
- Frost, R.C. (1983): Marijuana toxaemia, Vet. Rec. 112, 441
- Frye, F.L. (1967): Acute cannabis intoxication in a pup, JAVMA 152 (5), 473
- Godbold, J.C., Hawkins, B.J., Woodward, M.G. (1979): Acute oral marijuana poisoning in the dog, JAVMA 175 (10), 1101-1102
- Henney, S.N., Coleman, M.J. (1984): Canine cannabis intoxication, Vet. Rec. 114, 436
- Jones, D.L. (1978): A case of canine cannabis ingestion, New Zealand Vet. J. 26, 135-136
- Meriwether, W.F. (1969): Acute Marijuana toxicity in a dog, Vet. Med. 64, 577-578
- Schwartz, R.H. (1989): Comments on cannabis intoxication in pets, Vet. Hum. Tox. 31 (3), 262
- Silverman, J. (1974): Possible hashish intoxication in a dog, J. O. American Hos. Ass. 10, 517-519
- Smith, R.A. (1988): Coma in a ferret after ingestion of cannabis, Vet. Hum. Tox. 30 (5), 486
- Täschner, K.-L. (1988): Haschisch - eine ungefährliche Droge?, Dtsch. Apotheker Zeitung 128 (22), 1148-1152
- Thompson, G.R., Rosenkrantz, H., Schaeppi, U/.H., Braude, M.C. (1973): Comparison of acute oral toxicity of cannabinoids in rats, dogs and monkeys, Tox. + Appl. Pharma. 25, 363-372
- Thompson, G.R., Mason, M.M., Rosenkrantz, H., Braude, M.C. (1973): Chronic oral toxicity of cannabinoids in rats, Tox. + Appl. Pharma. 25, 373-390
- Thursby-Pelham, C. (1996): Peculiar drug poisonings in pets, In Practice 1996/12, 478-487
- Valentine, J. (1992): Unusual poisoning in a dog, Vet. Rec. 130 (14), 307
- Welshman, M.D. (1986): Doped dobermann, Vet. Rec. 119 (29), 512

Heracleum

- Andrews, A.H., Giles, C.J., Thomsett, L.R. (1985): Suspected poisoning of a goat by giant hogweed, Vet. Rec. 116, 20-207
- Harwood, D.G. (1985): Giant hogweed and ducklings, Vet. Rec. 116 (8), 300
- Hintermann, J. (1967): Dermatose chez une chienne dua a *Heracleum montegazzianum* Somm. et Levier, Schweiz. Arch. Tierheilkd. 109 (12), 654-656
- Jaspersen-Schib, R. (1996): Wichtige Pflanzenvergiftungen in der Schweiz 1966-1994, Schweiz. Med. Wschr. 126 (25), 1085-1098
- Maslo, P.S. (1990): Pflanzeninduzierte Photosensibilität bei Tieren, Diss., Hannover

Hydrangea

- Apted, J.H. (1973): Phytodermatitis from hydranges, Arch. Dermatol. 108, 427
- Bruce, E.A. (1920): Hydrangea poisoning, JAMA 58, 313

Anhang

- Hockamp, B. (1989): Tiervergiftungen durch Pflanzen Mitteleuropas, Dissertation, Hannover

Inocybe
- Steidl, T.h. (1987): Pilzvergiftung beim Hund, Kleintier-Praxis 32, 153-156
- Yam, P., Helfer, S., Watling, R. (1993): Mushroom poisoning in a dog, Vet. Rec. 133, 24

Kroton
- Costaz, A. (1993): Intoxications d'origine vegetale chez les carnivores domestiques, Dissertation, Lyon
- Gilleron, I., Dissard, F. (1981): Intoxications par les plantes d'appartement et de parc, Notes de Tox. Vet. 4 (1), 30-38
- Hausen, B., Schulz, K. (1977): Occupation contact dermatitis due to croton (*Codiaeum variegatum*). Sensitization by plants of the Euphorbiaceae, Conctact dermatitis 3, 289
- Jaspersen-Schib, R. (1987): Giftige Zimmerpflanzen, Deutsche Apotheker Zeitung 127 (27), 1417-1423
- Morton, J.F. (1962): Ornamental plants with poisonous properties, II, Proc. Fla. State Hort. Soc. 75, 484-491

Laburnum
- Clarke, E.G.C., Clarke, M.L. (1971): Fatal Laburnum poisoning in a dog, Vet. Rec. 88 (7), 199-200
- Leyland, A. (1981): Laburnum (*Cytisus laburnum*) poisoning in two dogs, Vet. Re. 109 (13), 287
- Seeger, R., Neumann, H.-G. (1992): DAZ-Giftlexikon: Cytisin, Deutsche Apotheker Zeitung 132 (7), 303-306
- Stahl, E., Glatz, A. (1982): Immer wieder Vergiftungen durch Goldregen, Deutsche Apotheker Zeitung 131 (37), 1876-1878
- Tschirch, C., Kraus, L. (1991): Goldregen-Alkaloid Cytisin, Deutsche Apotheker Zeitung 131 (37), 1876-1878

Mercurialis
- Deprez, P. et al. (1996): Two cases of Mercurialis annua poisoning in cattle, Vlaams Diergeneeskd. Tijdschr. 65, 92-96

Oenanthe
- Buronfosse, F., Buronfosse, E., Berry, P. (1996): Intoxication par l'oenanthe safranée: de la suspicion à la confirmation analytique, Le Point Veterinaire 176 (28), 63-66

Oleander
- Arai, M., Stauber, E., Shropshire, C.M. (1992): Evaluation of selected plants for their toxic effects in canaries, JAVMA 200 (9), 1329-1331
- Atkins, C.E., Johnson, R.K. (1975): Clinical toxicities of cats, Veterinary Clinics of North America 5 (4), 623-652
- Clark, R.F. (1990): Antidigoxin-Fab fragments in the treatment of a canine model of oleander toxicity, Vet. Hum. Tox 32 (4), 353

- Costaz, A. (1993): Intoxications d'origine vegetale chez les carnivores domestiques, These, Lyon
- Deavers, S.I., Rosborough, J.P., Hoff, H.E., McCrady, J.D. (1979): Effects of oleandrin on cardiovascular hemodynamics in the dog, Am J. Vet. Res. 40 (10), 1421–1425
- Faliu, L. (1991): Les intoxications du chien par les plantes et produits d'origine Végétale, Pratique Médicale et Chirurgicale de l'Animal de Compagnie, 26 (6), 549–562
- Galey, F.D., Holstege, D.M., Plumlee, K.H., Johnson, B., Anderson, M.L., Blanchard, P.C., Brown, F. (1996): Diagnosis of oleander poisoning in livestock, J. Vet. Diagn. Invest. 8 (3), 358–364
- Gault, G. (1993): Epidemiologie des intoxications vegetales chez les animaux domestiques et sauvages a partir des donnees du CNTV-Lyon de 1990 à 1992. Etude de la toxicologie de quelques plantes, These, Lyon
- Gault, G., Berny, Ph., Lorgue, G. (1995): Plantes toxiques pour les animaux de compagnie, Recueil de Médecine Vétérinaire 171 (2/3), 171–176
- Grinnell, E.H., Johnson, J.R., Rhone, J.R., Tillotson, A., Noffsinger, J., Huffmann, M.N. (1961): Oestrogen protection against acute digitalis toxicity in dogs, Nature 190 (4781), 1117–1118
- Hoffmann, H. (1980): Die Wirkung toxischer Pflanzeninhaltsstoffe auf den Wellensittich im Appetenzversuch und nach Zwangsverabreichung, Dissertation, Hannover
- Jaspersen-Schib, R. (1987): Giftige Zimmerpflanzen, Deutsche Apotheker Zeitung 127 (27), 1417–1423
- Jean-Blain, C. (1979): Toxicité des plantes d'appartement pour les animaux de compagnie, L'animal de compagnie 14 (1), 157–163
- Leroux, V. (1984): Intoxications des animaux de compagnie par les plantes d'appartement, These, Alfort
- Livingston, M.L. (1976): Case of oleander poisoning, Florida Vet. J. 2, 18–19
- Mahin, L., Marzou, A., Huart, A. (1984): A case report of Nerium oleander poisoning in cattle, Vet. Hum. Toxicol. 26 (4), 303–304
- Mayer, M., Wacker, R., Dalchow, W. (1986): Phytotoxikosen durch Kastanien, Oleander, Eicheln und Herbstzeitlose bei verschiedenen Zoo- und Wildtieren, Tierärztl. Umschau 41, 169–178
- Meyer, H.P., van der Linden, W.J., van der Linde-Sipman, J.S. (1993): Een geval van oleanderintoxicatie bij de kat, Tijdschr. Diergeneeskd. 118, 436–438
- Oryan, A., Maham, M., Rezakhani, A., Maleki, M. (1996): Morphological studies on experimental oleander poisoning in cattle, Zentralbl. Veterinarmed. A. 43 (10), 625–634
- Schwartz, W.L., Bay, W.W., Dollahite, J.W., Storts, R.W., Russell, L.H. (1974): Toxicity of Nerium oleander in the monkey (Cebus apella), Vet. Path. 11, 259–277
- Shropshire, C.M., Stauber, E., Arai, M. (1992): Evaluation of selected plants for acute toxicosis in budgerigars, JAVMA 200 (7), 936–9393
- Siddiqui, S., Hafeez, F., Befgum, S., Siddiqui, B.S. (1986): Two new cardiac glycosides isolated from Nerium oleander, Phytochemistry 26, 237–241
- Siddiqui, S., Hafeez, F., Befgum, S., Siddiqui, B.S. (1989): Two new diterpen isolated from Nerium oleander, Phytochemistry 28, 1187–1191
- Szabuniewicz, M., Schwartz, W.L., McCrady, J.D., Russell, L.H., Camp, B.J. (1971): Experimental oleander poisoning in the dog, monkey (Cebus apella) and cat, XIX Congreso mundial de medicina veterinaria y zootechnica, Mexico, Vol. 2, 729

- Szabuniewicz, M., Schwartz, W.L., McCrady, J.D., Russell, L.H., Camp, B.J. (1972): Experimental oleander poisoning and treatment, The Southwestern veterinarian, Winter, 105-114
- Trautvetter, E., Kasbohm, Chr., Werner, J. (1969): Oleandervergiftung mit respiratorisch gekoppeltem AV-Block bei einem Hund, Berl. Münch. Tierärztl. Wschr. *82* (16), 306-308
- Vermunt, J. (1987): Oleander - decorative and very poisonous, New Zealand Vet. J. *35*, 138-139
- Wiesner, H. (1994): Cave: Kontraindikationen, seltene Vergiftungen und Dysvitaminosen bei Zootieren, Zool. Garten N. F. *64* (6), 338-348

Pteridium
- Pakemann, R.J., Marrs, R.H. (1993): Bracken, Biologist *40* (3), 105-109

Philodendron
- Brogger, J.N. (1970): Renal failure from philodendron, Mod. Vet. Pract. *51* (6), 46
- Faliu, L. (1991): Les intoxications du chien par les plantes et produits d'origine végétale, Pratique Médicale et Chirurgicale de l'Animal de Compagnie, *26* (6), 549-562
- Gault, G., Berny, Ph., Lorgue, G. (1995): Plantes toxiques pour les animaux de compagnie, Recueil de Médecine Vétérinaire *171* (2/3), 171-176
- Gerbaud, O. (1981): Les intoxications par les plantes à oxalates, Notes de Tox. Vet. *4* (4), 227-233
- Gilleron, I., Dissard, F. (1981): Intoxications par les plantes d'appartement et de parc, Notes de Tox. Vet. *4* (1), 30-38
- Hoffmann, H. (1980): Die Wirkung toxischer Pflanzeninhaltsstoffe auf den Wellensittich im Appetenzversuch und nach Zwangsverabreichung, Dissertation, Hannover
- Jaspersen-Schib, R. (1987): Giftige Zimmerpflanzen, Deutsche Apotheker Zeitung *127* (27), 1417-1423
- Jean-Blain, Cl. (1979): Toxicité des plantes d'appartement pour les animaux de compagnie, L'animal de compagnie *14* (1), 157-163
- Leroux, V. (1986): Intoxications des animaux de compagnie par les plantes d'appartement, Le point vétérinaire *18* (95), 45-55
- McIntire, M.S., Guest, J.R., Proterfield, J.F. (1990): Philodendron - an infant death, J. Toxicol. Clin. Toxicol. *28* (2), 177-183
- Mrvos, R., Dean, B.S., Krenzelok, E.P. (1991): Philodendron/Dieffenbachia ingestions: are they a problem?, J. Toxicol. Clin. Toxicol. *29* (4), 485-491
- Pierce, J.H. (1970): Encephalitis signs from philodendron leaf, Mod. Vet. Pract. *51* (6), 42
- Sellers, J. et al. (1978): Toxicologic assessment of Philodendron oxycardium in domestic cats, Vet. + Hum. Tox. (20) 2

Primulaceae
- Calis, T., Satana, M.E., Yuruker, A., Kelican, P., Demirdamar, R., Alacam, R., Tanker, N., Ruegger, H., Sticher, O. (1997): Triterpene saponins from Cyclamen mirabile and their biological activities, J. Nat. Prod. *60* (3), 315-318
- Foerster, O.H. (1910): Primula dermatitis, JAMA *55*, 642

- Jaspersen-Schib, R. (1987): Giftige Zimmerpflanzen, Deutsche Apotheker Zeitung 127 (27), 1417-1423
- Krebs, M., Christensen, L.P. (1995): 2-methoxy-6-pentyl-1,4-dihydroxybenzene (miconidin) from primal abconica: a possible allergen?, Contact Dermatitis 33 (2), 90-93
- Leroux, V. (1984): Intoxications des animaux de compagnie par les plantes d'appartement, Dissertation, Alfort

Psilocybe
- Benedict, R., Tyler, V., Watling Jr. und R. (1967): Blueing in Conocybe, Psilocybe and a Stropharia species and the detection of Psilocybin, Lloydia 30, 150-157
- Horita, A., Weber, L. (1961): The enzymatic dephosphorylation and oxidation of Psilocybin and Psilocin by mammalian tissue homogenates, Biochem. Pharmacol. 7, 47-54
- Horita, A., Weber, L. (1962): Dephosphorylation of Psilocybin in the intact mouse, Toxicol. Appl. Pharmacol. 4, 730-737
- Jones, D.W.J. (1990): "Magic mushroom" poisoning in a colt, Vet. Rec. 127, 603
- Kirwan, A.P. (1990): "Magic mushroom" poisoning in a dog, Vet. Rec. 126, 149
- Lassen, J.F. (1990): Hallucinogenic psilocybine containing mushrooms. Toxins contained in Danish wild mushroom, Ugeskr Laeger 152 (5), 314-317

Rhododendron
- Faliu, L. (1991): Les intoxications du chien par les plantes et produits d'origine végétale, Pratique Médicale et Chirurgicale de l'Animal de Compagnie, 26 (6), 549-562
- Frape, D., Ward, A. (1993): Suspected rhododendron poisoning in dogs, Vet. Rec. 132 (20), 515-516
- Gerbaud, O. (1981): Le Rhododendron, Notes de Tox. Vet. 1981, 4 (3), 195-198
- Higgins, R.J., Hannam, D.A.R., Humphreys, D.J., Stodulski, J.B.J. (1985): Rhododendron poisoning in sheep, Vet. Rec. 116 (11), 294-295
- Hoffmann, H. (1980): Die Wirkung toxischer Pflanzeninhaltsstoffe auf den Wellensittich im Appetenzversuch und nach Zwangsverabreichung, Dissertation, Hannover
- Humphreys, D.J., Stodulski, J.B.J., Stocker, J.G. (1983): Rhododendron poisoning in goats, Vet. Rec. 113 (21), 403-504
- Jaspersen-Schib, R. (1987): Giftige Zimmerpflanzen, Deutsche Apotheker Zeitung 127 (27), 1417-1423
- Klein-Schwartz, W., Litovitz, T. (1985): Azalea toxicity: an overrated problem?, J. Toxicol. Clin. Toxicol. 23 (2-3), 91-101
- Leroux, V. (1984): Intoxications des animaux de compagnie par les plantes d'appartement, Dissertation, Alfort
- Rose, A., Pitchford, W., Monin, T., Burrows, G.W. (1988): Acute weakness and death in a cat, Vet. Hum. Tox. 30 (4), 334-335
- Schaller, K. (1983): Über einen Fall von Vergiftung nach Verfütterung von Rhododendron an Zirkuselefanten, Kleintierpraxis 28, 53-56
- Shannon, D. (1985): Rhododendron poisoning in sheep, Vet. Rec. 116 (16), 451
- Thiemann, A. (1991): Rhododendron poisoning, Vet. Rec. 128 (17), 411
- Verlangieri, A.J., Gawlikowski, J.N., Shapiro, R. (1976): Acute toxicity of Kalmia angustifolia (Sheep Laurel) extracts in the rat, Vet. Tox. 18 (3), 122-124

Anhang

- Zettl, K., Brömel, J. (1986): Ziergehölzvergiftungen bei Schaf und Ziege, Der praktische Tierarzt (4), 317–321

Rosaceae
- Stauffer, V.D. (1981): Poison caused by ingestion of chokecherry leaves in a dog, Veterinary Medicine / Small Animal Clinician (11), 1573

Rizinus
- Burgat Sacaze, V. (1981): Les intoxications des chiens par le tourteau de ricin, Notes de Tox. Vet. 4 (1), 62–66
- Costaz, A. (1993): Intoxications d'origine vegetale chez les carnivores domestiques, These, Lyon
- Jaspersen-Schib, R. (1996): Wichtige Pflanzenvergiftungen in der Schweiz 1966–1994, Schweiz. Med. Wschr. 126 (25), 1085–1098
- Jensen, W.I., Allen, J.P. (1981): Naturally occuring and experimentally induced castor bean (*Ricinus communis*) poisoning in ducks, Avian Dis. 25 (1), 184–194
- Krieger-Huber, S. (1980): Rhizin-Vergiftungen mit tödlichem Ausgang bei Hunden nach Aufnahme des biologischen Naturdüngers "Oscorna animalin", Kleintierpraxis 25, 281–286
- Tiano, F. (1977): L'intoxication du chien par le tourteau de ricin, Notes de Tox. Vet. 1977/2, 109–111

Ranunculus
- Winters, J.B. (1976): Severe urticarial reaction in a dog following ingestion of tall field buttercup, Veterinary Medicine / Small Animal Clinician (3), 307

Quercus
- Oladosu, L.A., Case, A.A. (1979): Large animal hepatotoxic and nephrotoxic plants, Vet. Hum. Tox. 21 (5), 363–365
- Warren, C.G.B., Vaughan, S.M. (1985): Acorn poisoning, Vet. Rec. (1), 82
- Wiseman, A., Thompson, H. (1984): Acorn poisoning, Vet. Rec. (12), 605

Senecio
- Bruckstein, S., Tromp, A.M., Perl, S. (1996): Heliotropium poisoning, Israel Journal of Veterinary Medicine 51 (2), 75–77
- Lombardo de Barros, C.S. et al. (1987): Liver biopsy in ragwort poisoning, Vet. Rec. (10), 382
- Monaghan, M.L., Sheahan, B.J. (1987): Liver biopsy in ragwort poisoning, Vet. Rec. (4), 374
- Oladosu, L.A., Case, A.A. (1979): Large animal hepatotoxic and nephrotoxic plants, Vet. Hum. Tox. 21 (5), 363–365

Tabak
- Vig., M.M. (1990): Nicotine poisoning in a dog, Vet. Hum. Toxicol. 32 (6), 573–575

Taxus
- Arai, M., Stauber, E., Shropshire, C.M. (1992):
  Evaluation of selected plants for their toxic effects in canaries
  JAVMA 200 (9), 1329–1331

Literatur

- Baker, I. (1992): Poison yew, In Practice 1992/1, 32
- Coenen, M., Bahrs, F. (1994): Eibenvergiftung bei Ziegen mit tödlichem Ausgang infolge unsachgemäßen Umgangs mit Heckenabschnitten, Dtsch. tierärztl. Wschr. *101* (9), 364-367
- De Sloovere, J., Debackere, M., Hoorens, J. (1971): Intoxicaties bij huisdieren, Vlaams Diergeneeskundig Tijdschift *40* (1), 8-29
- Evans, K.L., Cook, J.R. (1991): Japanese Yew poisoning in a dog, J. o. American Hospital Ass. *27*, 300-302
- Fiedler, H.H., Perron, R.M. (1994): Eibenvergiftungen bei australischen Emus, Berl. Münch. Tierärztl. Wschr. *107* (2), 50-52
- Jaspersen-Schib, R. (1990): Giftpflanzen als Weihnachtsschmuck, Deutsche Apotheker Zeitung *130* (51/52), 2766-2772
- Maxie, G. (1991): Another case of Japanese yew poisoning, Can. Vet. J. *32*, 370
- Neuteboom, J.H. (1994): Arrests hoge raad der Nederlanden over aansprakelijkheid bij vergifting paaren door Taxus baccata, Tjidschrift voor Diergeneeskunde *119* (20), 612
- Schüler, V. (1979): Tödliche Taxusvergiftung bei Weiderindern, Dtsch. tierärztl. Wschr. *86*, 29
- Shropshire, C.M., Stauber, E., Arai, M. (1992): Evaluation of selected plants for acute toxicosis in budgerigars, JAVMA *200* (7), 936-9393
- Thompson, G.W., Barker, I.K. (1978): Japanese Yew (Taxus cuspidata) poisoning in cattle, Can. Vet. J. *19*, 320-321
- Zettl, K., Brömel, J. (1986): Ziergehölzvergiftungen bei Schaf und Ziege, Der praktische Tierarzt 4/1986, 317-319

Theobroma
- Decker, R.A., Myers, G.H. (1972): Theobromine poisoning in a dog, JAVMA *161* (7), 198-199
- Drolet, R., Arendt, T.D., Stowe, C.M. (1984): Cacao bean shell poisoning in a dog, JAVMA *185* (8), 902
- Hoskam, E.G., Haagsma, J. (1974): Choccoladevergiftiging bij twee dashonden (Teckels) met dodelijke afloop, Tjidschrift voor Diergeneesk. *99* (10), 523-525
- Shaw, I.G. (1994): Theobromine poisoning in dogs, Vet. Rec. *134*, 560
- Strachan, E.R., Bennett, A. (1994): Theobromine poisoning in dogs, Vet. Rec. *134*, 284
- Sutton, R.H. (1981): Cacao poisoning in a dog, Vet. Rec. *109* (25-26), 563, 564

Urtica
- Edwards, W.C., Remer, J.C. (1983): Nettle poisoning in dogs, Veterinary Mdeicine / Small Animal Clinician (3), 347-350

Veratrum
- Fogh, A., Kulling, P., Wickstrom, E. (1983): Veratrum alkaloids in sneezing-powder a potential danger, J. Toxicol. Clin. Toxicol. *20* (2), 175-179
- Garnier, R., Carlier, P., Hoffelt, J., Savidan, A. (1985): Acute dietary poisoning by white hellebore. Clinical and analytical data. A propos of 5 cases, Ann. Med. Interne (Paris) *136* (2), 125-128
- Hruby, K., Lenz, K., Krausler, J. (1981): Veratrum album poisoning, Wien. Klin. Wochenschr. *93* (16), 517-519

- Quatrehomme, G., Bertrand, F., Chauvet, C., Ollier, A. (1993): Intoxication from Veratrum album, Hum. Exp. Toxicol. 12 (2), 111–115

Viscum album
- Jaspersen-Schib, R. (1990): Giftpflanzen als Weihnachtsschmuck, Deutsche Apotheker Zeitung *130* (51/52), 2766–2772
- Leroux, V. (1984): Intoxications des animaux de compagnie par les plantes d'appartement, Dissertation, Alfort
- Schmidt, S., Carson, T. (1987): Houseplant poisoning in small animals, Iowa State University Veterinarian *42* (1), 22–25
- Spiller, H.A., Willias, D.B., Gorman, S.E., Sanftleban, J. (1996): Retrospective study of mistletoe ingestion, J. Toxicol. Clin. Toxicol. *34* (4), 405–498
- Wagner, H., Feil, B., Bladt, S. (1984): Viscum album – die Mistel, Deutsche Apotheker Zeitung *124* (29), 1429–1432

Weihnachtsstern
- Atkins, C.E., Johnson, R.K. (1975): Clinical toxicities of cats, Veterinary Clinics of North America *5* (4), 623–652
- Costaz, A. (1993): Intoxications d'origine vegetale chez les carnivores domestiques, These, Lyon
- Dominguez, X.A., Delgado, J.G., Maffey, M.A. (1967): Chemical study of the latex, stems, bracts and flowers of "Christmas flower" (Euphorbia pulcherrima), Int. J. Pharm. Sci. *56* (9), 1184–1185
- Faliu, L. (1991): Les intoxications du chien par les plantes et produits d'origine végétale, Pratique Médicale et Chirurgicale de l'Animal de Compagnie, *26* (6), 549–562
- Hoffmann, H. (1980): Die Wirkung toxischer Pflanzeninhaltsstoffe auf den Wellensittich im Appetenzversuch und nach Zwangsverabreichung, Dissertation, Hannover
- Hornfeldt, C. (1989): Confusion over toxicity of poinsettia, JAVMA *194* (8), 1004
- Jaspersen-Schib, R. (1987):Giftige Zimmerpflanzen, Deutsche Apotheker Zeitung *127* (27), 1417–1423
- Klug, S., Saleem, G., Honcharuk, L., Marcus, S. (1990): Toxicity potential of Poinsettia, is the plant really toxic?, Vet. Hum. Toxicol. *32* (4), 368
- Shropshire, C.M., Stauber, E., Arai, M. (1992):Evaluation of selected plants for acute toxicosis in budgerigars, JAVMA *200* (7), 936–9393
- Smith-Kielland, I., Dornish, J.M., Malterud, K.E., Hvistendahl, G., Romming, C., Bockman, O.C., Kolsaker, P., Stenstrom, Y., Nordal, A. (1996): Cytotoxic triterpenoids from the leaves of Euphorbia pulcherrima, Planta Med. *62* (4), 322–325
- Winek, C.L., Butala, J., Shanor, S.P., Fochtman, F.W. (1978): Toxicology of poinsettia, Clin. Toxicol. *13* (1), 27–45

Yucca
- Adam, G. (1997): Persönliche Mitteilung
- Costaz, A. (1993): Intoxications d'origine vegetale chez les carnivores domestiques, These, Lyon
- Jaspersen-Schib, R. (1987):Giftige Zimmerpflanzen, Deutsche Apotheker Zeitung *127* (27), 1417–1423
- Leroux, V. (1984): Intoxications des animaux de compagnie par les plantes d'appartement, Dissertation, Alfort

- Mimaki, Y., Inoue, T., Kuroda, M., Sashida, Y. (1996): Steroidal saponins from Sansevieria trifasciata, Phytochemistry 43 (6), 1325-1331
- Okunji, C.O., Iwu, M.M., Jackson, J.E., Tally, J.D. (1996): Biological activity of saponins from two Dracaena species, Adv. Exp. Med. Biol. 404, 415-428

Literaturquellen Mykotoxine
- Barnikol, H. und Thalmann, A. (1986): Neuerliche Ausbreitung von Mutterkorn, eine wachsende Gefahr für Mensch und Tier?, Tierärztliche Umschau 41 (3), 178-185
- Barnikol, H. und Thalmann, A. und Wengert, D. (1985): Hautschäden bei neugeborenen Ferkeln in Zusammenhang mit einem Fusarientoxin (T-2-Toxin) und Mutterkorn, Tierärztliche Umschau 40 (9), 658-666
- Bauer, J. (1988): Krankheit und Leistungsdepression in der Schweinehaltung durch Mykotoxine, Tierärztl. Prax. Suppl. (3), 40-47
- Gedek, B. (1984): Mykotoxineinflüsse auf die Trächtigkeit und Laktation der Sau, Tierärztliche Umschau 39 (6), 461-469
- Griffiths, I.B., Done, S.H. (1991): Citrinin as a possible cause of pruritis, pyrexia, haemorrhagic syndrome in cattle, Vet. Rec. 129, 113-117
- Hocking, A.D., Holds, K., Tobin, N.F. (1988): Intoxication by tremorgenic mycotoxin (penitrem A) in a dog, Aust. Vet. J. 65 (3), 82-85
- Marasas, W.F. et al. (1976): Leukoencephalomalacia: a mycotoxicosis of Equidae caused by Fusarium moniliforme Sheldon, Onderstepoort J. Vet. Res. 43 (3), 113-122
- Naranjo Cerrillo, G. et al. (1996): Clinical and pathological aspects of an outbreak of equine leukoencephalomalacia in Spain, Zentralbl. Veterinarmed. A. 43 (8), 467-472
- Peterson, D.W. et al. (1982): A comparative study of sheep and pigs given the tremorgenic mycotoxins verruculogen and penitrem A, Res. Vet. Sci. 33 (2), 183-187
- Richard, J.L., Bacchetti, P., Arp, L.H. (1981): Moldy walnut toxicosis in a dog, caused by the mycotoxin, penitrem A, Mycopathologia 76 (1), 55-58
- Riet-Correa, F. et al. (1988): Agalactia, reproductive problems and neonatal mortality in horses associated with the ingestion of *Claviceps purpurea*, Aust. Vet. J. 65 (6), 192-193
- Ross, P.F. et al. (1991): Fumonisin B1 concentration in feeds from 45 confirmed equine leukoencephalomalacia cases, J. Vet. Diagn. Invest. 3 (3), 238-241
- Schub, M. und Baumgartner, W. (1988): Mikrobiologisch und mykotoxikologisch kontaminierte Futtermittel als Krankheitsursache bei Rindern, Wien. tierärztl. Mschr. (9), 329-332
- Smith, G.W. et al. (1996): Effects of fumonisin-containing culture material on pulmonary clearance in swine, AJVR 5 (8), 1233-1238
- Uhlinger, C. (1991): Clinical and epidemiologic features of an epizootic of equine leukoencephalomalacia, J. Am. Vet. Med. Assoc. 198 (1), 126-128
- P. C. Wälchli, G. Mukherjee-Müller und C.H. Eugster, Helv. chim. Acta 61, 921 (1978).

Originalarbeiten
- Habermehl, G., Steroid Alkaloids, in: MTP Internat. Rev. Sci. (Ed.: K. Wiesner), MTP Publishing Co., Oxford 1973.

- Maretic, Z., Russell F.E., und Ladavac J., Period. biol. *80*, (Suppl. 1), 141 (1978). C.R. Hutchinson, J. org. Chem. 39, 1958 (1974).
- Mello, J.R.B. und Habermehl, G. „Untersuchungen der Auswirkungen von kalzinogenen Pflanzen – Qualitative und quantitative Bewertung", Deutsche Tierärztl. Wochenschrift 105, 25–29 (1998)
- Miller, R.W. A Brief Survey of Taxus Alkaloids and other Taxane Derivatives, J. Nat. Prod. *43*, 425 (1980).
- Stahl, N., Weinberger, A., Benjamin D. und Pinkhas, J., Am. J. Med. Sci., *278*, 77 (1979).
- Weber-Kirchner, Cornelia, Dissertation Tierärztliche Hochschule Hannover, 1978.
- Schildknecht, H., Angew. Chemie *93*, 164 (1981).
- Budzikiewicz, H. und Thomas, H., Z. Naturforsch. *27b*, 800 (1972).
- Lavie D., und Glotter, E., Fortschr Chemie organ Naturstoffe, Springer, Heidelberg, 1971. – Älteste Erwähnung der Pflanze: Bibel, Buch der Könige II, 4, Vers 38–41.
- Bohlmann F., und Schumann, D., Lupine Alkaloids, in: The Alkaloids (Manske, R.H.F., Ed.), Vol. IX. p. 176 ff.
- Schildknecht, H., Angew. Chem. *93*, 164 (1981).
- Budzikiewicz, H. und Thomas, H., Z. Naturforsch. *27b*, 800 (1972).
- Habermehl, G.G., „Steroid alkaloides" in MPT. Int. Rev. of Sci., Organ. chem., Vol. 9, p. 235 (Hey, D.H., Wiesner, K.F., Eds.). Butterworths, London, 1973
- Hdb. d. Exp. Pharmakologie, Vol. 56, Cardiac Glycosides (Graeff, K., Editor), Springer-Verlag, Berlin–Heidelberg–New York, 1981
- Eugster, C.H., Chemie der Wirkstoffe aus dem Fliegenpilz, in: Fortschritte der Chemie organischer Naturstoffe, Bd. XXVII, 261 (1969). Springer, Berlin, Heidelberg, New York
- Wieland, Th., The Toxic Peptides of Amanita phalloides, in: Fortschritte der Chemie organischer Naturstoffe, Bd. XXV, 214 (1967). Springer, Berlin Heidelberg New York
- Eugster, C.H., Helv. chim. Acta *40*, 886 (1957).
- List, P.H. und Hackenberg, H., Arch. Pharm. *302*, 125 (1969). – Z. Pilzheilkunde *39*, 97 (1973).
- List, P.H und Luft, P., Arch. Pharm. *301*, 294 (1968). – List, P.H. und Sundermann, G., Dtsch. Apotheker Ztg *114*, 331 (1974)

Glossar

Agalaktie	Fehlende Milchsekretion während der Laktationsperiode
Agonist	durch Besetzung eines Membranzeptors wirksame physiolog. Substanz bzw. Arzneimittel
Agranulozytose	hochgradige Verminderung der granulierten Leukozyten (Granulozytopenie) und Störung der Granulozytopoese
Allopathie	die Heilmethode(n) der Schulmedizin
Amenorrhoe	das Nichteintreten oder Ausbleiben der Regelblutung bei der geschlechtsreifen Frau
Amplitude	med. Gebrauch: Atemzugtiefe
Analeptika	Arzneimittel mit zentralerregender Wirkung
Analgetikum	schmerzstillende Arzneimittel
Anästhesie	Unempfindlichkeit gegenüber somato- und viszerosensiblen Reizen
Anisokorie	ungleiche Weite der Pupillen beider Augen
Anisozytose	ungleiche Größe vergleichbarer Zellen
Ankylosen	durch Krankheitsprozesse im Gelenkinneren bedingte vollständige Gelenksteife
Anorexie	Verlust des Nahrungstriebes; auch Appetitlosigkeit
Anöstrus	Ausbleiben des Östrus
Antagonist	der Gegenspieler des Agonisten, Substanz mit entgegengesetzter Wirkung
Antidot	Gegengift
Antipyretikum	fiebersenkendes Mittel
Antispasmodium	Mittel gegen Krämpfe der glatten Muskulatur
Anurie	fehlende oder auf maximal 100 ml/24h verminderte Absonderung des Harns
Aphonie	Stimmlosigkeit
Arteriites	Entzündung einer Arterie
Arthrogrypose	angeborene einseitige oder symmetrisch beidseitige systemische Versteifung und Luxationen der – v.a. großen – Gelenke
Aszites	Bauchwassersucht
Ataxie	Störung der Bewegungsabläufe und Haltungsinnovation
Ätiologie	Lehre von den Ursachen der Krankheiten
Atonie	Schlaffheit, d.h. fehlenden oder mangelhafter Spannungszustand (Tonus) eines Gewebes bzw. Organs

Anhang

Atresie	das Fehlen der natürlichen Mündung (Blindendatresie) oder Lichtung eines Hohlorgans
Atrophie	Gewebsschwund infolge Mangelernährung der Gewebe
Blepharospasmus	der Lidkrampf
Bradykardie	langsam – regelmäßige oder unregelmäßige – Herzschlagfolge
Coma hepaticum	Leberkoma
Dehydration	Austrocknung
Dermatitis	die akute Hautentzündung
dermatotoxisch	hautschädigend
Diarrhoe	Durchfall
Diathese, hämorrhagische	Blutungsneigung
Diuretikum	harntreibende, den Harnfluß fördernde Mittel
Dosis, letale	Grenzwert der eben noch tödlichen Menge eines Giftes
Dysmenorrhoe	Menstruation mit – kolikartigen – Unterleibsschmerzen
Dysphagie	Störung des Schluckaktes
Dyspnoe	Atemnot
Dystokie	abnormaler Geburtsverlauf
Effekt, inotroper	die Kontraktionskraft des Herzens betreffend
Ekchymosen	Hautblutungen
Ekzem	akute, subakute oder chronische Erkrankung der Oberhaut
Emetikum	Brechmittel
Endokard	Innenhaut des Herzens
Enteritis,	Darmentzündung
enterohepatischer Kreislauf	Transportweg für die mit der Galle ausgeschiedenen und in tieferen Darmabschnitten wieder rückresorbierbaren und in die Leber gelangenden Substanzen
Enterozyten	Darmzellen
Eosinopenie	Verminderung (bis Fehlen) der eosinophilen Granulozyten im peripheren Blut
Epikard	das mit der äußeren Oberfläche des Herzmuskels verwachsene innere Blatt des Perikards als äußerste Schicht der Herzwand
Erosion	nässender, nicht-blutender, nur das Epithel betreffender Substanzverlust der Haut oder Schleimhaut
Erythem	mehr oder weniger umschriebene Hautrötung infolge Erweiterung und vermehrter Füllung der Blutgefäße; verschwindet auf Druck
Exanthem	Hautausschlag
Exzitation	Aufregung, Erregung
Faszikulation	fibrilläres Zittern; diskrete, subkutane spontane Kontraktionen einzelner Einheiten des Skelettmuskels als Ausdruck erhöhter Erregbarkeit

Glossar

Fibrose	krankhafte Bindegewebsvermehrung in Organen
gastrointestinal	Magen und Dünndarm betreffend
Glukosurie	erhöhte Ausscheidung von Glukose im Harn
hämangiotoxisch	blutgefäßschädigend
Hämaturie	pathologische Ausscheidung von Erthrozyten im Urin
Hämoglobinurie	zeitweises Auftreten von Hämoglobin im erythrozytenfreien Harn
Hämolyse	Zersetzung der Erythrozyten
Hämorrhagie	Blutung
Hämosiderose	vermehrte Eisenablagerung in Form von Hämosiderin
Hämostyptikum	Mittel für die Blutstillung
Hämothorax	Ansammlung aus den Gefäßen ausgetretenen Blutes im Brustraum
Hapten	einfache, niedermolekulare chemische Verbindung, die für die Spezifität eines Antigens (AG) verantwortlich bzw. durch ihre Struktur zur spezifischen Bindung des Antikörpers befähigt ist, im Gegensatz zum Voll – AG aber keine Immunität erzeugt
Hepatitis	Leberentzündung
Hepatomegalie	Vergrößerung der Leber
hepatotoxisch	leberschädigend
Herbivoren	Pflanzenfresser
Hydrothorax	Ansammlung seröser Flüssigkeit der Chylus im Brustraum
Hyperämie	vermehrte Blutfülle in einem Kreislaufabschnitt
Hyperglykämie	krankhafte Erhöhung des Blutzuckers
Hyperplasie	Größenzunahme eines Organs, Gewebes durch Vermehrung der spezifischen Parenchymzelle
Hypersalivation	vermehrte Speichelbildung
Hyperthermie	Überwärmung des Körpers gegen die Tendenz des Wärmeregulationszentrums
Hypertonie	Bluthochdruck
Hypoglykämie	Unterzuckerung
Hypothermie	Unterkühlung
Hypotonie	niedriger Blutdruck
Ikterus	Gelbsucht
Ileus	Darmverschluß
Indikation	die (Heil-) Anzeige
Ingestion	Nahrungsaufnahme
Insuffizienz	ungenügende Funktion bzw. Leistung eines Organ(system)s
Intoxikation	Vergiftung
kanzerogen	krebserregend
Kardiomyopathie	Erkrankung des Herzmuskels
Kardiotoxin	Herzgift
Karnivoren	Fleischfresser

Anhang

Kolik	krampfhafte Zusammenziehung der Muskulatur eines Bauchorgans
kompetitiv	auf Wettbewerb beruhend; z.B. k. Antagonist (eine durch Konkurrenz mit dem Wirkstoff um den entsprechenden Rezeptor) den Wirkstoff hemmende Substanz
Konjunktivitis	Bindehautentzündung
Konvulsion	ein sich in Serien wiederholendes, klonisches oder tonisches Krampfgeschehen der Körpermuskulatur
Krämpfe	rhythmische Kontraktionen von Muskelgruppen
Kreuzreaktion	Antigen- Antikörper- Reaktion im Fall der Kreuzimmunität
Laktation	Milchproduktion und – ausschüttung durch die Brustdrüse
Latenzzeit	Zeit zwischen Reizeintritt und Reizantwort bzw. Toxinaufnahme bis Auftreten der Symptomatik
Leukopenie	verminderte Leukozytenzahl
Mastitis	Brustdrüsen bzw. Euterentzündung
Meningismus	Pseudomeningitis; meningeales Syndrom bei nicht nachweisbaren Zeichen einer Meningitis
Miosis	Engstellung der Pupille
MMA-Komplex	Mastitis, Metritis, Agalaktie
Mortalitätsrate	Prozentsatz an Todesfällen
Mutagen	Faktor, der die Mutation auslöst
Mydriasis	Weitstellung der Pupille
Mydriatikum	Mittel, das die Weitstellung der Pupille bewirkt
Mykotoxikose	Vergiftung durch Stoffwechselprodukte bestimmter Schimmelpilze
Myopathie	Muskelerkrankung
Nekrose	örtliches Absterben von Zellen, Gewebe oder Organen
Nephritis	Nierenentzündung
nephrotoxisch	nierenschädigend
neurotoxisch	nervenschädigend
Nystagmus	Augenzittern mit langsamer Bewegung in der einen und schneller nachfolgender in der entgegengesetzten Richtung
Obstipation	Verstopfung
Ödem	Gewebswassersucht
Opisthotonus	extreme dorsalkonkave (nach hinten) Körperbeugung
Palatoschisis	Gaumenspalte
Paralyse	komplette, i.w.S. auch teilweise (= Parese) periphere oder zentrale Unterbrechung der nervalen Versorgung
Parästhesie	Mißempfindung der Haut
parenteral	unter Umgehung des Verdauungstraktes
Peritonitis	Bauchfellentzündung

Glossar

per os	über den Mund
petechiale Blutung	punktförmige Blutung
Photo-Sensibilisierung	Herabsetzung der Lichtreizschwelle der Haut durch endo – oder exogene Einlagerung lichtsensibilisierender Stoffe
Pneumonie	Lungenentzündung
Polydypsie	krankhaft gesteigertes Durstgefühl mit übermäßiger Flüssigkeitsaufnahme
Polyurie	übermäßige Harnausscheidung
Prophylaxe	Krankheitsvorbeugung
Proteinurie	die Ausscheidung vorwiegend niedermolekularer Proteine in einer Konzentration über 0,2–0,3 g/l.
Pruritus	Juckreiz
Rekonvaleszenz	die Phase der Genesung
Resorption	die Aufnahme von Wasser und gelösten Stoffen durch lebende Zellen
Reye's Syndrom	akute, meist tödliche Leber-Hirn-Erkrankung v.a. des späten Säuglings- und des Kleinkindalters im Anschluß an einen fieberhaften Infekt der Atmungsorgane
Rhabdomyolyse	Auflösung quergestreifter Muskelfasern
Rhinitis	Nasenschleimhautentzündung
Rhizom	Wurzelstock
Ruminotomie	Eröffnung des Pansens
Salivation	Speicheln
Siderose	Ablagerung von Eisen im Körpergewebe
Skoliose	dauerhafte seitl. Krümmung der Körperachse
Spezies	Art
Splenomegalie	akute oder chronische Milzvergrößerung
Stomatitis	Entzündung der Mundschleimhaut
Syndaktylie	angeborene Verwachsung von Fingern oder Zehen
Synergist	Substanz, die in ihrer Wirkung andere unterstützt
Tachykardie	Beschleunigung der Herzfrequenz
Tachypnoe	Beschleunigung der Atemfrequenz
Tenesmus	anhaltender schmerzhaft- spast. Stuhl- bzw. Harndrang
teratogen	Fehlbildung erzeugend
Thrombozytopenie	Mangel an Thrombozyten
Torticollis	Schiefhals
Toxizität	Giftigkeit
Tympanie	Aufgasung, Verwendung, offizinelle Verwendung als Arzneimittel
Vasokonstriktion	Engstellung von Blutgefäßen
Zyanose	bläuliche Verfärbung der Haut und Schleimhaut
Zytostatikum	Substanzen, die den Eintritt der Kern- und/oder Plasmateilung verhindern oder erheblich verzögern bzw. ihren Ablauf unterbrechen, stören

Sachwortverzeichnis

A
α-Phellandren 161
Absinthismus 160
Acetylandromedol 135
Aconitin 70, 71
Aconitum napellus 68
Aconitum vulparia 72
Adlerfarn 9
Aethusa cynapium 125
Aflatoxikose 189, 192
Aflatoxin 192
Agaricinea 169
Agavaceae 46
Agaven 46
Aglaonema 33
Agrostemma githago 66
Alimentäre toxische Aleukie 200
Allium canadense 43
Allium cepa 43
Allylsenföl 88
Alocasia 33
Alpenrose 133
Alpenveilchen 136
Amanita citrina 172
Amanita muscaria 169
Amanita pantherina 171
Amanita phalloides 172
Amanita verna 172
Amanita virosa 172
Amanitin 174
Amaryllidaceae 44
Amygdala amara 90
Amygdalin 92
Anabaena circinalis 209
Anabaena flos-aquae 209
Anabasin 151
Anacardiaceae 108
Anatabin 151
Anatoxin A 209
Anatoxin A(s) 210
Andromeda polifolia 132
Andromedotoxin 132
Anemone pulsatilla 77

Anemonin 78
Anthurie 33
Aphanizomenon flos-aquae 209
Apiaceae 117
Apocynaceae 138
Araceae 27
Araliaceae 115
Aristolochia clematitis 64
Aristolochiaceae 64
Aristolochiasäure 65
Aronstabgewächse 27
Artemisia absinthium 160
Artemitin 161
Arum maculatum 27
Asebotoxin 132
Aspergillus flavus 189
Aspergillus luteum 195
Aspergillus nidulans 195
Aspergillus ochraceus 200
Aspergillus parasiticus 192
Aspergillus ruber 195
Aspergillus rugulosus 195
Aspergillus ryzae 192
Aspergillus versicolor 195
Asteraceae 160
Atropa bella-donna 145
Atropin 146, 149
Aucubin 159
Avocado 67
Azalee 133

B
Balkan-Nephropathie 202
Bedecktsamer 23
Berberin 79
Besenginster 96
Bilsenkraut 147
Bingelkraut 100
Birkenreizker 180
Blaufleckender Kahlkopf 183
Bogenhanf 48
Boletceae 181
Boletus satanas 181

Sachwortverzeichnis

Brassica napsus 85
Brassica nigra 84
Brassica oleracea 87
Brassicaceae 84
Brennessel 61
Brennesselgewächse 61
Brunfelsia pauciflora 152
Brunfelsia uniflorus 152
Bryodulcosigenin 89
Bryogenin 89
Bryonia alba 88
Bryonia dioica 88
Buchengewächse 53
Buchsbaum 110
Bufadienolide 157
Butterblume 73
Buxaltin 112
Buxamin 112
Buxaminol 112
Buxanin 112
Buxiramin 112
Buxpsiin 112
Buxtauin 112
Buxus sempervirens 110
Buxus 110

C

C-Toxine 210
Caladium 33
Calastraceae 106
Calla pallustris 27
Cannabaceae 56
Cannabidiol 59
Cannabinol 59
Cannabis sativa 56
Caryophyllaceae 66
Cestrum diurnum 50
Cestrum leavigatum 50
Chaerophyllin 121
Chaerophyllium temulum 120
Chelidonin 79
Chelidonium maius 79
Christrose 75
Cicuta virosa 121
Cicutoxin 122
Citreoviridin 196
Citrinin 202
Cladosporium 200
Claviceps purpurea 189, 191
Clitocybe dealbata 178
Clitocybe rivulosa 178
Codein 82
Colchicein 38
Colchicin 38

Colchicum autumnale 36
Conhydrin 120
Coniin 119
Conium maculatum 117
Convallaria maialis 40
Convallatoxin 41
Coptisin 79
Coronilla varia 98
Cortinariinae 177
Cotoneaster horizontalis 92
Croton variegatus 103
Crotonylsenföl 88
Cryophyllen 161
Cryptopin 81
Cucurbitaceae 88
Cucurbitacin L 90
Cyanobakterien 209
Cyanophyceae 209
Cycadaceae 19
Cycas circinalis 20
Cycas revoluta 19
Cycas 19
Cycasin 21
Cyclamen europaeum 136
Cyclamen persicum 136
Cyclamin 137
Cyclobuxin D 112
Cytisin 96
Cytisus scoparius 96

D

Daphne mezereum 130
Daphnetoxin 131
Daphnoretin 131
Daphnosin 131
Datura stramonium 148
Deg-Nala-Krankheit 198
Dehydronivalenol 200
Delcosin 77
Delphinium consolida 76
Delsolin 77
Demissidin 144
Desoxynivalenol 197
Diacetoxy-scirpenol 199
Diacetyl-nivalenol 200
Dichternarzisse 44
Dicotyledonae 51
Dieffenbachia 29
Digitalis grandiflora 154
Digitalis lanata 154
Digitalis lutea 154
Digitalis purpurea 154
Digitoxin 158
Digoxin 158

253

Dracaena cinnabari 47
Dracaena deremensis 47
Dracaena draco 47
Dracaena 47
Drachenbaum 47
Dryopterix filix-mas 11

E
Efeu 115
Efeugewächse 115
Eibe 15
Eibengewächse 15
Eichelkrankheit 53
Einbeere 35
Eisenhut 68
Elaterin 90
Equisetaceae 7
Equisetum arvense 7
Equisetum palustre 7, 8
Equisetum 7
Ergocornin 192
Ergocristin 192
Ergokryptin 192
Ergosin 192
Ergotamin 192
Ergotismus convulsivus 191
Ergotismus gangränosus 191
Ericaceae 131
Ethusin 125
Euphorbia pulcherima 99, 102
Euphorbia 101
Euphorbiaceae 99
Evodon 108
Evonin 108
Evonosid 107
Evonymus europaeus 106

F
F-2-Toxin 203
Fabaceae 92
Fagaceae 53
Fagus silvatica 53
Falcarinol 116
Farnpflanzen 5
FDF 210
Feigen 55
Feldtrichterling 178
Ficus 55
Fingerhut 154
Flaum-Eiche 53
Fliegenpilz 169
Freiblättler 169
Frühlings-Knollenblätterpilz 172
Fumonisin B1 196

Fusarenon-X 200
Fusariotoxikosen 196
Fusarium graminearum 203
Fusarium moniliforme 196, 203
Fusarium nivale 203
Fusarium oxysporum 203
Fusarium poae 200
Fusarium roseum 203
Fusarium sporotrichoides 200
Fusarium 196, 197

G
γ-Conicein 119, 120
Galanthamin 46
Galega officinalis 97
Galegin 98
Garten-Bohne 99
Garten-Tulpe 33
Gefleckter Aronstab 27
Geißblatt 159
Geißraute 97
Gelber Knollenblätterpilz 172
Gemeiner Wurmfarn 11
Gentiana lutea 42
Germer 41
Geschweifter Rißpilz 177
Gezonter Düngerling 183
Gift-Efeu 108
Giftaron 29
Gifteiche 109
Giftprimel 135
Giftwicke 98
Githagenin 66
Glockenbilsenkraut 147
Gnadenkraut 153
Gnidizin 131
Goldhafer 50
Goldregen 95
Gonyautoxine 210
Gramineae 48
Gränke 132
Gratiogenin 153
Gratiola officinalis 153
Grüner Knollenblätterpilz 172
Gyromitra esculenta 181
Gyromitra vernalis 181
Gyromitrin 183

H
Hahnenfuß 73
Hahnenfußgewächse 68
Hanf 56
Hanfgewächse 56
Hedera 115

Hederasaponin C 116
Heidekrautgewächse 131
Helleborus niger 75, 157
Hellebrigenin 76, 158
Helvaellaceae 181
Helvella esculenta 181
Helvellasäure 183
Heracleum spondylium 125
Herbstzeitlose 36
Herkuleskraut 125
Herz-Beri-Beri 196
Hortensie 127
HT-2-Toxin 199
Hundsgiftgewächse 138
Hundspetersilie 125
Huratoxin 131
Hydrangea 127
Hydrangenol 128
Hydrazinderivate 183
Hyoscyamin 146, 149
Hyoscyamus niger 147
Hypericaceae 113
Hypericin 115
Hypericum perforatum 113
Hyperöstrogenismus 203

I
Ibotensäure 170
Inocybe aeruginascens 183
Inocybe fastigiata 177
Inocybe geophylla 177
Inocybe lateraria 177
Isopropylsenföl 88

J
Jacolin 162
Japanische Eibe 15
Jervin 42
Johanniskraut 113
Juckreiz-Fieber-Hämorrhagiesyndrom 202

K
Kahlkopf 183
Kakaobaum 128
Kälberkopf 120
Kalmia angustifolia 134
Kalmia 133
Klappertopf 158
Klatschmohn 83
Kolchikon 38
Köpfchenblütler 160
Korallenbäumchen 144
Kornrade 66

Kreuzblütler 84
Kreuzkraut 162
Kroton 103
Küchenzwiebel 43

L
Laburnum anagyroides 95
Lactarius torminosus 180
Lactarius vellereus 180
Laudanosolin 82
Lauraceae 67
Ledol 132
Ledum palustre 131
Leukoenzephalomalazie 196
Liliaceae 33
Liliengewächse 33
Lipopolysaccharid-Endotoxine 209
Lolin 49
Lolium temulentum 48
Lonicera caprifolium 159
Lonicera xylosteum 159
Loranthaceae 62
Lorbeergewächse 67
Lorchelpilze 181
LSD 185
Lupanin 94
Lupine 92
Lupinin 94
Lupinus luteus 92
Lycoctonin 72
Lycorin 46

M
Maiglöckchen 40
Manaca 152
Mandelbaum 90
Maulbeerbaumgewächse 55
Mehrblütige Narzisse 44
Melampyrum arvense 158
Melampyrum cristatum 158
Melampyrum nemorosum 158
Melampyrum pratense 158
Melampyrum silvaticum 158
Mercurialis annua 100
Mercurialis perennis 100
Methylchavicol 68
Mezerein 131
Mezerenol 131
Microcystine 210
Microcystis aeruginosa 209
Microcystis toxica 209
Mistel 62
Mistelgewächse 62
Mohngewächse 79

moldy corn poisoning 196
Monocotyledonae 25
Monstera deliciosa 32
Moraceae 55
Morphin 82
Muscarin 178, 181
Muscazon 170
Muscimol 170
Mutterkornpilz 189, 191
Mykotoxikosen 189
Myosmin 151

N
N-Methyl-coniin 120
Nachtschattengewächse 141
Nacktsamer 13
Napellin 70
Narcissidin 46
Narcissus incomparabilis 44
Narcissus poeticus 44
Narcissus pseudonarcissus 44
Narcissus tazetta 44
Narcotin 81
Neolin 70
Neosolaniol 199
Nerium oleander 138
Nicotiana tabacum 149
Nicotin 151
Nieswurz 41
Nivalenol 200
Nodularia spumigena 209
Nodularin 210
Nor-nicotin 151
Norbuxamin 112

O
O-Acetyl-andromedol 132
Ochratoxin 200
Oenanthe aquatica 123
Oenanthe crocata 123
Oenanthe fistulosa 123
Oenantheton 123
Oenanthotoxin 123
Oleander 138
Oleandrin 141
Oscillatoria agardhii 209
Oscillatoria rubescens 209
Osterblume 77
Osterglocke 44
Osterluzei 64
Östrogenismus 203

P
Palmfarn 19

Palmlilie 46
Palustridin 8
Palustrin 8
Palustrol 132
Panaeolus subbalteatus 183
Papaver rhoeas 83
Papaver somniferum 80
Papaveraceae 79
Papaverin 81
Paris quadrifolia 35
Penicillium citreoviride 196
Penicillium citrinum 202
Penicillium crustosum 204
Penicillium cyclopium 200, 204
Penicillium palitans 204
Penicillium verrucosum 204
Penicillium viridicatum 200, 202
Penitrem 204
Pennogenin 48
Persea americana 67
Pfaffenhütchen 106
Phalloidin 174
Phallolysine 176
Phaseolus vulgaris 99
Philodendron scandens 32
Philodendron 32
Phorbol 104
Pimpinellin 127
Pluviin 46
Poaceae 48
Polypodiaceae 9
porcine pulmonary edema 197
Primeldermatitis 135
Primeln 135
Primin 136
Primula obconica 135
Primulaceae 135
Pro-chamazulenogen 161
Protoanemonin 78
Protopin 81
Prunus amygdalus 90
Pseudo-conhydrin 120
Psilocin 184
Psilocybe cyanescens 183
Psilocybe semilanceata 183
Psilocybe 183
Psilocybin 184
PSP 210
Pteridium aquilinum 9
Pteridophyta 5
Pterosin A 11
Pterosin J 11
Pyracantha coccinea 92

Sachwortverzeichnis

Q
Quercus petreae 53
Quercus pubescens 53
Quercus robur 53

R
Rachenblütler 153
Ranunculaceae 68
Ranunculin 74
Ranunculus acer 73
Ranunculus bulbosus 74
Ranunculus sceleratus 75
Raps 85
Rhinanthus alecterolophus 158
Rhinanthus minor 158
Rhododendron luteum 134
Rhododendron ponticum 134
Rhododendron simsii 133
Rhododendron 133
Rhodotoxin 132
Rhus typhina 109
Rhus 108
Ricin 105
Ricinus communis 104
Rinnigbereifter Trichterling 178
Ritterpilze 178
Rittersporn 76
Rizinus 104
Röhrlinge 181
Rosaceae 90
Rotbuche 53
Rubijervin 42
Russula emetica 179
Russulaceae 179

S
Sagopalme 19
Samenpflanzen 13
Sansevieria trifasciata 48
Sansevieria 48
Sarothamnus scoparius 96
Satanspilz 181
Saxifragaceae 127
Saxitoxin 210
Schachtelhalmgewächse 7
Schalennarzisse 44
Schierling 117
Schlafmohn 80
Schlangenwurz 27
Schleierblätter 177
Schmetterlingsblütler 92
Schöllkraut 79
Schuppenpilze 183
Schweine-Nephropathie 202

Scindapsus 33
Scopolamin 146 ff.
Scopolia carniolica 147
Scrophulariaceae 153
Seidelbast 130
Seidenrißpilz 177
Senecio aquaticus 162
Senecio jacobaea 162
Senecio vulgaris 162
Senecionin 162
Senf 84
Sinapin 88
Sinapis alba 84, 85
Sinigrin 88
Soladulcidin 144
Solanaceae 141
Solanidin 144
Solanum dulcamara 141
Solanum glaucophyllum 50
Solanum lycopersicum 141
Solanum malacoxylon 50
Solanum nigrum 141
Solanum pseudocapsicum 144
Solanum tuberosum 141
Spartein 94, 97
Spathiphyllum 33
Speiseorchel 181
Speitäubling 179
Spitzkegeliger Kahlkopf 183
Sprödblättler 179
St.-Antonius-Feuer 189, 191
Stachybotryo-Toxikose 189, 198
Stachybotrys alternatus 189, 198
Stangeriaceae 19
Stechapfel 148
Steineiche 53
Sterculiaceae 128
Sterigmatocystin 195
Stieleiche 53
Stophariaceae 183
Sturmhut 68
Stylopin 79
Sumach 108
Sumpf-Porst 131
Süßgräser 48
Syngonium 33

T
T-2-Toxin 199
Tabak 149
Taumel-Loch 48
Tausendlochkraut 113
Taxaceae 15
Taxin-l 18

257

Taxol 18
Taxus baccata 15
Taxus cuspidata 15
Taxusin 18
Tetraacetyl-nivalenol 200
Thebain 82
Theobroma cacao 128
Theobromin 129
Thevetica peruviana 138
Thujon 161
Thymelaceae 130
Thymelein 131
Tollkirsche 145
Tomatidin 144
Toxicodendron 108
trans-Δ^1-Tetrahydrocannabinol 59
trans-Δ^6-Tetrahydrocannabinol 59
Tremorgene 204
Tricholomaceae 178
Trichothecene 197
Trichothecin 200
Trichothecolon 200
Trisetum flavescens 50
Tropinon 146
Tulipa gesneriana 33
Tuliposid A 34
Tüpfelfarne 9

U
Urtica chamaedryoides 61
Urtica dioica 61
Urtica pilulifera 61
Urtica urens 61
Urticaceae 61

V
Velleral 180
Veratramin 42
Veratrum album 41
VFDF 209
Viscotoxine 63
Viscum album 62
Vomitoxin 197

W
Wachtelweizen 158
Warzenkraut 73
Wasserfenchel 123
Wasserschierling 121
Weihnachtsstern 102
Weißer Knollenblätterpilz 172
Weißer Senf 84
Wermut 160
Wiesendermatitis 126
Wolfsmilch 101
Wolfsmilchgewächse 99
Wolfstod 72

X
Xanthotoxin 127
Xylostosidin 160

Y
Yucca 46

Z
Zamiaceae 19
Zantedeschia 33
Zaunrübe 88
Zearalenon 203
Ziegelroter Rißpilz 177
Zinnkraut 7

Druck: Saladruck, Berlin
Verarbeitung: Buchbinderei Lüderitz & Bauer, Berlin

Tafelteil

F1

Dryopterix filix-mas, Gemeiner Wurmfarn

Tafelteil

Taxus baccata L., Eibe

Rhododendron spp., Rhododendron

Cycas spp., Palmfarn

Tafelteil

F4

Dracaena marginata, Drachenbaum

Tafelteil

F5

Laburnum anagyroides Med. (Cytisus laburnum L.), Goldregen

Tafelteil

Sarothamnus scoparius (Cytisus scoparius), Besenginster

Euphorbia pulcherrima, Weihnachtsstern

Hedera spp., Efeu

Hydrangea spp., Hortensie

Tafelteil

Dieffenbachia spp., Dieffenbachie

P. Schopfer, A. Brennicke

Pflanzenphysiologie

Die Autoren gehören heute zu den wenigen, die das gesamte Gebiet der Pflanzenphysiologie mit gleicher Kompetenz überblicken. In diesem grundlegenden und umfassenden Lehrbuch wird didaktisch geschickt betont, auf welchen experimentellen Daten die Hypothesen und Theorien beruhen. Fallstudien, zahlreiche, z.T. zweifarbige Abbildungen und ausführliche Literaturangaben runden die Darstellung ab.
Die 5. Auflage ist umfassend aktualisiert; ein neues Kapitel über transgene Pflanzen ist hinzugekommen und Farbfotos veranschaulichen die Fallbeispiele. Eine zweite Farbe für Abbildungen und Layout erhöht die Lernfreundlichkeit und Übersichtlichkeit. Ein solides Wissensfundament für Biologiestudenten, Agrar- und Forstwissenschaftler sowie Industriebiologen.

5., grundlegend überarb. u. aktualisierte Aufl. 1999.
XX, 695 S. 676 Abb, 28 in Farbe, 46 Tab. Geb.
DM 129,-; öS 942,-; sFr 117,50
ISBN 3-540-64231-5

Springer

Springer-Verlag · Postfach 14 02 01 · D-14302 Berlin
Tel.: 0 30 / 82 787 - 2 32 · http://www.springer.de
Bücherservice: Fax 0 30 / 82 787 - 3 01,
e-mail: orders@springer.de
Zeitschriftenservice: Fax 0 30 / 82 787 - 4 48,
e-mail: subscriptions@springer.de

Preisänderungen (auch bei Irrtümern) vorbehalten
d&p · 64231 SF

G.G. Habermehl

Gift-Tiere und ihre Waffen

Eine Einführung für Biologen, Chemiker und Mediziner.

Habermehls Gift-Tiere ist eines der wissenschaftlichen Standardwerke zum Thema, das sich durch die verständliche Darstellung und die konkreten Ratschläge aber auch bei Naturfreunden und Touristen großer Beliebtheit erfreut.

" Das Buch, das den neuesten wissenschaftlichen Stand hervorragend repräsentiert, kann dem im Untertitel genannten Interessentenkreis und darüber hinaus allen naturwissenschaftlich Interessierten vorbehaltlos als Einführung in das Gebiet vollauf dienen."
Die Pharmazie

"Das einzige Buch auf dem Markt, das eine wissenschaftliche, aber für den Laien verständliche Darstellung von Schlangengiften, Skorpionen, Quallen u.a. gibt."
ekz-info

5., aktualisierte u. erw. Aufl. 1994.
XII, 245 S. 89 z.T. farbige Abb, 42 Tab. Geb.
DM 38,-; öS 278,-; sFr 35,-
ISBN 3-540-56897-2

Springer-Verlag · Postfach 14 02 01 · D-14302 Berlin
Tel.: 0 30 / 82 787 - 2 32 · http://www.springer.de
Bücherservice: Fax 0 30 / 82 787 - 3 01,
e-mail: orders@springer.de
Zeitschriftenservice: Fax 0 30 / 82 787 - 4 48,
e-mail: subscriptions@springer.de

Preisänderungen (auch bei Irrtümern) vorbehalten
d&p · 56897/SF

GPSR Compliance

The European Union's (EU) General Product Safety Regulation (GPSR) is a set of rules that requires consumer products to be safe and our obligations to ensure this.

If you have any concerns about our products, you can contact us on

ProductSafety@springernature.com

In case Publisher is established outside the EU, the EU authorized representative is:

Springer Nature Customer Service Center GmbH
Europaplatz 3
69115 Heidelberg, Germany

www.ingramcontent.com/pod-product-compliance
Lightning Source LLC
LaVergne TN
LVHW010338260326
834688LV00036B/761